普通高等教育农业部“十三五”规划教材
全国高等农林院校“十三五”规划教材

作物栽培学总论

第三版

董 钻 王 术 主编

中国农业出版社
北 京

第三版编写人员

主　编　董　钻　王　术（沈阳农业大学）

编写者

第一章　董　钻　王伯伦（沈阳农业大学）

第二章　官春云　邹应斌（湖南农业大学）

第三章　谢甫绨　王　术（沈阳农业大学）

第四章　于振文　贺明荣（山东农业大学）

第五章　杨文钰　任万军（四川农业大学）

第一版编写及审稿人员

主　编　董　钻　沈秀瑛（沈阳农业大学）

编写者

第一章　董　钻（沈阳农业大学）

第二章　官春云（湖南农业大学）

第三章　沈秀瑛（沈阳农业大学）

第四章　于振文（山东农业大学）

第五章　杨文钰（四川农业大学）

主　审　余松烈（山东农业大学）

第二版编写及审稿人员

主　编　董　钻　沈秀瑛　王伯伦（沈阳农业大学）

编写者

第一章　董　钻　王伯伦（沈阳农业大学）

第二章　官春云　邹应斌（湖南农业大学）

第三章　沈秀瑛　谢甫绨（沈阳农业大学）

第四章　于振文　贺明荣（山东农业大学）

第五章　杨文钰　任万军（四川农业大学）

主　审　余松烈（山东农业大学）

官春云（湖南农业大学）

第三版前言

在本教材第一版和第二版前言中，曾就作物栽培学总论与各论的关系作过说明。一言以蔽之，总论与各论是同一门科学的两个不可分割的组成部分。总论将各种作物作为一个整体，概述栽培的一般原理和技术；各论则深入地分述各种作物栽培的原理和技术。总论是基础，是铺垫，是引论或导论。

“温故而知新，可以为师矣”。远在两千多年前，著名的农书《氾胜之书》共18篇，前4篇与各种作物有关，可视为总论，后14篇则分别讲述十余种作物的具体栽培原理和技术。自从20世纪20年代之后，我国相继出版发行了黄绍绪、翁德齐、周长信、张金相、陈鸿佑等先生编著的《作物学通论》《作物学概论》等教材。“文化大革命”前，沈阳农业大学徐天锡教授、四川农业大学李尧权教授等在其所在的学校一直坚持讲授作物栽培学总论，并编著印刷过《作物栽培学总论》课本。以上前辈为后来作物栽培学总论的形成和教科书的编写奠定了坚实的基础。

1999年4月，在山东农业大学召开了作物栽培学总论的编写研讨会。与会者有余松烈院士、于振文院士、官春云院士、董钻教授和杨文钰教授。会议由董钻教授主持并提出“总论编写提纲（征求意见稿）”。经过充分的研讨后，制定了编写大纲，并分头编写。半年后，各章稿件集中到沈阳农业大学，由董钻教授负责统稿。2000年底，《作物栽培学总论》正式由中国农业出版社出版，供全国各农业院校选用。一直以来，该书被全国许多院校采纳为教科书，有些院校还将其列为作物栽培学与耕作学专业硕士研究生入学考试的参考书。

根据中国农业出版社的提议，此次对全教材进行了全面梳理和修订。为慎重起见，在动笔之前，曾致信原来参编者及所在单位征求意见和建议。此外，为了修改或增补相关章节的内容，还向十余个单位的专家索取了相关文件、资料或数据。这些单位是：农业部种植业管理司、国家大豆产业技术体系、中国农业科学院作物科学研究所、中国科学院东北地理与农业生态研究所、黑龙江农垦总局、黑龙江省农业科学院土壤肥料与环境资源研究所、山西省农业科学院经济作物研究所、新疆农垦科学院作物研究所、石河子大学农学院、辽宁省农业科学院作物研究所等。

本次修订，主要包括如下几个方面：

·鉴于我国多数农业院校未开设“中国农学史”课程，此次修订增加了“古农书简介”一节，由这些农书来讲述我国历代作物栽培的观点、技术和经验，以期农学学子们对祖国的作物栽培发展有初步的了解。

·当前我国的种植业正处于结构性调整时期，本次修订概述了调整的重点和目标。

·将原来的“粮食安全”改为“我国国家粮食安全战略”，明确了“保口粮”和“保谷物”两个重点；强调了保产能的关键在于“藏粮于地”和“藏粮于技”。

·全面改写了“作物的产量潜力”一节，并列举了近年来我国几种作物已经实际获得的高产纪录。

·删除了第三章中一些不属于栽培学总论的内容，因为这类内容是先修课和后续课讲授的范围。

·原第五章“作物栽培措施和技术”改为“作物栽培制度与技术措施”，压缩了篇幅，精简了内容，增补了实例。

·本次修订将一些常用概念术语给出了英文，希望对学生进一步查阅英文文献有所裨益。

·根据同行的建议，增加了“化感作用”一节，化感作用是安排轮作前后作、选择间套作“伙伴”不可回避的生态因子。

在第三版即将送交付梓的时候，需要强调说明的是，本次修订是在第一版和第二版的基础上进行的，因此凡是参与过本教材编写工作的各位同仁理所当然的都是这一版的参编者，他们为本教材的完成做了大量的工作，付出了许多心血。换言之，本教材是大家合力铸成的。

我们对参与本教材编写，为本教材提供资料，对本教材提出意见和建议，特别是对为本教材做过最后审校编审的诸同仁，都心存敬意，深表感谢！

编　者

2018年1月

第一版前言

作物栽培，即种庄稼，是农业生产中最基本和最重要的组成部分。说它是最基本的，是因为种庄稼是第一性生产，即光合生产，没有它便不可能有健全的畜牧业生产；说它是最重要的，是因为它关系到人的最起码的需求——衣和食，是因为民以食为天。

作物栽培学（农学）是古老的且内容不断更新的科学。它通常包括总论和各论，这是这门科学本身的性质所决定的。从生产实际而言，人们栽培作物的种类和品种是丰富多彩的，栽培环境和条件是千变万化的，栽培措施和技术又是灵活多样的，这其中必定有许多一般的知识、基本的原理和普遍适用的措施。这些正是总论所要讲述的。同时，各种作物又有其本身的特征特性、栽培原理和措施，这些又必须由各论来讲述。古今中外的作物栽培学大都有总论和各论。以我国现存最早的农书《氾胜之书》为例，该书的前4篇（耕田、收种、溲种法、区田法）关系到各种作物，属于总论，后十余篇才讲述各种作物（禾、黍、麦、稻、大豆等）各自的特征特性和具体的种植技术。大致与氾胜之同时代人、古罗马学者 M. T. Varro 所著的《论农业》，从内容上说，基本上是一部通论，书中也涉及小麦、黑麦、亚麻、苜蓿、野豌豆、羽扇豆以及葡萄等的具体栽培技术。我国后魏的《齐民要术》、元代的《王祯农书》、明代的《农政全书》、清代的《授时通考》都是先讲总论，后讲各论的。自20世纪20年代至50年代，我国相继出版了黄绍绪、翁德齐、周长信、陈鸿佑等学者编著的作物学通论或作物生产通论若干部。在国外，美国较早的《作物生产・原理和实践》（H. D. Hughes 和 E. R. Henson，1930）是一部总论。后来又出版了 J. H. Martin 等（1951）、T. K. Wolff 等（1953）的大田作物生产教材，其内容既包括总论又包括各论。日本高校开设的作物学，也一向分总论和各论。仅总论就有明峰（1929）、安田（1933）、佐佐木（1951）、千岛（1954）、渡部（1977）等编著的教科书。

总论和各论并存是生产实际的反映，也是教学的需要。总论和各论的关系是共性与个性的关系，二者相辅相成。总论是基础、是铺垫，学好了总论再学各论，可以收到举一反三、触类旁通、避免重复的效果。

编写总论，酝酿已久，沈阳农业大学徐天锡教授在20世纪60年代即有此计划。1999年4月由沈阳农业大学主持，召开了由四川农业大学、湖南农业大学、山东农业大学和沈阳农业大学4所农业大学5位教授参加的总论编写研讨会并分工编写。中国工程院院士、山东农业大学教授余松烈先生从讨论本书编写大纲开始就给予关注和指导，全书编定后，还以80岁高龄审阅书稿。在此谨向余老致以衷心的敬意和谢忱。

任何教科书都是有时间性的，同样，一个时期有一个时期的作物栽培学。随着作物生产的发展和科技的进步，今后还会有新的内容充实到教学中去。我们期待着内容更新水平更高的作物栽培学总论问世。

编　者

2000年4月

第二版前言

《作物栽培学总论》第一版自发行以来，许多高等农业院校都以其为教材，认为从内容到篇幅均符合农学及其他与植物生产有关专业大学本科教学的需要，也有不少院校将本教材列为作物栽培学与耕作学专业硕士研究生入学考试参考书。

本书于2002年曾荣获中华人民共和国教育部“全国普通高等学校优秀教材”二等奖。

此次修订保留了第一版章节、基本观点、基本理论和基本内容，增补了近年来作物科学的一些新的研究成果和农业统计资料。

众所周知，作物生产是群体生产，作物产量是群体产量，为了让初学者对此有深刻的认识，修订时在第二章增补了“作物的个体与群体”一节，并将第一版中与群体研究有关的“生长分析”移在了第二章。

为了适应市场经济发展的要求，多年来我国对农业产业结构进行了战略性调整，农业部于2008年制定了《全国优势种植业产品区域布局规划》，经主编与农业部种植业司有关负责人磋商，将相关内容引入了本书，以此替换了第一版中的“我国的种植业区划”。

与第一版相比，第二版第五章作物栽培措施和技术的内容有所扩展和加强，专门增加了“各项技术措施的综合运用”一节。“轻简栽培”的内容也是为了适应当前农村劳动力结构的变化和生产过程的机械化而新增添的。

作物栽培的实践性极强，然而值得注意的是，近年某些作物栽培学的教者和学者却将本学科逐渐推向“理论化”，甚至出现欲将其改造成“作物生理学”的倾向，这样做有悖于作物栽培学总论的原旨。

作物栽培的地域性很强，采用本教材的各院校，可尽量结合本地作物生产实际，对本教材内容进行取舍，增加新的资料。希望广大教师和学员对本教材提出批评和建议，以便再版时修改。

编　者

2010年2月

MULU 目录

第三版前言
第一版前言
第二版前言

第一章　绪论 …… 1

第一节　作物栽培学的性质、任务和研究法 …… 1
一、作物栽培学的性质和任务 …… 1
二、作物栽培学的理论基础 …… 2
三、作物栽培学的特点和研究法 …… 3
第二节　作物的起源和起源地 …… 4
一、农业的发生 …… 4
二、世界各地最早种植的作物 …… 5
三、栽培植物的起源中心 …… 5
四、我国作物的来源 …… 6
第三节　作物的多样性和作物分类 …… 8
一、作物的多样性及其保护 …… 8
二、作物的驯化和创造 …… 10
三、作物引种及其基本原则 …… 11
四、作物的分类 …… 12
第四节　我国的古农书和农艺传统 …… 17
一、我国的古农书 …… 17
二、我国古代的农学思想——天人合一 …… 19
三、我国古代的农艺传统——精耕细作 …… 20
第五节　我国的农业自然资源和优势种植业布局 …… 23
一、我国农业自然资源的特点及评价 …… 23
二、我国的种植业结构和优势产品区域布局 …… 25
第六节　粮食安全与农业可持续发展 …… 30
一、粮食安全 …… 30
二、可持续农业 …… 33
三、作物栽培科技进步 …… 34
复习思考题 …… 36

第二章　作物生长发育 …… 37

第一节　作物生长发育的特点 …… 37

一、作物生长与发育的概念 …… 37
二、作物生长的一般过程 …… 37
三、作物的生育期和生育时期 …… 39
第二节 作物的器官建成 …… 42
一、作物种子萌发 …… 43
二、作物根的生长 …… 45
三、作物茎的生长 …… 47
四、作物叶的生长 …… 48
五、作物花的发育 …… 50
六、作物种子和果实发育 …… 53
第三节 作物的温光反应特性 …… 54
一、作物的温光反应特性与阶段发育 …… 54
二、作物在温度和光周期诱导下植株形态和生理上的变化 …… 56
三、作物温光反应特性在生产上的应用 …… 57
第四节 作物生长的一些相互关系 …… 57
一、作物的营养生长与生殖生长的关系 …… 58
二、作物的地上部生长与地下部生长的关系 …… 59
三、作物器官的同伸关系 …… 59
四、作物的器官平衡 …… 60
第五节 作物的个体与群体 …… 62
一、作物的群体与个体的关系 …… 62
二、作物群体的结构及生长分析 …… 63
三、作物群体是一个生产系统 …… 66
复习思考题 …… 67

第三章 作物产量和品质的形成 …… 69

第一节 作物产量及产量构成因素 …… 69
一、作物产量 …… 69
二、作物产量构成因素 …… 70
三、作物产量形成的特点 …… 72
第二节 作物的源库流理论及其应用 …… 75
一、源库流理论 …… 75
二、作物源库流的协调及其应用 …… 78
第三节 作物产量潜力 …… 80
一、光资源与作物生产潜力 …… 80
二、温度、水分和土壤资源与作物生产潜力 …… 82
三、提高作物产量潜力的途径 …… 86
第四节 作物品质及其形成 …… 89
一、作物品质的概念 …… 89
二、作物品质形成的生理生化基础 …… 92
第五节 作物品质的改良 …… 94
一、优质品种的选用 …… 94

二、环境条件对作物品质的影响 …… 96
三、作物产量与品质的关系 …… 100
复习思考题 …… 101

第四章　作物与环境的关系 …… 102

第一节　作物的环境 …… 102
一、自然环境 …… 102
二、人工环境 …… 102
三、环境因素的生态学分析 …… 103
第二节　作物与光的关系 …… 104
一、光对作物的生态作用及作物的生态适应 …… 104
二、作物的光合性能 …… 108
第三节　作物与温度的关系 …… 112
一、温度对作物的生态作用 …… 112
二、极端温度对作物的危害及作物的抗性 …… 117
三、温度对作物分布的影响 …… 120
第四节　作物与水的关系 …… 121
一、水对作物的生态作用及作物的生态适应性 …… 122
二、旱涝对作物的危害及作物的抗性 …… 123
三、水污染对作物产量和品质的影响 …… 127
第五节　作物与空气的关系 …… 129
一、空气成分及其对作物的生态作用 …… 129
二、大气环境对作物生产的影响 …… 131
第六节　作物与土壤的关系 …… 134
一、土壤对作物的生态作用 …… 134
二、土壤污染与作物 …… 138
第七节　化感作用 …… 140
第八节　在处理作物与环境关系中应注意的问题 …… 141
复习思考题 …… 142

第五章　作物栽培制度与技术措施 …… 144

第一节　作物栽培制度 …… 144
一、作物品种布局 …… 144
二、作物种植方式 …… 146
第二节　土壤培肥与整地技术 …… 154
一、土壤培肥技术 …… 154
二、整地技术 …… 155
第三节　播种与育苗技术 …… 159
一、播种技术 …… 159
二、育苗与移栽技术 …… 165
第四节　营养调节技术 …… 167

一、营养元素的吸收规律 …… 167
二、施肥技术 …… 169
第五节　水分调节技术 …… 174
一、作物水分吸收规律 …… 174
二、灌溉方式与技术 …… 177
第六节　作物保护及调控技术 …… 180
一、杂草防除技术 …… 180
二、病虫鼠害防治技术 …… 182
三、作物化学调控技术 …… 183
四、人工控旺技术 …… 186
第七节　覆盖栽培技术 …… 187
一、覆盖的作用 …… 187
二、覆盖物的种类及覆盖方法 …… 188
三、覆盖栽培管理技术 …… 190
第八节　灾后应变栽培技术 …… 192
一、霜冻后的应变技术 …… 192
二、雹灾后的应变技术 …… 193
三、涝灾后的应变技术 …… 194
第九节　收获技术 …… 196
一、收获期的确定 …… 196
二、收获方法 …… 197
三、产后处理和储藏 …… 197
第十节　各项技术措施的综合运用 …… 199
一、各项技术措施间的关系 …… 199
二、各项技术措施综合运用的原则与方法 …… 200
复习思考题 …… 201

附录　作物栽培学常用专业词汇汉英对照 …… 202
主要参考文献 …… 208

第一章

绪　论

第一节　作物栽培学的性质、任务和研究法

一、作物栽培学的性质和任务

（一）作物栽培学的性质

作物栽培学（principle of crop production）是研究作物生长发育、产量和品质形成规律及其与环境条件的关系，并在此基础上采取栽培技术措施，达到既获得作物高产、优质、高效，又保护生态环境，还保证食品安全目的的一门应用科学。简言之，作物栽培学是研究作物高产、优质、高效生产理论和技术措施的科学。

作物栽培学的研究对象是大田作物（field crop），包括粮、棉、油、糖、绿肥、饲料等各种作物群体（庄稼）。作物是有机体，有机体有其自身生长发育、器官建成、产量和品质形成的规律。为了种好庄稼，就必须了解和掌握这些规律，就必须“摸透庄稼的脾气”，即掌握作物的特征特性（徐天锡，1961）。

作物生长发育离不开外界环境条件——光、热、水、气、肥等。各种作物及其不同品种，每个生育阶段以至于不同器官的形成过程，对外界环境都有着不同的要求，因此作物与外界环境条件之间的关系也是作物栽培学必须研究的。

了解了作物的特征特性，懂得了作物所要求的环境条件，就要相应地采用整地、施肥、播种、灌溉、中耕除草、防病治虫等各种栽培技术和措施去满足作物的要求，促进作物的生长发育，使之产量高且品质好。另外，从经营管理的角度上说，还应当注意到降低成本，提高效益。作物栽培学是一门综合性很强的直接服务于作物生产的科学。

作物栽培、蔬菜栽培、果树栽培等，共同构成了作物种植业。作物种植业是农业的重要组成部分，是人类把作物品种的潜在生产力和环境资源转化为农产品的生产过程。人们从事作物生产，就是运用科学技术提高作物的再生产效率，并改进其产品品质。作物生产，说到底，是进行能量转化和物质积累的过程。在作物生产过程中，绿色植物通过光合作用和吸收作用，把自然界的二氧化碳、水和矿物质合成有机物，同时把太阳能转化成为有机物中的化学能。作物种植业的产品是人类活动的物质基础，又是一切以植物为食物的动物生命活动的物质来源。

（二）作物栽培学的任务

栽培作物包括作物、环境和措施3个环节。决定作物产量和品质的，首先是品种。作物品种的基因型和遗传性在作物生产中是第一位的，是内因。然而，并不是说有了优良的品种

就一定会有高产量和高品质，因为作物品种基因型的表达，遗传性的充分发挥，还要依靠栽培技术措施。

作物栽培学的任务在于根据作物品种的要求，为其提供适宜的环境条件，采取与之相配套的栽培技术措施，使作物品种的基因型得以表达，使其遗传潜力得以充分发挥。换句话说，作物栽培就是通过良种良法相配套，充分发挥作物品种的生产潜力。要完成作物栽培学的任务，必须掌握与作物、环境、措施3个环节有密切关系的各种知识，懂得作物要求什么样的环境条件，懂得如何选择和创造环境条件以满足作物的要求，这是适地适种和合理布局问题；还要学会并掌握如何采用适当的措施来调控作物的生长发育和产量形成，这是栽培技术问题。

二、作物栽培学的理论基础

（一）作物栽培学与相关学科的关系

作物栽培学是一门综合性很强的农业技术科学，与之有关系的学科是很多的。就对作物本身的研究来说，有与作物形态、解剖、生理、生化、群体、群落等相关的许多学科。而研究作物生存和生活环境的学科，则有农业生态学、农业气象学、土壤学、农业化学、作物病理学、农业昆虫学等。涉及测试、管理和决策的学科，还有运筹学、生物数学、农业试验统计、现代仪器分析、计算机应用等。上述学科各自从作物本身的某一方面，或者从作物生活环境的某一侧面，研究与作物生产有关的问题。这些学科无疑都可能为作物的高产、优质、高效提供理论依据，或者提出有关措施；但是最后总其成的，并将其用于作物生产的，还是作物栽培学。譬如除草剂、种衣剂、生长调节剂的出现或发明，最初是从作物栽培的需要提出来的，但研制这些药剂的是应用化学或植物生理学科，作物栽培学则把这些学科的研究成果应用在作物生产上。

应当指出，作物栽培学并不是单纯地综合运用其他学科的研究成果，更不是简单地实施作物种植、管理、收获等田间作业程序。作物栽培学有其自己的理论基础——作物生理生态学。作物栽培学是在充分研究和掌握作物个体生长发育和群体建成、产量形成及其对环境条件要求和反应规律的基础之上，综合运用本领域和相关学科的科技成果，加以集成和优化，形成作物生产的技术体系，用于生产。

作物栽培学重在生产，目前在作物栽培学教学和研究中有一种倾向值得引以为戒，即把作物栽培学导向作物生理学。后者不能也不可代替前者。

（二）作物栽培学总论与各论的关系

作物栽培学是古老的且内容不断更新的科学，它从未停留在一个水平之上。作物栽培学作为一门学科，它包括总论和各论。古今中外的农学或作物栽培学都有总论和各论之分，这是学科本身的性质所决定的。从生产实际来说，作物栽培涉及丰富多彩的作物种类和品种，牵涉到千变万化的环境和条件，更离不开灵活多样的措施和技术。这里面必定含有许多共同的原理和普遍的规律，这就是作物栽培的共性。同时，不同的作物又有其自身的特征特性，有其自己对环境条件的不同要求，这又是作物栽培的个性。作物栽培学，由于有共性而有总论，又因为有个性便不能没有各论。总论讲述一般知识、基本原理、普遍应用的措施和技术，为各论做铺垫，打基础；各论讲述的则是各个作物的知识、原理、栽培技术措施。总论与各论的关系恰如共性与个性的关系，二者是不可分割和相辅相成的。

三、作物栽培学的特点和研究法

（一）作物栽培学的特点

作物栽培学的特点决定于作物栽培这一产业的特点，具体表现在以下几个方面。

1. 复杂性　多种多样的作物都是有机体，而且各自又有其不同的特征特性。每种作物又有不少的品种，每个品种也有不同的特征特性。同时，环境条件（气象条件、土壤条件和生物条件）不同、栽培措施不同等也会对作物的生长发育带来影响。由此可见，作物栽培学的研究对象（包括作物、环境和措施 3 个方面）是极其错综复杂和变化多端的。

2. 季节性　作物生产具有严格的季节性，天时农时不可违背，违背了天时农时，就是违背了自然规律，就可能影响到全年的生产，有时甚至间接地影响下一年或下一季的生产。因此在作物生产上，历来遵循"不违农时"的原则。当前，由于设施农业的出现，在蔬菜甚至部分果品生产上产生了反季节栽培；但是大田作物在自然条件下生产是现在作物栽培的主要方式，因此依然要注意不违农时。

3. 地区性　作物生产具有严格的地区性。从大处说，不同的地区适于栽培不同的作物；从小处说，即使在同一地点（县、乡、村）不同的地块（阳坡、阴坡、高燥、平缓、低洼地等）所种植的作物也不应当强求一律。虽然随着新品种的出现和人们对环境条件的改善，作物栽培的地区性可能会有一定的变动，但作物生产的地区性这个大原则仍然是起作用的。

上述的几个特点，加之作物生产周期长、范围广、从业者多，决定了作物栽培学这门科学的内容是十分丰富的。随着人们对作物产量和品质形成规律认识的加深，随着新作物、新品种的引种和创新，以及随着新技术、新措施的引进，作物栽培的技术措施也要不断改进，作物栽培学的内容也要不断充实和更新，不可墨守成规。

（二）作物栽培学的研究法

作物栽培学研究的基本方法是在田间进行试验。任何一个作物、品种或任何一项技术措施，都必须在当地通过田间试验和示范，证实其确有应用价值（增产、增收或降低成本、省工、省力），方可推广应用。

田间试验法即产量对比法（yield contrast method），就是对不同作物品种或不同栽培技术措施进行田间小区或大田对比试验。这种对比法一般要设置若干个处理、安排若干次重复，进行田间比较，试验过程中要进行详细的观察、测定和记载，收获时进行测产、考种，最后将试验结果进行统计分析，决定品种或措施的优劣和取舍。产量对比法是当前普遍采用的研究法。

对于作物自身生长发育和产量形成进行研究，常采用下列方法。

1. 生物观察法　作物生产的过程是作物生长发育、器官建成、产量与品质形成、物质积累与分配的过程。对这些过程进行跟踪，必须通过肉眼观察和仪器测量。生物观察法（biological observation method）是搜集科学事实和自然信息的基本途径。作物的形态、结构与机能是统一的，作物的局部与整体是一致的。因此在观察作物的形态、结构时要结合其机能，观察局部时要联系其整体。

2. 生长分析法　生长分析法（growth analysis method）的出发点是，作物的生育进程以植株的干物质积累来衡量，干物质积累又与光合面积（叶面积）有直接的关系。比较同一作物不同品种，或者同一品种不同栽培条件下叶面积消长和干物质积累的差异，可以在一定程度上鉴别品种的好与差，区分栽培技术措施的优与劣。

生长分析法的具体做法是，间隔一定的天数，在田间进行取样调查，测定叶面积消长和干物质积累动态，有时还将植株各不同器官分别进行测定。

3. 发育研究法 发育研究法（development research method）是在作物生育期间，每隔一定的天数测量植株的生长情况。譬如稻、麦，需特别注意分蘖消长状况的测定；利用显微镜观察穗分化（禾谷类作物）和花芽分化过程，追踪小穗、小花（或花芽）分化数、退化数（或脱落数）和成粒数及其临界期；测定不同时期有效叶面积及各器官的干物质量、碳素和氮素的含量、碳氮比等。通过生长发育状况的分析，可以评估某种栽培技术措施的作用和优劣，进而制定出相应的促进或控制的措施。

4. 作物生理研究法 作物生长期间，在各生育时期或关键时期，可以利用仪器设备，活体测定叶片的光合速率、蒸腾速率、气孔导度、胞间二氧化碳浓度等生理指标等，也可以测定群体的冠层结构以及群体内温度、光照、湿度等，以此评价群体的质量。作物收获后，还可以分析测定产品品质指标。总之，运用作物生理研究法（crop physiological research method），研究个体或群体生理指标，在此基础上，应用统计、模拟等方法，分析群体质量状况、群体与个体的关系及其对产量和品质形成的影响，为制定相应的配套栽培技术措施提供理论依据。

第二节　作物的起源和起源地

一、农业的发生

在农业发生之前，原始人类依靠渔猎采集天然动植物而生存，在极其漫长的岁月里，他们“昼拾橡栗，暮栖木上”（《庄子·盗跖篇》）。

大约从旧石器时代晚期进入新石器时代起，人类历史上出现了重大的变革：农业发生了。对于农业发生的具体过程和细节，我们无法“复原”或“追述”，但可以通过考古结果进行推测。估计人口的不断繁衍和天然食物的短缺可能是农业起源的根本诱因。人类每天需要食物，可是植物开花结实是有季节性的，即使渔猎，也未必次次都有收获。这个矛盾逼迫着原始人类寻求别的出路。他们可能将吃剩的果实或种子储存起来，把吃不完的动物圈养起来。可能有些落地的果实或种子萌发后长出了新的植物，结出了新的果实或种子；也可能有些被圈养的动物未能逃走而存活下来，甚至繁殖了后代。这类现象无数次地重复出现，久而久之，在原始人类的头脑中渐渐地可能萌生种植或养殖的意识。

人类从采集天然生长的野生植物，转变为自己动手种植植物，从渔猎野生动物，进入到自己饲养动物，这是人类发展史上最伟大的变革，是最具突破性的飞跃。关于这种变革或飞跃，世界各民族都有动人的传说。在我国，《诗经·鲁颂·閟宫》中有“是生后稷……俾民稼穑”（即后稷教民种植庄稼）的故事；还有“神农因天之时，分地之利，制耒（lěi）耜（sì），教民农作”（《白虎通义》）的传说。在埃及，有农神伊希斯（Isis）创始农业的说法。《希腊神话》中说：得墨特耳（Demeter）是丰产和农业女神；而在罗马，农神则是塞莱斯（Ceres）。这些故事和传说所指的，正是人类从采集向种植的转变。这种转变恰恰是野蛮与文明的分界。“农耕伊始，文明开化”，二者紧密相连。英文 culture、俄文 культура 都是既指栽培、养殖，又指文化，这是众所周知的。

需要指出的是，在整个原始农业时期，采集和渔猎仍占据重要的地位。例如我国河北磁山遗址、陕西西安半坡遗址、浙江余姚河姆渡遗址等都出土了大量采集的野生植物果实种子、猎获的动物遗骨等，这表明，原始农业发生后，采集和渔猎并未马上衰退，采集和种植、渔猎和饲养大约平行共存了一个相当长的时期。只是到了后来，种植和饲养才最终替代了采集和渔猎。

二、世界各地最早种植的作物

随着人类从以采集为生向着为自己生产食物这个转变，一些野生植物也被驯化培育成了栽培植物。在大田上栽培的植物一般称作作物（庄稼）。

考古发掘表明，大约在公元前 7000 年，穆雷贝特（Mureybet，今叙利亚境内北部）的居民曾采集过野生的小麦和大麦。可以想象，他们可能也栽培过这些野生植物。安纳托利亚（Anatolia）的哈西拉尔人（在今土耳其境内西南部）生产食物的最早证据可以追溯到大约公元前 5000 年。当时，当地居民已栽培大麦和小麦，同时也吃一些野生草类植物的籽粒。

我国的考古发掘证明，黄河流域在新石器时代已开始种植黍（糜子）和粟（谷子）。河北磁山遗址出土了大量炭化粟以及精致的石磨、石磨棒，经 ^{14}C 测定，是公元前 5405 年的遗物。甘肃秦安大地湾遗址出土的炭化黍，是公元前 4010 年遗留下来的。我国长江流域的先民早在 6 000～7 000 年前已经普遍种植水稻了。浙江余姚河姆渡出土的稻谷（籼多粳少）和稻草是公元前 4910—公元前 4630 年遗留至今的；而浙江桐乡罗家角出土的稻谷（多为籼稻）则是公元前 5110—公元前 4800 年的遗物；湖南道县玉蟾岩遗址出土的稻谷，距今已有 1 万余年了。我国原始种植业的“南稻北粟”分布格局从远古开始已经延续了几千年。

在公元前 5500—公元前 3000 年，随着非洲撒哈拉各民族的南迁，他们在那里栽培了高粱和御谷之类利用夏季降雨的作物。埃及人在尼罗河边种植小麦和大麦，至晚是公元前 3600 年的事。那时，人们还需采集某些野生植物作为食物补充。

美洲印第安人几千年前在西半球也种植并培育了一批当地土生土长的栽培植物。在中美洲特华坎（Tahuacan）流域的发掘证实了栽培玉米的早期历史。墨西哥高原湖泊和其他地方在公元前 6000 年已有了定居村社。当时印第安人的食物来源是鱼、野生植物，他们也尝试着种植籽粒苋、玉米、豆类、南瓜和甘薯。公元前 4000 年以后，南美洲的阿亚库乔人已经较多地依赖食物生产，他们种植的作物有马铃薯、玉米、南瓜、豆类等。玉米可能是从北美洲传到南美洲的，而根茎作物则可能来自秘鲁高原地区。

过去通常认为，欧洲的农业、冶金术等是从近东传入的。后来的研究表明，史前的欧洲人受近东文化发展的影响并没有那么大。欧洲食物生产的最早证据出自希腊的阿吉萨・马古拉（Argissa Maghula）村，那里的居民很早以前就种植小麦和大麦了。巴尔干地区、多瑙河流域的早期农耕者在饲养牛、山羊、绵羊和犬的同时，也栽培大麦、小麦、亚麻等作物。到公元前 4800 年，多瑙河人把食物生产传到了欧洲西北部。当多瑙河人在欧洲定居后，在伏尔加河和第聂伯河流域也出现了农业定居点。

三、栽培植物的起源中心

从 19 世纪末以来，各国学者一直在研究栽培植物的起源中心（center of origin）。为简明起见，现将各家的论点归纳为表 1-1。

表 1-1　关于世界栽培植物起源中心的诸家观点

（引自梁家勉，1989）

学者姓名及著作发表年份	主要观点	中国所处地位
德康多尔（de Candolle），1882	世界栽培植物首先驯化地区包括（1）中国，（2）西南亚及埃及，（3）热带美洲	中国为第 1 个驯化地区
瓦维洛夫（Н. И. Вавилов），1935	首倡多样性中心学说，世界栽培作物有 8 个起源中心	中国属第 1 起源中心
瓦维洛夫（Н. И. Вавилов），1940	扩大为 19 个起源地区	中国属第 12 地区
达灵顿等（C. Darlington 和 J. Ammol），1945	修改瓦维洛夫的 8 个中心为 12 个中心	中国属第 7 中心
茹科夫斯基（П. М. Жуковский），1968	提出大基因中心，世界分为 12 个大中心	中国属第 1 中心
佐哈利（D. Zohary），1970	主张 10 个中心	中国属第 1 中心
哈伦（L. Harlan），1971	主张分 A^1A^2、B^1B^2 及 C^1C^2 3 个中心及 3 个无中心	中国属 B^1 中心及 B^2“无中心”

注：本表主要依据 Zeven 和 Zhukovsky 的 *Dictionary of Cultivated Plants and Their Centres of Diversity*（1975）及 Harlan 的 *Crops and Man*（1975）二书首章中材料及表内作者的有关文献综合而成。

从表 1-1 资料可以看出，不论研究者从何种角度论证，我国作为世界栽培植物的起源中心和多样性之一的重要地位是举世公认的。瓦维洛夫（1935）根据苏联作物栽培工作者在世界 5 大洲 60 多个国家进行多次考察的结果，确定了主要栽培植物的 8 个独立起源地。这位世界公认的伟大学者称我国的中部和西部山区及其毗邻的低地是“第一个最大的独立的世界农业发源地和栽培植物起源地”。瓦维洛夫开列的我国固有的本地栽培植物清单中包括 136 种，其中属于大田作物的有 20 种。

图 1-1　东半球基因大中心

Ⅰ. 中国-日本中心　Ⅱ. 印尼-印中中心　Ⅲ. 澳大利亚中心　Ⅳ. 印度斯坦中心　Ⅴ. 中亚中心　Ⅵ. 西亚中心　Ⅶ. 地中海中心　Ⅷ. 非洲中心　Ⅸ. 欧洲-西伯利亚中心

（引自 П. М. Жуковский，1968）

茹科夫斯基（1968）在瓦维洛夫学说的基础上，提出的世界 12 个基因大中心，如图 1-1 和图 1-2 所示。

四、我国作物的来源

我国现今栽培的大田作物有 60～70 种之多。这些作物中，有些是我国土生土长的本土作物，有些是在不同的历史时期从世界各地传入或引进的。中国农业科学院卜慕华教授（1981）曾对我国栽培植物的来源做过全面的研究，研究的范围包括粮食、蔬菜、调料、果树、纤维类、药用类、竹藤类以及观赏类等各种栽培植物。根据其来源，分为：①我国史前本土的；②张骞于公元前1世纪前后两次通西域，从中亚和印度一带引入的；③公元以后从亚洲、非洲、欧洲各地引入的；④从美洲引入的。现仅就大田栽培的作物部分叙述如下。

图1-2　西半球基因大中心

Ⅹ. 中美中心　Ⅺ. 南美中心　Ⅻ. 北美中心

（引自 П. М. Жуковский，1968）

（一）本土作物

起源于我国的本土作物（indigenous crop）有：稻、小麦、裸燕麦、六棱大麦、粟（谷子）、稷、黍（糜子）、稗、䅟子、高粱、大豆、赤小豆、山黧豆、荞麦、苦荞、山药、芋、紫芋、麻芋、油菜、紫苏、大麻、苎麻、苘麻、红麻、中国甘蔗、紫云英、草木樨等。

上述多数作物起源于我国是无疑问的，在此不必讨论。不过，对于其中几种作物究竟始种于何地则是有待商榷的。譬如小麦和大麦的起源地，国际上公认的是起源于西亚。我国是不是起源地？从何时起栽培？《诗经·周颂》中有“贻我来牟，帝命率育”（译文：“遗留给我们小麦、大麦，上帝命令用它养活百姓”）。这里的“来”是小麦，“牟”是大麦。麦是我国古代“五谷”（禾黍稻麦菽）之一。麦类在黄河中下游种植确实比黍粟晚，比水稻也晚。或许并不是当地原产。不过，我国西北地区少数民族很早之前就栽培小麦了。因此不排除小麦从西向东传播的可能性。颜济教授认为，新疆完全可能是小麦的原产地之一。

关于高粱是否起源于我国，众说不一。我国古文献有“粱”字，有的专家（如胡锡文、李长年）认为“粱”即今日之高粱，有的专家（如胡道静、王毓瑚）则认为“粱”是粟（谷子）的优良品种。贾思勰《齐民要术》和《王祯农书》中所讲述的“粱秫”应当是高粱无疑。李璠（1984）指出，在华南和西南地区生长的拟高粱、光高粱、石茅等草本植物应当是高粱栽培型的近缘种。

近几年在我国甘肃省河西走廊民乐县发现了多种炭化粮食，经鉴定，其中有小麦、大麦、高粱、粟和稷。经^{14}C测定树轮校正，年代为公元前4841—公元前5159年。这一发现进一步证实，我国不但是粟、稷的起源地，也是小麦、大麦、高粱的起源中心之一。

（二）公元前100年前后从中亚和印度一带引入的作物

这个时期引进我国的大田作物有蚕豆（胡豆）、豌豆、绿豆、黑绿豆、芝麻（胡麻、油麻）、红花（红蓝花）、苜蓿等。

我国西汉外交家张骞（？—前114）于公元前139年和公元前119年曾两次出使西域，

开拓了丝绸之路，沟通了我国同西域各国的联系。与此同时，也把那里的许多栽培植物包括葡萄、核桃等带回了我国。据史书记载，上述大田作物确系从西域引进的，它们丰富了当时我国的作物种类。

（三）公元后从亚洲、非洲、欧洲各地引入的作物

公元后的2 000多年中，随着我国同亚洲、非洲、欧洲各国交往的增加，相互之间的栽培植物交流也增多了。这个时期，从海路和陆路引入我国栽培的大田作物包括：燕麦、黑麦、硬粒小麦、圆锥小麦、非洲高粱、魔芋、饭豆、蓖麻、草棉、三叶草等。

在这些作物中，麦类、非洲高粱、红麻和甘蔗等增加了我国原有作物的类型，魔芋、蓖麻、亚麻、三叶草等则填补了我国这类作物的空白。

（四）从美洲引入的作物

哥伦布于1492年发现了新大陆，使这个大陆的许多珍贵的作物得以传遍全世界，也传到了我国。美洲本土起源的作物包括玉米、甘薯、马铃薯、粒用菜豆、花生、向日葵、陆地棉（美棉）、海岛棉、剑麻、烟草等。

玉米在1496年传入西班牙，只过了15年（1511），在我国地方志《留青日札》中就记述了这种作物。李时珍的《本草纲目》成书于1578年，其中也曾提及玉米，距新大陆发现也不到100年。甘薯是在明代末年传入我国的。明代农学家徐光启曾亲自试种并积极推广过甘薯。玉米和甘薯两大作物在我国普遍种植后，对满足人们粮食需求和备荒起了很大的作用。马铃薯在16世纪末至17世纪初传入我国，京津地区和东南沿海各地种植较早。花生、向日葵以及棉花等原产美洲的作物现已成为我国的重要经济作物。

第三节　作物的多样性和作物分类

一、作物的多样性及其保护

（一）保护生物多样性的必要性和重要性

植物多样性（plant diversity）概念是苏联学者瓦维洛夫（Н. И. Вавилов）于20世纪初最先提出来的。联合国环境规划署（UNEP）对“生物多样性”给出的定义是：“生物多样性（biodiversity）是所有生物种类、种内遗传变异和它们与生存环境构成的生态系统的总称。”按照这个定义，所谓生物多样性，不但指生物本身的多样性，而且还包括生态系统的多样性。据联合国粮食及农业组织（FAO）的一份资料，世界上大约有7 000种植物被采集和种植作为食物，人类直接种植的作物有600多种，其中包括谷类作物30种、蔬菜200种、牧草饲料作物400种。若将各种作物的遗传多样性计算在内，则数量更多。随着全球生态条件的恶化和生物资源日趋减少，世界各国为了保护和改善农业生态环境，合理和可持续地利用自然资源，越来越重视生物多样性的保护。我国在《中国21世纪议程——中国21世纪人口、环境与发展白皮书》（1994）中专门列出一章“生物多样性保护”。

我国幅员辽阔，自然地理条件复杂，既丰富又独具特色的生物多样性在全球居第八位，在北半球居第一位。其主要特点是：生态系统类型多样、生物种类繁多、驯化物种及其野生近缘种丰富。我国自20世纪50年代起在全国范围内开展了作物和畜禽品种资源的征集，发现了许多新品种；在生物多样性保护技术的研究及在生产上的推广，也取得了很大的进展。利用野生近缘种培育杂交水稻高产良种的成功即是一例。但是我国生物多样性正面临着严重

的威胁，主要表现在：①生态系统遭到破坏，原始森林每年约减少 5.0×10^{3} hm^{2}；草原退化面积为 8.7×10^{5} hm^{2}；土地受水蚀、风蚀面积已达 3.67×10^{6} hm^{2}。②物种受到威胁或正在减少，在我国动植物种类中受到威胁的占 15%～20%；在世界濒危野生动植物的 640 种中，我国占 156 种。③遗传种质资源正在减少，其原因是单纯追求高产，致使许多古老的作物、土著的品种因不被重视和遭到排挤而失传或者灭绝。

生态环境一旦遭到破坏，是很难恢复的；动植物物种一旦灭绝，是不能再生的。祖先留给我们的宝贵作物和珍惜品种假如失传，则上愧对祖宗，下对不起子孙。从全国范围来说，必须切实加强对国家级濒危动植物的保护和驯养利用，加强对作物及其野生近缘种的考察、收集、保存和繁殖。从地方来说，应当征集、保存地方的所有农家品种，切不可因其产量低而摒弃。譬如过去在东北地区农民种植的高粱农家品种“小蛇眼”“大蛇眼”“黑壳”等，米质和适口性极好，只是因为其产量低而被淘汰了。而目前种植的高产高粱品种和杂交种，几乎没有一个具有东北高粱米的风味和适口性。类似的事例还可列举许多。这确实是非常遗憾的事！

（二）作物的多样性

据卜慕华（1981）的研究结果，起源于我国的栽培植物有 237 种，其中属于大田作物的 21 种。另据中国农业科学院作物品种资源研究所的资料，截至 2000 年底，国家长期种质库保存的各种栽培植物的种质计 35 科 192 属 740 种（亚种）共 332 835 份。除此而外，我国还拥有大量的作物野生近缘种。这是极其宝贵的物质财富。

以稻为例，我国栽培稻有籼稻与粳稻之分，南方多种籼稻，北方多种粳稻；因在栽培上熟期迟早不同而分为早稻、中稻和晚稻；因需水情况的不同而分水稻和陆稻；因米质黏性的不同，又有粘稻和糯稻之别。至于上述各种类型的稻所拥有的品种更是多种多样。据统计，收入《中国水稻品种资源目录》的地方品种、国内选育品种和国外引进品种总数为 29 939 个（国家保存种质资源计 71 966 份）。此外，稻中还有适于深水栽培的深水稻，有能够在收割后再生的再生稻，等等。

我国野生稻资源也是非常丰富的。福建、湖南、江西等省有普通野生稻，广西壮族自治区有普通野生稻和药用野生稻，台湾省有普通野生稻和疣粒野生稻，广东、云南两省则 3 种野生稻均有。海南省三亚市普通野生稻群落中的一株花粉败育野生稻成为我国杂交稻育成的宝贵种质资源。这一点给予我们的启示是很大的。

再如大豆，目前编入《中国栽培大豆品种资源目录》的品种达 22 595 份（国家保存种质资源计 31 206 份）。这些品种的类型和性状可谓千姿百态。仅生育期类别就有 12 类之多，极早熟者生育期在 80 d 以内即可成熟，极晚熟者生育期达 180 d；籽粒大小差别很大，小粒的百粒重（100 粒种子的质量）在 12 g 以下，大粒的百粒重可达 30 g；种皮颜色有黄色、绿色、褐色、黑色、双色等。抗病、抗虫鉴定结果表明，在大豆资源中有抗不同病或虫的抗源以及利用这些抗源育成的品种，有抗大豆胞囊线虫、抗大豆花叶病毒病、抗灰斑病、抗食心虫、抗蚜虫等的品种。在我国中南地区，有对酸性土中的铝离子具有抗性的品种，在华北和东北地区有耐盐害的品种，在寒冷的北方还有耐寒的品种，等等。

我国野生大豆资源非常丰富，1979 年在全国范围内进行了野生大豆资源考察。北起黑龙江省漠河镇（北纬 53°28′），南到海南岛崖县（北纬 18°），东起黑龙江省抚远县（东经 135°），西到甘肃省敦煌（东经 95°），共采集到野生大豆标本 4 000 多份，采收种子 5 000 多份。野生大豆中，有的单株结荚多达 3 000～4 000 个；有的籽粒蛋白质含量高达 54.06%（一般栽培品种蛋白质含量为 40%左右）；有的野生大豆抗花叶病毒病，有的则是抗食心虫基因源。这些种质资源都是值得利用的。

另据 20 世纪 50 年代在全国进行的作物品种资源普查结果，我国当时收集到的小麦品种有 3 万个（2000 年国家种质库保存 42 811 份），谷子品种也有 1.5 万个（国家种质库保存 26 808份）。上述稻、大豆、小麦、谷子资源的情况如此，其他各种大田作物的情况也无不如此。

值得特别提及的是各种小作物。这些小作物种质资源及其作用也是不可忽视的。例如赤豆、绿豆、鹰嘴豆、小扁豆等，一般对栽培条件没有苛刻的要求，适应性较强，如能进行开发利用或加工，前景看好。再如生育期短、对日照长度不十分敏感的荞麦、燕麦、黍（糜子）等是营养丰富并可备荒、填闲的好庄稼，也应当加以研究和利用。

在作物构成上的作物种类单一化，在作物生产上的品种单一化，是违背自然规律的，也是缺乏远见的。作物多样性保护和可持续利用才符合自然规律和经济规律，这件事利在当代，功在千秋！

二、作物的驯化和创造

驯化（domestication）是指野生动物、植物培育成家畜或家禽、栽培植物的过程。

我国古代有“神农尝百草”的传说。作物是从野生植物演化而来的，作物的驯化经历了一个漫长的渐进过程。但是有一个事实是耐人寻味的，即几乎所有的主要作物都是在公元前的几千年内被驯化的。另一个令人惊疑的事实是，某些作物是如此古老，以至于人们竟无法说清楚它们是如何起源的。最突出的例子是玉米。关于玉米的祖先，至今众说纷纭，莫衷一是。还有一个奇怪的问题是，某些植物属内拥有许多物种，可是为什么其中只有某一个物种被驯化和利用了，而其他物种却不曾被驯化和利用？譬如番薯属（*Ipomoea*）大约有 400 种，可是栽培种却只有甘薯（*I. batatas*）。另如羽扇豆属（*Lupinus*），在美洲共有 200 种，而在这个新大陆只有一种易变羽扇豆（*L. mutabilis*）是食用种且被栽培过，可是就连这个种在古代也失传了。令人惊叹的是，古代人类怎么会从如此众多的野生植物中把那些有价值的天然基因型挑选了出来，并把它们培育成了养育人类的作物。公元后的 2 000 年中，被驯化和引入栽培的植物是屈指可数的。它们是甜菜（古罗马农学家 Varro 在公元前 1 世纪所著《论农业》一书中曾提到过甜菜根）、橡胶草、奎宁等几种。橡胶草是苏联学者罗丁（Л. Е. Родин）于 1931 年发现并引入栽培的。我国植物学家蔡希陶于 20 世纪 50 年代还发现了脂肪、蛋白质、赖氨酸含量都很高的油瓜。甜菜是公元后被驯化的唯一一种大田作物。有一份资料表明，19 世纪初（1808 年）西欧种植的甜菜的含糖量仅为 6.0%，后来通过精心选择，每隔 10 年含糖量提高 1%～2%，到 1908 年，甜菜的含糖量已提高到 18.1%。

自然界可利用的野生植物资源是不是已经被挖掘殆尽了呢？当然不是的！现在在自然界还存在很多与作物亲缘关系很近的野生植物，即作物的近缘种。它们通常具有作物所不具备的适应性和抗逆性，如果利用远缘杂交和生物技术等方法，将一些独特的宝贵基因导入作物体内，可以使作物的许多特征和特性得到改良。譬如国际水稻研究所利用尼瓦拉野生稻，育成了抗草丛矮缩病的水稻品种。我国丁颖教授利用普通野生稻与栽培稻杂交，育成了对不良环境抵抗力特强的“中山 1 号”。袁隆平等利用普通野生稻（*Oryza rufipogon*）的不育株育成了野败型杂交稻。李振声等用普通小麦与长穗偃麦草（*Elytrigia elongata*）杂交，育成了八倍体小偃麦，且“小偃麦4号”“小偃麦5号”“小偃麦6号”已在生产上推广。苏联人曾利用墨西哥多年生野生棉育成了高抗黄萎病的棉花品种。在我国，为了提高大豆籽粒蛋白质含量，或者为了改善栽培大豆的某些性状，正在把野生大豆用来做杂交亲本，等等。

除了利用作物近缘种而外，现有的作物也是可以利用的。一个极好的例子是，中国农业科学院鲍文奎教授等通过人工有性杂交并使杂种的染色体加倍，将小麦与黑麦合成了小黑麦（*Triticosecale*），他们创造的八倍体“小黑麦3号”已经作为新的粮食作物在生产上推广应用。小黑麦是既无栽培资源也不存在野生资源，纯粹依靠科学技术创造出来的全新的作物。

三、作物引种及其基本原则

（一）作物引种的概念

作物引种（introduction），就是从外地或外国引入当地没有的作物或品种，借以丰富当地的作物或品种资源。引种是作物或品种的人工迁移过程。作物引种到新的地区之后，可能出现两种情形：①原产地与引种地的自然环境差异不大，或者由于被引种的作物本身适应范围较广泛，不需要特殊的处理和选育过程，就能正常生长发育、开花结果并繁殖后代，这称为简单引种；②原产地与引种地之间的自然环境相差较大，或者由于被引种的作物本身适应范围狭窄，需要通过选择、培育，改变其遗传特性，使之能够适应引种地的环境，这称为驯化引种（也称为风土驯化、气候驯化）。

（二）作物引种成功的事例和应记取的教训

人类为了自身的需要，从很久之前就开始了异地间引种。如前所述，我国在公元前1世纪，通过丝绸之路，就与中亚、近东等地进行了引种交流，后来随着海路和航空运输的发展，引种交流范围更加扩大，次数愈加频繁。许多我国起源的作物传播到了世界各地；同时许多原产于国外的作物也引进了我国。例如大豆起源于我国，现在已经传遍了全世界，以种植面积和总产量计，现在美国居世界第一位，巴西居世界第二位。再如玉米原产于北美洲，现在已经成为我国种植的3大作物之一。近几十年来，从国外引进的作物品种在生产上起了很大的作用，例如水稻品种“农垦58”“秋光”“IR24”等。1971—1981年，我国共引进小麦品种2 691份，通过试种鉴定，在生产上被直接利用的有21个品种，其中10个具有秆强抗倒、耐寒抗病、大穗丰产等特点。我国育成的杂交水稻也已被引入美国、日本、巴西、阿根廷、印度等20多个国家栽培。在我国国内，吉林省的大豆品种在新疆种植获得了很大的成功。由于当地光热资源丰富加之具有灌溉条件，单位面积产量往往超过原产地。

据统计，在我国，1978—1985年，仅由中国农业科学院作物品种资源研究所每年从国外引种量就达6 000～7 000份之多。而我国境内各个地区之间相互引种的数量更远远超过此数。作物引种极大地丰富了我国以及各个地区的作物（品种）多样性，促进了作物生产的发展。

各种作物都有与之伴生的病、虫、草等有害生物。因此在引种时要十分注意植物检疫。在历史上由于缺乏检疫或检疫不严格所带来的损失是巨大的，教训也是深刻的。例如甘薯黑斑病（*Ceratocystis fimbriata* Ell. et Halsted）原产于美洲，1937年从日本九州鹿儿岛传入我国辽宁省盖州，现在几乎遍及我国所有甘薯产区。据统计，仅1961—1962年，河北、山东、河南、安徽和江苏等5省，因此病损失鲜薯达4.6×10^9 kg，因食用病薯中毒的耕牛达

6 000余头。又如稻水象甲（*Lissorhoptrus oryzophilus* Kuschel）原本分布在北美洲，20 世纪 70 年代传入日本，80 年代中期传入朝鲜半岛，80 年代末在我国河北、辽宁开始发现，截至 2007 年已扩展到湖南、江西、云南等 15 个省、自治区。这种害虫的幼虫危害水稻根系，致使水稻减产，轻则减产 10%～20%，重则减产 40%～50%。再如有毒的恶性杂草毒麦（*Lolium temulentum* L.）自 1945 年从俄罗斯传入我国黑龙江省，目前已蔓延到吉林、安徽等 20 个省、自治区、直辖市的产麦区，不但造成小麦减产，而且由它而引起的人畜中毒事故时有发生。从以上事例不难看出，在作物引种时，必须切实严格地做好植物检疫工作，制止有害病虫草带入种植新区。

除了做好植物检疫工作之外，引种前对拟引进的作物（品种）的习性、抗逆性等也应有全面的了解。譬如作物（品种）生育期的长短、对光周期的反应、抗寒性、抗热性、耐盐碱性、抗病性、抗虫性等。不同纬度地区间相互引种，尤其应当了解作物（品种）对光周期的反应，否则可能造成引种失败。不同经度地区间相互引种，则要注意海拔高度。海拔高度所带来的温度、光照差异可能对作物（品种）生长发育产生影响，导致引种不成功。

（三）作物引种的基本原则

引种是见效快、投资少、收益大的农业科学技术措施。随着科学技术的进步和作物生产的发展，现代作物（品种）引种的数量越来越多，成效也越来越大。

被引种作物（品种）生长发育各个阶段对环境条件的要求与引种地各生态因子之间互相协调统一，或者简而言之，作物与环境协调统一，是作物（品种）引种成功的关键，也是引种的基本原则。这个原则包括如下具体内容：①生活条件需得到满足，作物生长发育过程中，每个阶段都要求相应的生活生态条件（光、温、水、土、养分、生物等）与之相协调，这里包括诸如各生长发育阶段对温度高低、光周期长短、降水量多少等要求均需要得到满足；②克服限制因子的影响，作物（品种）原产地与引种地的生境往往不完全一致，而引种地的某个生态因子可能成为引种的障碍（即限制因子），在这种情况下，就要通过采用一定的栽培措施（例如调节播种期、水肥调控、施用激素等）或者选择和营造局部小环境，克服限制因子的影响，使作物适应新的环境；③被引种作物对引种地的环境有逐步适应的过程，它能够不断地改变本身的某些习性，与新环境中各个生态因子相适应，这种改变了的习性和抗性经长期积累后，被引种作物就会逐渐完全适应引种地的生境和栽培条件了。

四、作物的分类

作物的种类很多，世界各地栽培的大田作物有 90 多种，我国种植的有 60 多种，它们分属于植物学上的不同科属种。为了研究和利用的方便，有必要从生产的角度对作物进行分类(classification)。

（一）根据作物的生理生态特性分类

1. 按照对温度条件的要求分类 按作物对温度条件的要求，可分为喜温作物（warm-season crop）和耐寒作物（cool-season crop）。喜温作物生长发育的最低温度为 10 ℃左右，其全生育期需要较高的积温。稻、玉米、高粱、谷子、棉花、花生、烟草等属于此类作物。耐寒作物生长发育的最低温度在 1～3 ℃，需求积温一般也较低。例如小麦、大麦、黑麦、燕麦、马铃薯、豌豆、油菜等属于耐寒作物。

2. 按照对光周期的反应分类 按作物对光周期的反应，可分为长日照作物（long-day

crop)、短日照作物(short-day crop)、中性作物(day-neutral crop)和定日照作物(given-day crop)。在日照变长时开花的作物称为长日照作物,例如麦类作物、油菜等。在日照变短时开花的作物称为短日照作物,例如稻、玉米、大豆、棉花、烟草等。中性作物是指那些对日照长短没有严格要求的作物,例如荞麦。还有的作物需要特定日照长度才能开花,例如甘蔗的某些品种,只能在 12.75 h 的日照长度下才开花,长于或短于这个日长都不能开花,这种作物称为定日照作物。

3. 按照对 CO_2 同化的途径分类 根据作物对 CO_2 同化途径的特点,又可分为三碳(C_3)作物和四碳(C_4)作物。

三碳途径的 CO_2 受体是1,5-二磷酸核酮糖(RuBP),CO_2 被固定后形成 3-磷酸甘油酸(PGA),三碳作物光合作用的 CO_2 补偿点高。水稻、小麦、大豆、棉花、烟草等属于三碳作物。

四碳作物光合作用最先形成的中间产物是具 4 个碳原子的草酰乙酸等双羧酸,其 CO_2 补偿点低,光呼吸作用也低。四碳作物在强光高温下光合作用能力比三碳作物高。例如玉米、高粱、谷子、甘蔗等属于四碳作物。迄今并没有证据支持四碳作物产量必定高于三碳作物的观点。

4. 其他分类方法 此外,在生产上,因播种期不同,可分为春播作物(spring-sown crop)、夏播作物(summer-sown crop)、秋播作物(autumn-sown crop),在南方还有冬播作物(winter-sown crop)。按种植密度和田间管理方式不同,还可分为密植作物(dense-planting crop)和中耕作物(intertilled crop)。

(二)按作物用途和植物学系统相结合分类

这是通常采用的最主要的分类法,按照这种分类法可将作物分成 3 大部分,8 个类别。

1. 粮食作物 粮食作物又称为食用作物(food crop),其又分为下述 3 类。

(1)谷类作物 谷类作物也称为禾谷类作物(cereal crop),绝大部分属禾本科。主要谷类作物有小麦、大麦(包括皮大麦和裸大麦)、燕麦(包括皮燕麦和裸燕麦)、黑麦、稻、玉米、谷子、高粱、黍、稷、稗、龙爪稷、蜡烛稗、薏苡等。荞麦属蓼科,其籽粒可供食用,习惯上也列入此类。

(2)豆类作物 豆类作物又称为菽谷类作物(legume crop),均属豆科,主要提供植物性蛋白质。常见的豆类作物有大豆、豌豆、绿豆、赤豆、蚕豆、豇豆、菜豆、小扁豆(兵豆)、蔓豆、鹰嘴豆等。

(3)薯芋类作物 薯芋类作物又称为根茎类作物(root and tuber crop),属于植物学上不同的科属,主要生产淀粉类食物。常见的薯芋类作物有甘薯、马铃薯、木薯、豆薯、山药(薯蓣)、芋、菊芋、蕉藕等。

2. 经济作物 经济作物(cash crop 或 economic crop)又称工业原料作物,其中又分为以下 4 类。

(1)纤维作物 纤维作物(fibre crop)中有种子纤维(例如棉花)、韧皮纤维(例如大麻、亚麻、洋麻、黄麻、苘麻、苎麻等)、叶纤维(例如龙舌兰麻、蕉麻、菠萝麻等)。

(2)油料作物 常见的油料作物(oil crop)有花生、油菜、芝麻、向日葵、蓖麻、苏子、红花等。大豆有时也归于此类,其实称为蛋白质作物更为贴切。

(3)糖料作物 糖料作物(sugar crop)南方有甘蔗,北方有甜菜,此外还有甜叶菊、芦粟等。

(4) 其他经济作物　其他经济作物（miscellaneous crop）中有些是嗜好作物，主要有烟草、茶叶、薄荷、咖啡、啤酒花、代代花等，此外还有挥发性油料作物，例如薰衣草（*Lavandula angustifolia*）等。

3. 饲料和绿肥作物　饲料和绿肥作物（forage and green manure crop）常常既可作饲料，又可作绿肥。豆科中常见的饲料和绿肥作物有苜蓿、苕子、紫云英、草木樨、田菁、柽麻、三叶草、沙打旺等，禾本科中常见的饲料和绿肥作物有苏丹草、黑麦草、雀麦草等，其他如红萍、凤眼莲、水花生等也属此类。

上述分类中有些作物可能有几种用途，例如大豆既可食用，又可榨油；亚麻茎秆制纤维，种子又是油料；玉米既可食用，又可作青饲青贮饲料；马铃薯既可作粮食，又可作蔬菜；红花的花是药材，其种子是油料。因此上述分类不是绝对的，同一作物，根据需要，有时被划在这一类，有时又划到另一类。

再者，上述分类是针对大田种植的作物，即对狭义的作物划分的，若从广义的作物来说，茶、油茶、油桐、油橄榄、芦苇、木棉、桑、漆等，也可以归并在相应的类别之中（表1-2）。

表1-2　常见作物中文名、学名、英文名

中文名	学　名	英文名	主要用途
禾本科（Gramineae）			
稻	*Oryza sativa* L.	rice	籽实食用
小麦	*Triticum aestivum* L.	wheat	籽实食用
大麦	*Hordeum sativum* Jess.	barley	籽实食用、饲用
黑麦	*Secale cereale* L.	rye	籽实食用
小黑麦	*Triticosecale* Wittmack	triticale	籽实食用
燕麦	*Avena sativa* L.	oat	籽实食用、饲用
玉米	*Zea mays* L.	corn (maize)	籽实食用、饲用
高粱	*Sorghum bicolor*（L.）Moench	sorghum	籽实食用
黍（稷）	*Panicum miliaceum* L.	proso (broomcorn millet)	籽实食用
粟	*Setaria italica*（L.）Beaur.	foxtail millet	籽实食用
珍珠粟（蜡烛稗）	*Pennisetum americana*（L.）Leeke	pearl millet	籽实食用、饲用
薏苡	*Coix lacryma-jobi* L.	Job's tears	籽实食用
甘蔗	*Saccharum officinarum* L.	sugar cane	茎糖用
苏丹草	*Sorghum sudanense* (Piper) Stapf.	Sudan grass	饲用
大米草	*Spartina anglica* C. E. Hubb.	common cordgrass	饲用、绿肥、造纸
多年生黑麦草	*Lolium perenne* L.	perennial ryegrass	饲用
无芒雀麦	*Bromus inermis* Leyss.	smooth bromegrass	饲用
鸡脚草	*Dactylis glomerata* L.	common orchardgrass	饲用
披碱草	*Elymus dahuricus* Turcz.	dahuria wild ryegrass	饲用
蓼科（Polygonaceae）			
荞麦	*Fagopyrum* Mill.	buckwheat	籽实食用

（续）

中文名	学　名	英文名	主要用途
豆科（Leguminosae）			
大豆	*Glycine max*（L.）Merrill.	soybean	种子油用、食用
花生	*Arachis hypogaea* L.	peanut	种子油用、食用
蚕豆	*Vicia faba* L.	broad bean	种子食用
豌豆	*Pisum sativum* L.	garden pea	种子食用
豇豆	*Vigna unguiculata*（L.）Walp.	common cowpea	种子食用
饭豆	*Phaseolus calcaratus* Roxb.	rice bean	种子食用
绿豆	*Phaseolus radiatus* L.	mung bean	种子食用
赤豆	*Phaseolus angularis* Wight.	adzuki bean	种子食用
菜豆	*Phaseolus vulgaris* L.	common bean（kidney bean）	种子食用
小扁豆（兵豆）	*Lens culinaris* Medic.	lentil	种子食用
扁豆	*Dolichos lablab* L.	hyacinth bean	种子食用
鹰嘴豆	*Cicer arietinum* L.	chick pea	种子食用
紫云英	*Astragalus sinicus* L.	Chinese milk vetch	全株绿肥、饲料
紫花苜蓿	*Medicago sativa* L.	alfalfa	全株绿肥、饲料
苕子	*Vicia* spp.	vetch	全株绿肥、饲料
猪屎豆	*Crotalaria* spp.	crotalaria	全株绿肥
柽麻	*Crotalaria juncea* L.	sunnhemp	全株绿肥
胡枝子	*Lespedeza bicolor* Turcz.	lespedeza	茎叶绿肥
紫穗槐	*Amorpha fruticosa* L.	amorpha，false indigo	茎叶绿肥
田菁	*Sesbania cannabina* Pers.	sesbania	全株绿肥
草木樨	*Melilotus* spp.	sweet clover	茎叶绿肥
豆薯	*Pachyrhizus erosus* Urban.	yambean	块茎食用
旋花科（Convolvulaceae）			
甘薯	*Ipomoea batatas* Lam.	sweet potato	块茎食用
薯蓣科（Dioscoreaceae）			
山药	*Dioscorea opposita* Thunb.	Chinese yam	块茎食用
天南星科（Araceae）			
芋	*Colocasia esculenta* Schott.	dasheen	球茎食用
水浮莲	*Pistia stratiotes* L.	water-lettuce	全株饲用
美人蕉科（Cannaceae）			
蕉藕	*Canna edulis* Ker.	edible canna	块茎食用、饲用
茄科（Solanaceae）			
马铃薯	*Solanum tuberosum* L.	potato	块茎食用
烟草	*Nicotiana tabacum* L.	tobacco	叶制烟

（续）

中文名	学　　名	英文名	主要用途
锦葵科（Malvaceae）			
棉花	*Gossypium* spp.	cotton	种子纤维纺织用
红麻	*Hibiscus cannabinus* L.	kenaf	韧皮纤维用
苘麻	*Abutilon avicennae* Gaertn.	chingma，abutilon	韧皮纤维用
椴树科（Tiliaceae）			
黄麻	*Corchorus* spp.	jute	韧皮纤维用
荨麻科（Urticaceae）			
苎麻	*Boehmeria nivea*（L.）Gaud.	ramie	韧皮纤维用
大麻科（Cannabaceae）			
大麻	*Cannabis sativa* L.	hemp	韧皮纤维用
亚麻科（Linaceae）			
亚麻	*Linum usitatissimum* L.	common flax	韧皮纤维用
龙舌兰科（Agavaceae）			
剑麻	*Agave sisalana* Perr.	sisal	叶纤维用
芭蕉科（Musaceae）			
蕉麻	*Musa texilis* Ness.	abaca	叶纤维用
十字花科（Cruciferae）			
油菜	*Brassica* spp.	rape	种子油用、食用
胡麻科（Pedaliaceae）			
芝麻	*Sesamum indicum* L.	sesame	种子油用、食用
菊科（Compositae）			
向日葵	*Helianthus annuus* L.	sunflower	种子油用
菊芋	*Helianthus tuberosus* L.	Jerusalem artichoke	块茎食用
大戟科（Euphorbiaceae）			
蓖麻	*Ricinus communis* L.	castor	种子油用
木薯	*Manihot esculenta* Crantz.	cassava	块茎食用
藜科（Chenopodiaceae）			
糖甜菜	*Beta vulgaris* L.	sugar beet	制糖、饲用
雨久花科（Pontederiaceae）			
水葫芦	*Eichhornia crassipes* Solmus-Laub.	water hyacinth	全株饲用
苋科（Amaranthaceae）			
籽粒苋	*Amaranthus hypochondriacus* L.	amaranth	食用、饲用
唇形科（Labiatae）			
熏衣草	*Lavandula angustifolia* Mill.	narrowleaf lavender	芳香化妆用、医药用

注：本表作物名称参照《中国农业百科全书》，北京：中国农业出版社，1991。

第四节 我国的古农书和农艺传统

一、我国的古农书

我国农业已经有大约1万年的历史，先民在长期的农业生产实践中积累了丰富的经验。殷商时代（公元前1600—公元前1046）的甲骨文中已经出现涉农的字句。经孔子（公元前551—公元前479）整理的《诗经》中有十余首诗歌述及作物和农业生产。春秋战国时期（公元前770—公元前221），诸子百家中的农学派写出了我国历史上第一批农书，例如《神农》《野老》，可惜因年代久远已经失传。秦汉（公元前221—公元220）以后，我国代代都有农书出，世代传承，从未中断。据粗略统计，2 200年来，流传至今的广义农书达600多部（卷），其中与大田作物生产相关的农书（今通称古农书）超过200部（卷）。下面选取几部有代表性的农书，做简要介绍。

1.《吕氏春秋》《吕氏春秋》(Lüshi Chun Qiu）是秦相吕不韦（公元前235年逝世）组织门客集体编撰的著作，书中论述先秦农业生产的论文有4篇："上农""任地""辨土"和"审时"。"上农"篇主要论述重农思想和农业政策，指出重农可以尽地力，多收获，使农民安居乐业，不思搬迁。"任地"篇介绍了土地利用经验，提出"力者欲柔，柔者欲力；息者欲劳，劳者欲息；棘者欲肥，肥者欲棘；急者欲缓，缓者欲急；湿者欲燥，燥者欲湿"5项耕作原则。"辨土"篇讲述耕田要分辨土壤的刚柔干湿，种田要分辨土壤的肥瘠。同时，还介绍了整地、播种、种植密度、防除杂草等措施。"审时"篇专门论述种庄稼要顺应天时。"夫稼，为之者人也，生之者地也，养之者天也"，列举了稻、麻、菽、麦等几种作物"得时"与"失时"，对植物长势及产品品质的影响。内容翔实，弥足珍贵。

2.《氾胜之书》《氾胜之书》(Fan Shengzhi's Works on Agriculture）的著者氾胜之是西汉农学家，曾在陕西关中地区教导农业，传授技术。原书计18篇，第1～4篇为总论，讲述耕田、收种、溲种法、区（音 ōu）田法。溲种法是种子的播前肥种法。区田法是在田地上划区，按一定的尺寸挖穴，在穴内施肥、浇水、播种，为"不耕旁地，庶尽地力"的耕种法。第5～17篇是各论，分别讲述禾、黍、麦、稻、稗、大豆、小豆、枲（音 xǐ，雄麻）、麻（雌麻）、瓜、瓠、芋、桑等作物的具体种植法，每种都讲述成套的丰产栽培技术，包括作物的特性、播种期、播种量、播种密度、除草、收获等。第18篇"杂项"讲的都是农业的重要性，"夫谷帛实天下之命"。

3.《四民月令》《四民月令》(Monthly Instructions for the Four-Peoples）著者崔寔（约103—170）在任五原和辽东两郡太守时，曾教当地种植麻，并请有经验的老农教当地农民纺纱、织布。他本人还在洛阳经营一个庄田，将亲身的体验传授给百姓。本书系月令体裁，记录每月应做的农事。譬如在"二月""三月""种粟"中写道"美田欲稠，薄田欲稀"；而在"三月""可种稻"中则主张"美田欲稀，薄田欲稠"。这个观点多被后来的农书所引用。在"五月"条中指出"是月也，可别（分栽）稻及蓝（蓼蓝）；尽至后二十日止，可菑麦田（清除麦田残茬）。刈刍茭（割饲用草料）。"除大田生产外，本书还记述了农产品收获后加工事项。

4.《齐民要术》《齐民要术》(Important Means of Subsistences for Governing the People）著者贾思勰是北魏（386—534）时的著名农学家，曾任青州高阳（今山东临淄）太守，

离任后种过地，养过羊。本书是贾思勰“采捃经传，爰及歌谣，询之老成，验之行事”，参阅150多种书籍，撰写而成。全书共10卷，卷一为耕田、收种、种谷，卷二为黍穄、粱秫、大豆、小豆、种麻、种麻子、大麦、小麦、水稻、旱稻、胡麻、种瓜、种瓠、种芋，卷三为各种蔬菜及苜蓿，卷四是果树类，卷五为树木类，卷六为畜牧，卷七、卷八和卷九属于农产品加工，卷十介绍南方物产。该书总结了北方旱地农业的经验；记录了耕-耙-耱耕作体系，记述了20多种轮作，例如谷类与豆类轮作、绿肥和豆类作物具有肥田作用，“其美与蚕矢、熟粪同”；记载了粟品种97个、小麦品种8个、水稻品种36个。该书内容丰富，“起自耕农，终于醯醢，资生之业，靡不毕书”。因此被誉为“空前伟大的古农书”“中国古代的农业百科全书”。

5.《四时纂要》《四时纂要》(Essential Farm Activities in All Four Seasons) 著者韩鄂是唐末至五代初年人，成书时间大约在9世纪末至10世纪初。该书是月令类农书，内容涉及农家生产和生活的各个方面。全书分为5卷，按月份依次编排了天文、占候、禳镇（祭祷除灾）、食忌、祭祀、修造、牧养、杂事、愆忒（天灾）等资料。全书一半的篇幅涉及农业技术，其中尤以大田作物和蔬菜所占比重最大；农副产品加工类约占全书的1/5；在医药部分中首次记载了药用植物种植。涉及大田作物的内容，多引自《齐民要术》和其他农书。例如“种大豆”一节，写道：“肥田欲稀，豆地不求熟，熟地则叶茂少实；若地熟，则稀种之”；“种黍穄，其地宜开荒，大豆下为次，谷下（茬）为下”；“种木棉（棉花）法”一则中写道：“田不下三四度（遍）翻耕，令土深厚而无块，则萌叶善长而不病”，“种之后，覆以牛粪，木易长而多实”。

6.《陈旉农书》《陈旉农书》(Agricultural Treatise of Chen Fu) 著者陈旉（1076—1154）在北宋溃亡、南宋偏安江南之时，躬耕西山（今江苏仪征市），过着种药治圃、晴耕雨读的隐士生活。因长期亲自耕田、精心体察过程，作者积累了真知灼见，在73岁高龄时写成了农书3卷。上卷讲述土地规划和水稻栽培技术；中卷讲述作为当时主要动力的水牛的饲养、管理、役用及疾病防治；下卷专讲蚕桑生产的知识和技术。该书首次提出各种土地只要“治之得宜，皆可成就”“地力常新壮”的卓越见解；首次全面介绍了制造火粪、饼肥发酵、粪屋积肥、沤池积肥等经验。在施肥方面，陈旉提出了“用粪犹用药”的科学观点。作为亲自务农的知识分子，陈旉为我国农业科学的发展，创造了丰富的经验，留下了珍贵的栽培理论遗产。

7.《王祯农书》《王祯农书》(Agricultural Treatise of Wang Zhen) 著者王祯为山东东平人，元代农学家。他先后在安徽旌德、江西永丰（今广丰）任县尹。他身为北方人，又在南方为官，因此熟悉南北方的农业生产，用了十五六年，撰成一部价值极高的综合性农书。全书由“农桑通诀”“百谷谱”和“农器图谱”3部分组成。“农桑通诀”是农业总论，分农事、牛耕和蚕事，系统地论述了农业生产的各个环节。“百谷谱”属于各论，介绍了当时栽培的粟、水稻、旱稻、大麦、小麦、黍、穄、粱秫、大豆、小豆、豌豆、荞麦、蜀黍、胡麻、麻子、瓜类、芋、蔓菁以及各种蔬菜、果树、棉麻、茶等。“农器图谱”详细介绍了农器具，并附有精美的插图280多幅。作者第一次对广义的农业生产知识做了系统的论述，提出了一个中国传统的农学体系，值得特别珍视。

8.《沈氏农书》和《补农书》《沈氏农书》(Shen's Treatise on Agriculture) 和《补农书》(Addendum to Shen's Treatise on Agriculture) 是由上下两卷合编而成的农书。前者为

浙江涟川（今湖州练市）沈氏（名字不详）所撰，成书于1640年；后者的作者是桐乡张履祥（1611—1674）。《沈氏农书》分“逐月事项”“运田地法”“蚕务”“家常日用”4篇；《补农书》由“补农书后”“总论”“附录”3篇组成。沈氏在书中写道：“凡种田总不出‘粪多力勤’四字，而垫底（基肥）尤为紧要”，“盖田上生活，百凡容易，只有接力（追肥）一壅，须相其时候，察其颜色（依叶色追肥），为农家最要紧机关”。作者主张“少种多收”，指出“多种不如少种好，又省气力又省田”。张履祥在《补农书》中补充了稻麦复种、小麦育苗移栽技术，写道：“中秋前，下麦子于高地；获稻毕，移秧（麦）于田，使备秋气”。作者还总结出农家“池塘养鱼，打草饲羊，羊粪壅桑，桑下种菜，四旁杂种豆、芋，收豆后再种麦”的集约化经营模式。上述两卷农书均为作者的经验之谈，唯其得自亲身实践，更显珍贵。

9. 《农政全书》 《农政全书》(Complete Treatise on Agriculture) 著者徐光启（1562—1633）为上海人，明代农学家、科学家，曾任礼部尚书等职，“其生平所学，博究天人，而皆主于实用，至于农事，尤所用心”。1607—1610年，徐光启曾在上海设置试验园地，研究甘薯、芜菁引种、棉花栽培技术；1613—1618年在天津屯垦期间试种水稻，在此基础上，先后撰写了《甘薯疏》《吉贝疏》《种棉花法》《芜菁疏》等著作。因遭阉党排挤，徐光启辞官返乡，历时6年编成《种艺书》，未及定稿便辞世。《农政全书》是其门人陈子龙等在徐光启原稿的基础上修订补充后，印行问世的。全书计60卷、50余万字，共分农本、田制、农事、水利、农器、树艺（栽培）、蚕桑、棉麻葛、林药特用种植、牧养、制造（农产品加工）和荒政共12类。本书极富创见，著者认为“南粮北调”是一大弊政，因此在天津亲自试种水稻；亲自从福建引种甘薯、棉花，获得成功，为了在北方推广甘薯种植，著者还介绍了多种留种、储藏方法。《农政全书》是古代农业的宝贵遗产，在我国乃至世界农学史上占有重要的地位。

二、我国古代的农学思想——天人合一

天人合一（harmony between the heaven and human）是我国古代农学思想的核心。

我国古代农学的特点是把农业生产（农事）置于天地人的宇宙大系统之中，将天时、地宜、人力作为主要因素，相参互辅，摸索发展农业生产的途径，因此在我国历代古农书中，在我国历代农民的生产实践中，始终贯穿着一种观念：天地人统一，即天人合一。天地人又称为“三才”。所谓“三才”观念，是指有关农业生产三大要素“天”（气候条件）、“地”（土壤条件）、“人”（人为因素）及其相互关系。“三才”观念产生于我国春秋时代。《周易·系辞下》中说：“有天道焉，有人道焉，有地道焉”。这是见诸文献的最早“三才”提法。“三才”观念，又称为“三才”农学理论，是具有中华民族特色的农学思想体系，其中蕴藏着指导作物生产的哲理。

自古以来，我国的农业生产一直是在比较不利的自然条件下发展起来的。因此人在天、地、作物三者关系中的运筹作用和改造功夫非同小可。战国时期的《管子·五辅》中提出：“上度之天祥，下度之地宜，中度之人顺”，否则“天时不祥则有水旱，地道不宜则有饥饿，人道不顺则有祸乱”。汉代杂家著作《淮南子》中也曾写道：“上因天时，下尽地利，中用人力，是以群生遂长，五谷蕃殖”。

西汉《氾胜之书》在论述作物栽培的基本环节时写道：“凡耕之本，在于趣时，和土，

务粪泽，早锄早获”。这句话里包括6个环节，这6个环节又是不可分割的。虽是短短的一句话，却具体显示了天地人三者的统一。同时，只要三者关系处理得好，就能丰收：“得时之和，适地之宜，田虽薄恶，收可亩十石”（折合每公顷可收获2 166 kg）。北魏《齐民要术》在谈及种植业的时候，处处都体现了天时、地利、人和统一的观念。例如在“种谷第三”中提到“顺天时，量地利，则用力少而成功多”，否则“任情返道，劳而无获”，就如同到泉水里伐木，到山顶上捉鱼一样无望。南宋《陈旉农书·天时之宜》中，曾把种庄稼比作盗窃天时和地利，不可不知。书中写道：“在耕稼盗天地之时利，可不知耶?”暗示了人的主观能动作用。“顺天地时利之宜，识阴阳消长之理，则百谷之成，斯可必矣。”元代《王祯农书·垦耕》中也继承了天地人三者关系中人的作用至关重要的思想：“天气有阴阳寒燠之异，地势有高下燥湿之别，顺天之时，因地之宜，存乎其人。”我国古代农学家认为，从事作物生产的要旨是天人合一。当然，天人合一并不是让人消极地顺应天和地，而是教人在不违背自然规律的前提下，充分发挥能动作用。这种思想在后代农学家的著作中越来越明确了。

明代嘉靖年间的进士马一龙在辞官归乡后亲自耕种并著书立说，写成《农说》（约1560）一卷。由于他有实践经验，认识到人在天-地-作物的关系中应当趋利避害，他做出了这样的精辟论断：“知时为上，知土次之，知其所宜，用其不可弃，知其所宜，避其不可为，力足以胜天矣”。书中关于“合天时、地脉、物性之宜，而无所差失，则事半而功倍矣”的观点更能显示出人的主宰作用。明末徐光启在谈到当时刚从国外引进的棉花、甘薯等作物的驯化、推广时，强调了人对天、地、作物的顺应和改造功夫，他指出：“若果尽力树艺，无不宜者。人定胜天，而况地乎。”意思是：天工可以巧夺，土地更不在话下了。清代张标在所撰写的《农丹》（1660）一书中明确地道出了不论天时、地利和作物的生长发育都要由人去把握的观点：“天有时，地有气，物有情，”但它们“悉以人事司其柄”。

纵观我国农业对天、地、人3个因素的认知和重视程度，似乎可以梳理出一个渐进的脉络。春秋战国时期，人们更多地看重“天”，当时强调的是“不违农时，谷不可胜食也”（《孟子》）、“凡农之道，候之为宝”（《吕氏春秋·审时》）。这些论点都是顺应天时的反映。到了两汉特别是南北朝时期，人们关注的中心逐渐移到“地”上来了，非常重视土地的利用和整治，采用了“代田法”“区田法”，推行了倒茬轮作，用地养地制度。唐宋以后，“人”的作用越来越呈现出来，一方面培育了新的作物品种，另一方面改善了栽培条件，以求作物的高产、稳产、优质。

当前，我国农业面对的状况是：人多地少，农业人口的人均耕地只有1 560 m^2（2.34亩），加之自然灾害频仍、环境污染（全国耕地土壤污染点位超标率已达到19.4%）、生态破坏（目前耕地土壤有机质平均含量仅为2.08%，且仍在下降中），形势十分严峻。出路何在？答案是：发扬传统的天人合一的观念，扎扎实实地按自然规律办事，杜绝肆意妄为，彻底摒弃“人有多大胆，地有多高产”的痴人说梦。只有在敬畏自然、顺应自然的基础上，坚持环境友好、资源节约，在天人合一中发挥人的智慧和创造力，发展农业生产，才能保护环境，使资源得以可持续利用。

三、我国古代的农艺传统——精耕细作

精耕细作（intensive and meticulous farming），是我国历代种植业的优良传统。

我国精耕细作的农业技术奠基于春秋战国时期（公元前770—公元前221）。精耕细作农

艺的特点是，利用有限的资源，投入较大的人力物力，获得较多的农产品。我国古代精耕细作传统主要表现在深耕细锄、粪多力勤、少种多收、巧用天时地利、维持土壤肥力等几个方面。

（一）深耕细锄

我国精耕细作的农艺是同地少人多、农业资源的人均量较低和水旱灾害频繁分不开的。在这样的社会条件和自然条件下进行作物生产，必须以较大的劳动强度和精湛的技艺，夺取丰收，满足衣食的需要。

战国时期的李悝曾提倡“尽地力”，他指出：“治田勤谨，则亩益三升；不勤，则损亦如之”。稍后的《庄子》一书写道：“昔予为禾稼，而卤莽种之，其实亦卤莽而报予”，“来年深其耕而熟耨之，其禾繁以滋，予终年餍飧。”可见，粗放耕种和深耕熟耨的产量结果迥异，这一点在当时已被人们所认识。《吕氏春秋·任地》在谈到耕地时要求“五耕五耨，必审以尽其深植之度，阴土必得，大草不生，又无螟蜮，今兹美禾，来兹美麦。”可见，当时精耕细作的水平已经相当高了。

西汉赵过推行代田法，要求“一亩三甽，岁代处”，这样可以局部耕种，比之以往推行的缦田法每亩多收谷 1～2 斗。氾胜之所倡导的区田法的特点是“不耕旁地，庶尽地力”。试验的结果，“美田，至十九石；中田，十三石；薄田十石”。这些耕种方法都是古代手工作业精耕细作的典范。

从汉代起到南北朝，我国北方形成了耕-耙-耢一整套防旱保墒的耕作体系。《齐民要术》指出“耕锄不以水旱息功，必获丰年之收”，即多次锄地可保证丰收。

（二）粪多力勤

我国农民自古以来就有施用农家肥培肥地力的优良传统。战国时期，“多粪肥田”已经普遍推广了。西汉的《礼记·月令》有关于野生青草可肥田的记载：“仲夏之月……土润溽暑，大雨时行，烧薙行水，利以杀草，如以热汤，可以粪田畴，可以美土疆。”东汉《论衡·率性》中指出，瘠薄的土地，可以通过“深耕细锄，厚加粪壤，勉致人工”等方法提高地力，使它长出的庄稼可与肥沃的土壤相媲美。

我国农民制备和施用农家肥的方法和种类很多。元代《王祯农书》中曾记述过绿肥（苗粪）、压绿肥（草粪）、火粪、泥粪等多种粪肥。与外国原来主要依靠休闲后来又依靠无机肥料恢复地力和补充土壤养分的做法不同，我国古代是采用多施有机肥料、种植绿肥等方法来养地。因此后来被称为经营有机农业。

（三）少种多收

精耕细作是与广种薄收相对而言的。前者是集约化经营，后者是粗放经营。集约化经营的特点是将较多的人力、物力投在有限的土地上，争取较多的收成。我国农艺是有少种多收传统的。《齐民要术》中提出：“凡人家营田，须量己力，宁可少好，不可多恶”。南宋陈旉也有类似的主张：“多虚不如少实，广种不如狭收”。明末《沈氏农书》说：“宁可少而精密，不可多而草率也”。清代张宗法在其撰写的《三农记》（1760）中批评了广种薄收，赞扬了少种勤耕。他说：“且有广种薄收之说，是误人不浅，莫如少种勤耕，粪多工倍，其所获亦相当”。以上论述都是精耕细作精湛技艺在各个历史时期的精辟概括。

（四）巧用天时地利（盗天地时利）

我国的轮作复种制起始于战国时期，比欧洲各国约早 2 000 年。成书于战国末期的《荀子·富国》中说："今是土之生五谷也，人善治之，则亩益数盆，一岁而再获之。"其中后半句话看来是指复种而言的。《吕氏春秋·任地》中的"今兹美禾，来兹美麦"好像指的是二年三熟的轮作复种制。东汉大司农郑玄记述过当时谷子与冬麦、大豆轮作复种的生产经验。魏晋时代，江西已经出现了"再熟之稻"（双季稻）。西晋的郭义恭在《广志》一书中曾记载过再生稻："南方有盖下白，正月种，五月获；获讫，其根茎复生，九月熟。"《陈旉农书》中记述了南方泽农的稻—豆、稻—麦、稻—菜等一年二熟和谷子、芝麻、大豆与冬小麦复种二年三熟的经验。

作物套种这种栽培方式在《齐民要术》中已有记载，书中讲到麻子地套种芜菁的实例。元代《务本新书》中介绍过春大麦、山药、芋子、谷、大豆、小豆、豇豆、绿豆、冬小麦、冬大麦、豌豆等作物的区田套种法，"但能区种三五亩者，皆免饥殍。"元代农学家王祯认为这种套种法"实救贫之捷法，备荒之要务也"。

正确的间作是充分利用光能和地力的一种栽培方式。《氾胜之书》中记载过瓜、薤（xiè，多年生蔬菜，其鳞茎可食）与小豆的间作。《齐民要术》中谈到桑树行间间作：桑树下"常劚掘，种绿豆、小豆。二豆良美润泽，益桑。"又说："种禾豆，欲得逼树，不失地利，田又调熟。"说明当时已注意到作物之间的互利关系了。但是并不是所有作物种在一起都是有利的。《齐民要术·种麻子》就曾警告"慎勿于大豆地中杂种麻子"，其原因是"扇地两损，而收并薄。"元代《农桑辑要》详细记述了桑间种谷子耗水减产，种蜀黍则桑不繁茂，间种绿豆、黑豆、芝麻、瓜芋可使桑叶增产，种黍能够促进桑的生长等经验。徐光启在《农政全书》中既肯定了小麦与蚕豆间作的好处，也指出了棉豆间作的害处。不同作物间作、混作、套种的利弊得失和经验教训都是我国农民在长期的栽培实践中总结出来的。

最后特别值得提及的是，清代杨屾撰写的《修齐直指》(1776)。书中规划了粮菜"一岁数收法"和"二年收十三料法"。后一种方法的做法是，在精细耕作、大量施肥的基础上，从立秋后种蒜、后来种菠菜，年终收获；翌年春种白萝卜，将蒜薹收后栽小兰，以后在小兰之间套种谷子，谷子收后又种小麦。如此周而复始，2 年可有 13 种产品。其集约化的水平可以说达到了登峰造极的地步。

（五）维持土壤肥力（地力常新壮）

养育了中华民族的我国耕地，多数已经耕种了千百年，有的已经耕种了六七千年甚至上万年。在如此长的岁月里，地力能够保持不衰退，完全是用养结合、"以粪治之"的结果。

早在西周时期，我国农民就认识到拔下杂草，使之朽烂，可以肥田促进黍稷的生长。《诗经·周颂·良耜》写道："以薅荼蓼，荼蓼朽止，黍稷茂止"。

人工种植绿肥专供肥田的经验，最早见于西晋郭义恭的《广志》。书中记载了水稻收获之后播种苕子，翌年春耕翻作谷子田肥料的"美田"之法。《齐民要术·耕田》中写道："凡美田之法，绿豆为上，小豆、胡麻次之。悉皆五、六月中穊种，七月八月犁掩杀之。为春谷田，则亩收十石，其美与蚕矢、熟粪同。"欧洲直到 11—13 世纪才开始农田施肥，至于用三叶草作绿肥则是 18—19 世纪才开始推广的。

我国第一个明确地提出地力可以常新壮理论和方法的，是南宋的陈旉。他在《陈旉农书·粪田之宜》中说："凡田土种三五年，其力已乏。斯语殆不然也，是未深思也。若能时加新沃之土壤，以粪治之，则益精熟肥美，其力当常新壮矣。抑何敝何衰之有？"陈旉还记述了几种具体的沤粪方法。《王祯农书·粪壤》也写道："所有之田，岁岁种之，土敝气衰，生物不遂，为农者必储粪朽以粪之，则地力常新壮而收获不减。”

（六）施粪如用药

我国古代在施肥原理上也有许多建树。据《陈旉农书》记载，当时农谚中已有“施粪如用药”的说法。正如前文所述，明末《沈氏农书》中关于水稻施肥，有这样一段叙述：“盖田上生活，百凡容易，只有接力（追肥）一壅，须相其时候，察其颜色，为农家最要紧机关。”这种根据稻苗颜色变化施肥的原理与当前单季晚稻“三黄三黑”的施肥原则是一致的。清代杨屾在《知本提纲》（1747）中所说的施肥应注意“时宜”“土宜”“物宜”等“三宜”的论点，实际上就是我们今天所提倡的“看天、看地、看苗施肥”的原则。

我国传统农业有其长处，也有其弊病，“日出而作，日落而息”，劳动强度大。80%的人口为温饱而操劳，几千年自给半自给的封闭式经营方式等是必须及早摒弃的；而合理利用天时，保持地力常新，精耕细作，坚持有机农业（organic agriculture），力争少种多收等优点和经验，则是今天以至于将来都应当保留并加以发扬光大的。

第五节 我国的农业自然资源和优势种植业布局

一、我国农业自然资源的特点及评价

（一）我国农业自然资源的特点

农业自然资源是指与农业生产有关的生产资料的天然来源，例如光、热、水、土地、生物等。我国的农业自然资源具有如下特点。

1. 光热条件较好 我国地处欧亚大陆东部，北起寒温带，南至热带，而大部分地区位于北纬20°～50°之间。全年太阳辐射总量，各地的变化在355.88～1 004.83 kJ/cm^2。一般西部多于东部，高原多于平原。西藏最高，达669.89～1 004.83 kJ/cm^2，西北地区和黄河流域为502.42～669.89 kJ/cm^2。全年日平均气温稳定通过10 ℃期间的积温，由北到南变化于2 000～9 000 ℃。无霜期自100 d直至全年无霜。就热量因素而言，夏半年我国各地都适于种植多种喜温作物，栽培制度从一年一熟至一年三熟均有，适于复种的地区比较大。

2. 水条件差异很大 东南部地区受季风的强烈影响，而西北部地区气候大陆性极强。如果在我国地图上，从大兴安岭起，经张家口、榆林、兰州至昌都画一条从东北朝西南的斜线的话，那么这条线与年降水量400 mm的等值线大体上相吻合。斜线西北为西北部半干旱、干旱区，斜线东南为东南部半湿润、湿润区。西北部和东南部大约各占国土陆地面积的一半（半干旱区占19.2%，干旱区占30.8%；半湿润区占17.8%，湿润区占32.2%）。

我国东南部地区由于受夏季季风环流的影响，雨水充沛，随纬度的高低和离海洋的远近，年降水量变动在400～2 400 mm。干燥度（最大可能蒸发量与降水量的比值）一般低于1.5。季风气候的突出优点是雨热同期，全年降水量的80%左右集中在作物活跃生长的季节之内，对作物生长是有利的。我国90%以上的耕地分布在这个地区。然而，季风气候也有不利的一面，主要是它的不稳定性，一是降水的年内分布不均匀，年际变化也很大，年变率一般在15%～25%；二是温度的年际变化很大，有的年份冬季风强大，全国大部分地区受其威胁。与世界其他同纬度地区相比，我国冬小麦、油菜等越冬作物和多年生喜温作物的北界偏南。由于受季风环流的影响，我国洪涝、干旱、低温、冻害、台风等农业灾害频率较高，对农作物稳产有严重的影响。

西北部地区虽然具备较好的热量条件，但干旱限制着当地农业的发展。这个地区降水稀少，一般年降水量在 400 mm 以下，有的地方仅数十毫米甚至只有几毫米，干燥度在 1.5 以上，高者在 20.0 以上。除局部地方有雨水、雪水或地下水被用于灌溉农田外（即绿洲灌溉农业），绝大多数地方没有浇灌便没有种植业。

3. 山地多于平地 山地对土地利用和作物生产一般是弊多利少。全国山地占国土陆地总面积的 66%，而平地则只占 34%。山地由于海拔高、温度低、无霜期短，加之坡度大、土层薄，对于种植大田作物多不适宜。如果利用不当还容易引起水土流失，破坏生态平衡，造成石漠化。当然，在特定条件下，山地也有其优越性，如能合理利用，发展特产作物或进行多种经营，其潜力还是很大的。

（二）我国农业自然资源评价

1. 耕地资源 耕地资源是各种资源的载体。气候资源、水资源、土壤肥力资源等无不表现在耕地之中。所有这些资源最终都在耕地上形成生产力。所以耕地的数量、质量、分布及其利用状况必然直接影响农业自然资源的总体格局及其变化。

我国历史上人均耕地面积远远高于现在。历史资料表明，我国人均耕地面积，122 年（东汉）为 6 069.7 m^2，755 年（唐代）为 8 404.2 m^2，1393 年（明代）为 8 470.9 m^2，1685 年（清代康熙年间）为 3 628.48 m^2。到了 1952 年，我国人均耕地面积还有 1 880.94 m^2。可是，后来随着人口规模迅猛增加，人均耕地面积逐年急速下降，1981 年下降到不足1 000 m^2（987.16 m^2）。1958—1993 年的 36 年间，我国每年平均净减少耕地约 4.664×10^5 hm^2（6.996×10^6 亩），这个数字比海南省现在的耕地总面积还多。1998—2007 年的 10 年间，我国粮食作物播种面积又减少 8.2×10^7 hm^2（1.23×10^9 亩）。据《2008 中国农业发展报告》的资料，2007 年末，我国实有耕地面积为 1.22×10^8 hm^2（1.83×10^9 亩），人均耕地约 940 m^2（1.41 亩），全国有 6 个省、自治区的人均耕地低于联合国粮食及农业组织确定的 573 m^2（0.86 亩）的警戒线。即耕地的承载力已经处于临界状态，形势十分严峻！

耕地数量减少已经令人担忧，耕地质量退化更雪上加霜。水土流失、干旱缺水、盐渍化、沙化等正在损害着现有的耕地。受这些障碍因素影响的耕地面积也有逐年扩大的趋势。据农业部调查分析，2015 年我国耕地的 2/3 为中低产田，南方稻田潜育化面积达 3.2×10^6 hm^2（4.8×10^7 亩），比 20 世纪 80 年代初增加 10%；东北地区黑土的有机质含量每年以 0.5%的速度递减，严重地区高达 1.3%。另据环境保护部调查，全国受污染的耕地约 1.0×10^7 hm^2（1.5×10^8 亩），加之污水灌溉污染、固定废弃物占地毁田，合计约占耕地面积的 1/10 以上。中国治理荒漠化基金会于 2007 年 6 月宣布，我国荒漠化面积已达 2.636×10^6 km^2，占全国陆地总面积的 27.46%，相当于全国农田面积的 2.5 倍。此外，据不完全统计，全国城市和工业“三废”对农田的污染面积达 $1.67\times10^6\sim2.0\times10^6$ hm^2。

值得注意的是，栽培措施不当对环境和作物产量的影响也是很大的。黑龙江省农业科学院黑土肥力长期定位监测试验研究结果表明，连续 31 年不施肥，土壤有机质含量由原来的 16.6 g/kg，下降至 12.3 g/kg，下降 4.3 g/kg；即使长期使用氮、磷、钾化肥，土壤有机质仍然下降 3.1 g/kg（魏丹，2015）。中国科学院东北地理与农业生态研究所海伦试验站 21 年定位试验结果证明，大豆长期连作比正茬（即隔 2 年）轮作减产 22.4%，玉米长期连作比正茬减产 12.3%（韩晓增，2015）。

耕地数量减少、耕地质量下降的严峻现实已经引起了我国有关部门的密切关注。业已划定了“两条底线”，即：守住 1.2×10^8 hm^2（1.8×10^9 亩）耕地红线，守住粮食播种面积 1.07×10^8 hm^2（1.6×10^9 亩）以上和谷物播种面积 9.3×10^7 hm^2（1.4×10^9 亩）的底线。

留住耕地就是留住农产品，损失耕地就是丧失农产品。那种指望通过提高单位面积产量来弥补耕地减少的想法，是不现实的；那种“人有多大胆，地有多高产”的宣传是错误的和有害的！因为作物的单位面积产量不可能无限提高。对于耕地减少和质量下降，人们应当增强忧患意识。

2. 各地区土、热、水条件的配合 我国许多地区土、热、水条件的配合是不够和谐的。西北地区土地面积大，太阳辐射强，夏季气温高而冬季寒冷，雨水稀少，对作物生产十分不利。华北地区土地资源比较丰富，平原广阔，夏季温度较高、冬季较冷，水源不足，降水偏少且变率很大，加之盐碱地面积较大，这种土、热、水的配合是作物产量不稳定的根源。东北地区平原面积大，虽然土壤自然肥力较高，雨热同期，但是无霜期较短，对作物生产也有一定的限制。南方地区尽管热量丰富，水源充沛，可是降水变率较大，作物生产易受台风和洪涝威胁。

对于发展作物生产来说，我国各地的土、热、水条件在配合上既有有利的一面，也有不利的一面。只要充分地利用有利的一面，发挥其优越性；对不利和不足的一面，加以顺应或加以改造，趋利避害，各个地区还可以进一步挖掘作物生产潜力。

3. 农业自然灾害 作物生产基本上是在自然条件下进行的，受自然条件的制约。即使是在科学技术比较发达的今天，仍然不能摆脱“靠天吃饭”的局面。随着全球气候变化，极端天气异常发生，我国农业气象灾害呈现多发、频发、重发态势，灾害损失逐年增加。20世纪70、80和90年代，年平均受灾面积分别为 3.7×10^7 hm^2、4.2×10^7 hm^2 和 4.8×10^7 hm^2。2007年各种气象灾害造成粮食损失达 5.4×10^{10} kg，其中旱灾损失占60%（3.3×10^{10} kg）。

近些年来，随着基本农田建设的加强和农业综合开发能力的增强，我国抗灾减灾的能力有所提高，耕地的旱涝保收面积及其占耕地总面积的比重呈现出逐年增加的良好趋势。据水利部的统计资料，1980年我国旱涝保收的耕地面积为 3.1×10^7 hm^2，占总耕地面积的31.20%，至1992年增加到 3.54×10^7 hm^2，占总耕地面积的37.07%。

耕地是土地的精华，是农业生产最基本的不可替代的生产资料。“国以民为本，民以食为天”，必须十分珍惜和合理利用每一寸土地，切实保护耕地。对于各地不协调的水热条件，则应当在保护生态环境的前提下，加以顺应、改造和利用。

二、我国的种植业结构和优势产品区域布局

（一）我国的农业生产结构

农业生产是非常广泛的产业，它包括种植业、林业、畜牧业、渔业等。改革开放以来，我国农业经历了由单一的粮食生产向多种经营的转变、由单一的追求高产向高产优质高附加值的转变两个阶段，从20世纪90年代末开始又进入了战略性调整的阶段，这个阶段的主要目标是，优化农业生产布局，提高产量、产品品质，增加农民收入。

自1998年以来，畜牧业在农业总产值中所占的比重逐年有所增加，林业和渔业所占的比重也呈现增加的趋势（年度间有起伏），种植业的比重有所下降，但仍占50%以上。种植业始终是农业生产结构中的主体。这是由我国人多地少的国情决定的。

（二）我国的种植业结构

种植业是人类社会赖以生存的基本产业部门，包括粮、棉、油、麻、桑、茶、糖、菜、烟、果、药、杂等不同类型的农作物生产。种植业在整体农业生产结构中有特殊的重要作用。不过在种植业内部，近年来发生了不小的结构变化。2014 年，粮食、油料、棉花、糖料和蔬菜播种面积分别占农作物总播种面积的 74.2%、8.49%、2.55%、1.15%和 12.9%。

今后的若干年内，粮食种植面积将基本稳定在 1.1×10^{8} hm^2（1.65×10^{9} 亩），但是玉米种植面积将调减，大豆和薯类杂粮种植面积将增加。油料和糖料作物种植面积将小幅下调，并向优势产业集中。棉花种植面积压缩，饲草种植面积将大大增加。

（三）我国大田作物生产状况

大田作物，是指种植业中除蔬菜、果树之外，在大田上种植的粮食作物（谷类、豆类、薯类等）、油料作物、纤维作物、糖料作物、烟草、饲料作物等。

我国粮食作物的总产量，1990 年为 4.46×10^{11} kg，1996 年首次突破 5.0×10^{11} kg，2006 年为 4.97×10^{11} kg。种植面积和总产量排在前 3 位的是水稻、玉米和小麦。这 3 种作物一直是我国粮食的主要来源。2006 年我国水稻、玉米和小麦的单位面积产量分别为 6 232 kg/hm^2、5 394 kg/hm^2 和 4 550 kg/hm^2，比 1996 年分别增加 0.32%、1.72%和 21.85%。应当指出，这 3 大作物的地区间差异和高低产田间的差异还很大，也就是说，尚蕴藏着相当大的潜力。小宗粮食作物（例如豆类、谷子、高粱等）常常被视为“低产作物”，导致近年来种植面积有所压缩，其实，若能种植得法，产量还有较大的增长余地。

我国的粮食生产除商品性生产和品种调剂之外，应当基本上就地解决自给，避免远距离大调大运。在主攻粮食单产的同时，要特别注意改善品质；要逐步增加大豆、高粱、谷子、小杂豆等作物的种植面积，发挥其增产潜力。这样做，不但有利于调剂全国人民的食物构成，而且也有利于适地适种，调节地力，保证各种作物全面持续增产。

油料作物、纤维作物、糖料作物等经济作物具有种类繁多、分布面广、种植分散、技术性强、商品率高的特点，今后应注重经济作物布局和结构的调整，择优种植，适当集中，建立起各种类型、各具特色的优势产区，提高商品率，进入国际市场。

（四）我国种植业优势区域布局

在农产品市场和全球化竞争环境等新的形势下，为了合理利用自然资源、人力资源和经济资源，充分发挥各地的比较优势，优化农业结构，加快现代农业建设，我国从 1998 年开始对农业结构进行战略性调整。截至 2007 年，全国出现了一批独具特色、优势明显的专业化生产区域。水稻、小麦、玉米和大豆 4 大粮食作物的优势产业区已初步形成，其集中度分别达到 80%、90%、66%和 59%。马铃薯、棉花、油菜、甘蔗等作物的优势产业区也正在形成。农业部在综合考虑资源禀赋、市场区位、产业规模、发展潜力等要素，并兼顾相对集中连片的原则，于 2008 年制定了《全国优势种植业产品区域布局规划（2008—2015 年）》。现将几种作物的优势区域布局状况分述如下。

1. 水稻优势区域布局 我国水稻产区划分为东北平原、长江流域和东南沿海 3 个优势区。

（1）东北平原水稻优势区 此区是优质绿色粳稻种植区，水稻产量高、米质好、商品量大，稻米可就近出口俄罗斯、日本、韩国等。

（2）长江流域水稻优势区 此区适宜发展名优和特色大米，是商品稻谷最多的区域。

（3）东南沿海水稻优势区 此区既是稻米的主产区，也是主销区，当地优质稻米的产业化水平较高。

2. 小麦优势区域布局　主要小麦产区划分为下述5个优势区。

（1）黄淮海小麦优势区　此区是我国优质强筋、中强筋和中筋小麦优势产区。该区商品量大，加工能力强。

（2）长江中下游小麦优势区　此区是优质弱筋、中筋小麦的优势区，可满足国内食品加工业的需求。

（3）西南小麦优势区　此区是优质中筋小麦优势区，对确保区域内口粮供给有利。

（4）西北小麦优势区　此区是优质强筋、中筋小麦生产基地。

（5）东北小麦优势区　此区是优质红春小麦产区，适宜发展优质强筋、中筋小麦。

3. 玉米优势区域布局　我国玉米有下述3大优势区。

（1）北方春玉米优势区　该区的玉米种植种植面积和产量分别占全国总面积和总产量的43.1%和47.1%，适宜发展籽粒和籽粒与青贮兼用型玉米生产。

（2）黄淮海夏玉米优势区　该区多为小麦—玉米一年二熟，应大力发展机械化生产。

（3）西南玉米优势区　该区在发展籽粒玉米的同时，需强化青饲专用和籽粒青饲兼用型玉米高产栽培。

4. 大豆优势区域布局　大豆是优质植物蛋白和植物油的主要来源，分下述3个优势区。

（1）东北高油大豆优势区　该区包括内蒙古的东四盟和黑龙江的三江平原、松嫩平原第二积温带以北地区，适于发展高油大豆。

（2）东北中南部兼用大豆优势区　该区与玉米产业带相重叠，大豆种植规模偏小，大豆既用于制作豆制品，也用于榨油。

（3）黄淮海高蛋白大豆优势区　当地既有春播大豆，又有夏播大豆，适宜种植早中熟品种，推广免耕、少耕和机械化作业。

5. 马铃薯优势区域布局　马铃薯已成为我国的第5大粮食作物，粮、菜、饲三用。目前已形成下述5大优势区域。

（1）东北马铃薯优势区　该区所产马铃薯除供当用食用外，可以出口周边国家和地区，区位优势明显。

（2）华北马铃薯优势区　该区产业比较优势突出，马铃薯用途广泛，除本区消费外，可大量外调。

（3）西北马铃薯优势区　马铃薯是本区的主要作物，当地日照充足，昼夜温差大，所产马铃薯品质优良，单产潜力高，需大力推广旱作节水保墒丰产栽培技术，还可为南方各地提供种薯。

（4）西南马铃薯优势区　该区栽培制度多样，秋冬春季空闲田多，适于发展水旱轮作、间作、套种。

（5）南方马铃薯优势区　该区可利用冬闲田，扩大鲜食马铃薯种植，研究和推广稻草覆盖、免耕、稻草包芯、高垄密植以及其他作物套种等，是本区域的主攻方向。

6. 棉花优势区域布局　我国植棉面积主要集中在河北、山东、河南、山西、陕西、天津、江苏、安徽、湖南、湖北、江西、新疆和甘肃13个省份。根据《棉花优势区域布局规划（2008—2015年）》的要求，今后将着力建设黄河流域、长江流域和西北内陆3大优势棉区。

（1）黄河流域棉花优势区　此区主攻方向是加强棉田基本设施建设、开发黄河三角洲盐碱地，改造中低产棉田，培肥地力，提高棉花单产、纤维成熟度和原棉一致性。

（2）长江流域棉花优势区　此区雨热资源丰富，光照条件稍差，在改善生产条件的基础上，要根据市场需求，扩大长绒、中长绒优质棉集中连片种植规模，改良株型，增加种植密度。

（3）西北内陆棉花优势区　该区植棉一年一熟，新疆又是我国唯一的海岛棉（长绒棉）产区。因气候干旱，要大力发展以膜下滴灌为主的节水灌溉技术，推广促早栽培，提高棉花的单产和成熟度。

7. 油菜优势区域布局　我国油菜优势区集中在长江上游、中游和下游三地，加上北方区。

（1）长江上游油菜优势区　此区水热条件优越，以一年二熟为主，采用“双低”（低芥酸、低硫苷）品种、推广少耕、免耕高产栽培技术是发展的方向。

（2）长江中游油菜优势区　此区温、光、水条件均适于油菜生长，宜推广直播、轻简栽培和机械化生产技术。

（3）长江下游油菜优势区　此区以一年二熟为主，如能突破油菜机械化播种、收获等关键技术，种植面积和生产规模将大为增长。

（4）北方油菜优势区　此区主要包括青海、内蒙古和甘肃 3 个省份，日照强、昼夜温差大，有利于油菜籽发育，但干旱较严重是生产的限制因素，在不影响粮食生产的前提下，可扩大油菜生产规模。

8. 甘蔗优势区域布局　我国甘蔗产区在华南，共有下述 3 个优势区。

（1）桂中南甘蔗优势区　此区地处亚热带，光照充足，雨热同季，最适于种蔗，为实现“吨糖田”，需改善基础设施，培肥地力，提高水资源利用率，推广机械化培土和整秆式机械化收获作业。

（2）滇西南甘蔗优势区　此区属甘蔗高糖区，产区布局稳定，生产和加工潜力较大，但当地以山地蔗田为主，交通不便，运输成本高，主攻方向是加强蔗田基础设施建设，提高有效灌溉率和水资源利用率。

（3）粤西琼北甘蔗优势区　此区地处热带、南亚热带，光热资源丰富，雨水充沛，属甘蔗高产区，今后应以多熟期品种布局为重点，调整优化品种结构，加大健康种苗、配方施肥、生物防治等技术的推广应用，开展机械化培土和机械化采收技术的研究和推广。

（五）我国种植业结构的调整和优化

1. 我国种植业的现状　进入 21 世纪以来，特别是 2010 年以来，我国农业生产能力稳步提升，粮食综合生产能力已经稳定在 5.5×10^8 t，有的年份已达到了 6.0×10^8 t。业已建成一批粮、棉、油、糖等重要农产品生产基地。近些年来，农业基础条件持续改善，截至 2015 年，我国农田有效灌溉面积已达到 6.573×10^7 hm^2（9.86×10^8 亩），农田灌溉水有效利用系数达到 0.52；科技支撑水平显著增强，农业科技进步贡献率为 56%。粮食作物良种基本实现了全覆盖（普遍良种化）；主要农作物的耕、种、收综合机械化率达到 61%；生产集约程度已有较大提高。

2. 我国种植业结构调整的必要性　我国农业发展依然面临不少的困难和挑战，这主要表现在如下几个方面：①品种（指作物种类）结构不够平衡，虽然小麦、水稻供求是平衡的，但是玉米却出现了阶段性供大于求的局面。②资源环境约束的压力越来越突出，华北地区地下水超采，南方地表水富营养化，加之工业化、城镇化的发展占去部分农田。③人民群众作为消费者的需求升级，要求提高，我国已进入消费主导农业发展转型的阶段，必然推进农牧结合，走一、二、三产业融合发展的道路。④全球气候变暖，造成高温、干旱、洪涝等灾害频发，给农业生产安全带来威胁。基于上述理由，我国的种植业结构调整势在必行。

3. 我国各种作物的调整重点

（1）水稻种植结构调整的重点　稳籼稻扩粳稻，杂交稻与常规稻并重。稳定南方双季稻生产，扩大优质籼稻种植面积（达到80%）；推动长江中下游地区籼改粳。到2020年，在水稻总种植面积 3.0×10^{7} hm^2（4.5×10^{8} 亩）中，粳稻占 1.0×10^{7} hm^2（1.5×10^{8} 亩），杂交稻种植面积稳定在 1.33×10^{7} hm^2（2.0×10^{8} 亩）。

（2）小麦种植结构调整的重点　冬小麦主产区黄淮海、长江中下游种植面积稳定在 2.2×10^{7} hm^2（3.3×10^{8} 亩）；春小麦集中产区在东北、内蒙古河套、新疆天山北部，种植面积达到 2.0×10^{6} hm^2（3.0×10^{7} 亩）。冬小麦和春小麦合计总种植面积保证 2.4×10^{7} hm^2（3.6×10^{8} 亩）。要大力发展市场紧缺的用于加工面包的强筋小麦和加工饼干蛋糕的弱筋小麦。用于加工馒头、面条的中强筋小麦也应有所提升。

（3）玉米种植结构调整的重点　调优春玉米，稳定夏玉米，扩大青贮玉米，适当发展鲜食玉米。要巩固提升玉米优势区，适度调减非优势区的玉米种植面积，重点调减东北冷凉区—北方农牧交错区—西北风沙干旱区—太行山沿线区—西南石漠区一线，在地图上呈现镰刀弯形地区玉米种植面积 3.33×10^{6} hm^2（5.0×10^{7} 亩）。玉米总种植面积稳定在 3.3×10^{7} hm^2（5.0×10^{8} 亩）左右。

（4）大豆种植结构调整的重点　自从我国加入世界贸易组织以来，大豆进口数量逐年增加，2015年进口大豆达 8.0×10^{7} t。为了保证我国榨油和畜牧业发展的需要，从国外进口大豆、豆粕等是必要的。今后国内大豆的发展重点应放在食用即蛋白大豆上，同时还应重视菜用大豆（鲜食豆）的研发和生产。到2020年，大豆种植面积保持在 9.3×10^{6} hm^2（1.4×10^{8} 亩）。

（5）薯类杂粮种植结构调整的重点　农业部2016年发布了《关于推进马铃薯产业开发的指导意见》，要求把马铃薯作为主粮产品进行产业化开发。马铃薯营养丰富，富含维生素、矿物质、膳食纤维等成分，单位耕地面积的蛋白质出产率分别是小麦的2倍、水稻的1.3倍、玉米的1.2倍，马铃薯还具有耐旱、耐寒、耐瘠薄的特性，以及适应范围广、增产空间大的特点，是救灾备荒的重要作物，在我国各地都有扩大种植的条件。各地可因地制宜地推进开发马铃薯主食产品（例如馒头、面条、米粉、面包等），还可制作具有地域特色的饼、馕、煎饼、粽子、年糕以及休闲及功能食品（例如薯条、薯片等等），前景广阔，大有可为。杂粮杂豆等具有适应性强、营养丰富、有益于健康、药食同源的特性，应推进规模种植和产销衔接，实现加工转化增值。

（6）棉花种植结构调整的重点　棉花生产要向新疆棉区、沿海沿江沿黄环湖盐碱滩涂棉区集中，到2020年植棉面积稳定在 3.33×10^{6} hm^2（5.0×10^{7} 亩）以上，其中新疆棉区占一半。

（7）油料种植结构调整的重点　重点发展油菜和花生生产。油菜以长江流域为主。要加快选育推广含油率高、抗逆性强、宜于机械化收获的“双低”（低芥酸、低硫苷）的油菜品种。花生以黄淮海地区为主，因地制宜地扩大东北农牧交错区的种植面积，选育高油酸、宜于机械化作业的花生品种。到2020年，油菜种植面积稳定在6.7×10^{6} hm^{2}（1.0×10^{8}亩），花生种植面积稳定在4.67×10^{6} hm^{2}（7.0×10^{7}亩）。

（8）糖料作物种植结构调整的重点　甘蔗生产重点稳定在广西和云南，适当减调不适于种植甘蔗的区域。甜菜生产主要在温度较低的地区。到2020年，糖料种植面积稳定在1.6×10^{6} hm^{2}（2.4×10^{7}亩），其中甘蔗占1.33×10^{6} hm^{2}（2.0×10^{7}亩），而甜菜占2.67×10^{5} hm^{2}（4.0×10^{6}亩）。

4. 我国种植业结构调整的原则　上述各种作物结构调整都要符合如下基本原则。

① 立足我国国情，保证“谷物基本自给，口粮绝对安全”。

② 优化区域布局，发挥比较优势，建立粮、经、饲三元结构。

③ 坚持生态保护，树立尊重自然、保护自然的理念；建立合理的轮作制度，构建“资源节约、环境友好”的绿色发展格局，实现种植业的永续发展。

第六节　粮食安全与农业可持续发展

一、粮食安全

（一）“民以食为天”

“民以食为天”（《汉书·郦食其传》）这个古训道出了食物对于人的重要性。食物是人类生存的基本需要，一刻也不能短缺，因为食物是人体能量和营养的源泉。人体生长发育需要能量，人们的各种活动（例如工作、学习、娱乐等）要消耗能量，即使血液循环、呼吸等基本生理过程也离不开能量。所有这些能量都依靠食物来提供。

据营养学家估算，一个人的基础代谢每天所消耗的能量为7 954.92 kJ，在正常活动的情况下，平均每人每天摄取能量10 048.32 kJ可满足需要。联合国粮食及农业组织（FAO）所规定的正常营养低限是9 545.90 kJ。如果每天的食物不足以提供这么多的能量，就处于饥饿状态。目前，全世界平均每人每天的能量摄取量为10 986.16 kJ，发达国家多一些，发展中国家少一些。据1986年中国预防医学科学院在全国抽样调查的结果，我国当时每人每天平均摄取的能量为10 404.20 kJ。除能量之外，食物还为人提供营养，其中包括蛋白质、脂肪、糖类、矿物质、维生素等。蛋白质是生命的基本物质，它还带给人体不能合成的必需氨基酸；脂肪也是人体所不可缺少的，有些脂肪酸也是人体不能合成的必需脂肪酸。从数量上说，每天每千克体质量（体重）所需补充的蛋白质为1.2 g，一个60 kg体质量的人每天需补充72 g蛋白质。每人每天需补充必需脂肪酸约8 g。

现将中国人的食物实际消费量和中国营养学会推荐的标准食物构成列于表1-3。

表1-3　中国主要食物消费量与中国营养学会推荐量的比较［kg/(人·年)］

（引自《2000年中国粮食论坛》）

食物构成	1990—1992年实际水平	中国营养学会推荐量
粮食	236.40	157.20
植物油	5.95	6.00
肉类	19.28	30.00

（续）

食物构成	1990—1992 年实际水平	中国营养学会推荐量
蛋类	7.04	12.00
奶类	3.01	30.00
糖	5.13	6.00
水产品	6.87	9.00
蔬菜	129.57	120.00
瓜果	17.58	20.00

按照中国营养学会推荐的标准食物构成，平均每人每天可获得能量 10 048.32 kJ、蛋白质 72 g。国家卫生计生委发布的《中国居民膳食指南（2016)》指出，我国居民每人每天平均要食用谷薯类食物 250～400 g、豆制品（折合大豆）25 g、液态奶 300 g、鱼禽畜肉和蛋 120～200 g。与上述推荐量相比较，当前我国人民的粮食消费量显然偏高，而动物性食品（肉、蛋、奶、水产品）却明显不足。众所周知，肉、蛋、奶多半是需要由粮食来转化的。有资料表明，生产 1 kg 猪肉、牛肉、羊肉和蛋类所需要的粮食分别为 3.2 kg、2.2 kg、1.8 kg和 2.1 kg。需要说明的是，表 1－3 中所列的是全国的平均值，其实在城乡之间、发达地区和欠发达地区之间还存在很大的差别，一些欠发达地区人民的生活还未达到这个平均水平。因此我国的粮食生产丝毫不能放松。

（二）我国国家粮食安全战略

我国《国家粮食安全中长期规划纲要（2008—2020 年)》要求，保证我国粮食自给率在 95%以上，到 2020 年粮食总产量必须达到 5.5×10^{11} kg。千方百计地不断增加粮食生产，满足因人口增长等因素而持续增加的粮食需求，始终是治国安邦的头等大事。

粮食安全（food security）还有一个含义，即要有充足的粮食储备。粮食的最低安全系数是，储备量至少应占需要量的 17%～18%。这个数值是联合国粮食及农业组织 1991 年在荷兰召开农业与环境会议时通过的《登博斯宣言》中确定下来的。

我国国家粮食安全战略是“坚持以我为主，立足国内，确保产能，适度进口，科技支撑”，要“确保谷物基本自给，口粮绝对安全”，这是底线。通俗地说，就是中国人的饭碗任何时候都要牢牢地端在自己的手上，我们的饭碗里应当主要装中国粮。

为了保证我国的粮食安全，必须做到如下几点。

1. 坚持以我为主，立足国内 中国人的吃饭问题，主要靠自己生产的粮食，不能靠买饭吃。须知，目前全球的粮食贸易量只有 2.5×10^{11}～3.0×10^{11} kg，不到我国粮食消费量的一半；大米的贸易量约 3.5×10^{10} kg，只相当于我国大米消费量的 1/4。换言之，只有立足国内，才是可靠的。

2. 保口粮，保谷物 大米和小麦是我国的基本口粮品种，全国约 60%的人以大米为主食，40%的人以面粉为主食。这就需要合理配置资源，优先保障水稻和小麦生产，水稻和小麦的种植面积应当分别占 3.0×10^{7} hm^2（4.5×10^{8} 亩）和 2.4×10^{7} hm^2（3.6×10^{8} 亩）以上，这便是“保口粮”。“保谷物”主要指的是保稻谷、保小麦、保玉米，这 3 大作物的产量占我国粮食总产量的 90%左右。玉米是重要的饲料粮和工业用粮，其种植面积应稳定在 3.3×10^{7} hm^2（5.0×10^{8} 亩）。

3. 确保产能，强化科技支撑 要提高综合生产能力，关键在于“藏粮于地”“藏粮于技”。目前我国中低产田约占耕地面积的2/3，有效灌溉面积只占1/2，靠天吃饭的局面仍未根本改变。要确保“产能”（耕地的生产能力），在必须守住耕地数量不减这条红线的前提下，划定永久基本农田是重要保障，建设旱涝保收的高标准农田则是重要的途径。“藏粮于技”指的是，在耕地、水等资源约束日益加剧的背景下，粮食增产的根本出路在科技。2015年，我国农业科技进步贡献率为56%，耕、种、收综合机械化水平为61%，还有很大的上升空间。

4. 适度进口农产品 一是品种余缺调剂，譬如我国强筋小麦、弱筋小麦、啤酒大麦等专用品种供不应求，需要从国外进口；二是年度平衡调节。现在是开放的年代，适量地进口粮食以补充国内库存，特别是在国际粮价低的时候，进口更属必要。

5. 确保谷物基本自给，确保口粮绝对安全 “谷物基本自给”即要保持谷物自给率在95%以上；“口粮绝对安全”要求谷物、小麦的自给率要基本达到100%。从目前的粮食单产水平和未来的科技贡献潜力计，在守住 1.2×10^8 hm^2（1.8×10^9 亩）耕地红线的前提下，必须守住粮食种植面积在 1.07×10^8 hm^2（1.6×10^9 亩）以上和谷物种植面积 9.3×10^7 hm^2（1.4×10^9 亩）的底线。

谈到粮食安全，首先当然是指稻谷、小麦和玉米这3种粮食在数量上必须得到保障，这3种粮食的主要成分是糖类，可为人体提供热量。须知，除了热量之外，人体还需足够的营养，特别是蛋白质。对中国人来说，大豆是蛋白质营养的重要来源之一。作为蛋白质作物，每100 g大豆含蛋白质40 g左右，是小麦的3.6倍、大米的5倍、玉米的4.2倍，是牛肉的2倍、猪肉的3倍。为了确保粮食安全，除了上述3种粮食之外，还必须保证大豆的充足供应。

（三）食物安全与种植业三元结构

调整农业生产结构，满足人类日益增长的生活需要，是作物生产面临的重要任务。美国、加拿大、澳大利亚、法国等农业资源优越的国家，种植业和养殖业协调发展，不仅能充分满足本国的需要，还有大量出口。

我国迫于人口压力，又由于长期片面强调“以粮为纲”，导致了农业结构的单一化。长期以来，我国口粮与饲料不分，“人畜共粮”。这样，既加剧了粮食的供需矛盾，又制约了饲料产业的发展。为了保障食物安全，为了更多地提供动物性食物和非粮食品，我国需要在现代食物观念指导下，进行种植业结构调整，由粮食作物-经济作物二元结构向粮食作物-经济作物-饲料作物三元结构（tertiary structure of planting industry）转变。在改革、调整种植业结构的同时，必须相应地发展养殖业、饲料工业和食品工业，使种植业、养殖业、加工业相互促进、协调发展，形成农牧渔有机结合、产加销和贸工农一体化的高产优质高效农业综合生产体系。实施种植业三元结构工程之后，我国人民的食物营养和消费结构水平必将大为提高，人均肉、蛋、奶、水产品的消费数量将大为增加。

（四）中国人必须也能够养活自己

“由谁养活中国”这个问题是美国世界观察研究所莱斯特·布朗（Lester R. Brown）博士于1994年首先提出来的。据他预测，中国到2030年人口将达到16亿，如果目前不采取有效措施保护环境，提高资源利用率，届时需进口粮食 2.0×10^8～4.0×10^8 t，超过世界粮食的贸易量，中国不仅自己挨饿，还将使世界挨饿。

不管布朗博士提出这一问题是出于什么考虑，“由谁养活中国”这个问题的确是值得重视的。对这个问题的回答当然是：由中国来养活中国人。1996 年，我国首次发布《中国的粮食问题》白皮书，向世界表明，中国人有能力依靠自己的力量解决中国人的吃饭问题。目前，我国每年粮食总产量在 5.0×10^{11} kg 左右，用事实证明，不仅靠自己解决了吃饭问题，而且生活水平在逐年提高。今后，中国仍然有能力养活自己，这是因为：①资源潜力还不小。在确保现有 1.07×10^{8} hm^2 粮食作物种植面积的同时，要面向整个可开发的国土资源，其中包括草原、宜农荒地、沿海滩涂等；我国现有耕地中还有 6.0×10^{7} hm^2 中低产田有待改造；耕地的复种指数也有潜力可挖。②科技潜力较大。我国科技进步在粮食增产中的贡献份额目前只在 30%～40%，远低于发达国家 70%的水平。良种、化肥、灌溉水等的利用率还有较大潜力。调整种植业结构，实施粮食作物-经济作物-饲料作物三元结构工程也将使食物总量增加。

从另一个角度分析，该问题的核心是我们应该怎样利用资源，如何发挥科技的作用，好好地养活自己。我国目前人口已经超过 13 亿，年人均粮食尚不足 400 kg。人多耕地少、人均资源紧缺，是我国作物生产的制约因素，随着经济发展和城市建设大量占用土地，耕地还可能继续减少。耕地质量退化是另一个潜在的危机，主要表现在水土流失、污染、盐碱化、沙化、贫瘠化等方面。气候条件变化无常，旱涝冷害时有发生，不能保障年年风调雨顺。还有对农业投入比重小以及“谷贱伤农”等人为因素，如果不加以扭转，则增加作物产量的难度今后可能越来越大。我国农业与粮食的形势从宏观上看将是严峻的。我们既不要悲观，也绝不能盲目乐观。要有忧患意识，增强紧迫感、危机感。

二、可持续农业

（一）可持续农业的含义

20 世纪以来，随着科技进步和社会生产力的极大提高，人类创造了前所未有的物质财富，加速推进了文明发展的进程。与此同时，人口剧增、资源过度消耗、环境污染、生态失衡日益突出，人口、资源、环境与食物的矛盾已成为全球性的问题。在作物生产上，发达国家大量使用化肥、农药、除草剂等化学合成品在提高作物产量的同时，也导致了环境污染、生产成本过高、经济效益下降以及农药残留等问题。发展中国家则由于人口相对多，滥用土地，过度开发，粗放和掠夺式经营，又造成耕地荒漠化、石漠化、盐碱化以及水土流失等，资源退化现象日益加剧。在上述背景下，各国学术界不约而同地指出了可持续农业（sustainable agriculture）的发展方向。

可持续农业与农村发展（sustainable agriculture and rural development）的观念，最初是由美国有关农业机构提出并倡导。1987 年 12 月，联合国大会讨论了未来的环境前景以及环境与发展问题，对粮食和农业领域提出了“达到既无粮食匮乏之虞，又不耗竭资源或破坏环境，重建已经发生环境损害的资源基础”的目标。同时还要求“为持续的、不影响环境的发展制订长期的战略规划”。1991 年 4 月，联合国粮食及农业组织（FAO）在荷兰召开会议，通过了可持续农业与农村发展的《登博斯宣言》。《登博斯宣言》对可持续农业是这样定义的：“……管理和保护自然资源基础，并调整技术和机构改革方向，以便确保获得和持续满足目前几代人的和今后世世代代人的需要。这种（农业、林业和渔业部门的）持续发展能保护土地、水资源、植物和动物遗传资源，而且不会造成环境退化，同时技术上适当，经济上可行，能够被社会接受。”

综上所述，可持续农业有两个含义，一是发展生产满足当代人的需要，二是发展生产不以损坏环境为代价，使各种资源得以可持续利用。

（二）我国农业和农村的可持续发展

《中国21世纪议程——中国21世纪人口、环境与发展白皮书》（1994）指出：“农业是中国国民经济的基础。农业与农村的可持续发展，是中国可持续发展的根本保证和优先领域。”

近20年来，我国政府采取了一系列措施，发展农业生产，进行新农村建设，使农村贫穷落后的面貌有了较大的改变，中国农民已经基本越过了温饱线，正朝着小康迈进。然而，我国农业和农村发展也面临一系列严重问题。其中包括：①人口基数太大，人均耕地很少，农业自然资源人均占有量逐年下降，人均粮食占有量不足400 kg；②农业综合生产能力低，抗灾能力差，农业生产率常有较大的波动；③农业环境污染日益加重，受污染的耕地近2.0×10^{7} hm^{2}，约占耕地总面积的1/5，土地退化严重，自然灾害频繁。

我国的农业和农村要摆脱困境，必须走可持续发展的道路，进行新农村建设。可持续发展的目标是：改变农村贫困落后状况，逐渐达到农业生产率的稳定增长，提高粮食生产和食物安全，发展农村经济，增加农民收入，改善居住条件和农业生态环境。只有走“环境友好、资源节约”可持续发展的道路，才能够保护和改善农业生态环境，合理、可持续地利用自然资源，特别是生物资源和可再生能源，最终实现人口、环境与发展的和谐，即达到天人合一。

三、作物栽培科技进步

科技对于农业发展的贡献，最初是通过良种、农药、化肥的推广和应用来显现的，今后这些物化的成果当然还要继续发挥其作用。由于资源的约束，在未来，科技不得不担当起提高产量、改善品质、促进可持续发展的重任。为此，以科技为先导发展我国乃至世界的作物生产，是今后的必由之路。

（一）高产研究与农产品优势区域建设

随着人口的增加和人均耕地的减少，保证粮食安全只能依靠提高作物单位面积产量。中国农业大学经多年的研究，在黄淮海低平原沧州地区吴桥县建立了小麦—夏玉米两茬平均亩产吨粮（15 000 kg/hm^{2}）的理论和技术体系，收到了良好效果。这个体系的创新点在于，把一年内上下两茬作物当作一个统一的整体对待，把小麦的播种期推迟10～15 d，让出积温170～250 ℃、日照71～105 h给玉米。这样一来，玉米就可以利用这些光温资源，采用中晚熟品种，充分发挥其产量潜力。湖南省是我国有名的鱼米之乡，有丰富的自然资源和良好的生产条件，该省发展双季稻，提高复种指数，并根据杂交稻的特点，突出壮秆重穗，推广应用综合配套技术，显著提高了水稻产量。山东农业大学在进行小麦产量与品质研究的同时，制定了由选用良种、培肥地力、根据麦田需肥特点施用氮磷钾硫肥、将氮肥后移并调整底肥和追肥比例、前期低定额而后期控制灌溉、适期收获等组成的配套技术体系，在山东推广，推动了山东及周边地区小麦的发展。山东已经多年小麦单产超过5 000 kg/hm^{2}，成为全国的小麦高产区。

（二）作物品质改良及安全食品生产

随着市场经济的发展和人民生活水平的提高，对农产品品质的要求越来越高，人们不仅要吃得饱，而且要吃得好。同高产、优质、高效一样，环保、安全已经成为作物栽培的重要内容和目标。在作物栽培过程中，应该选择优质高产品种，采用相应的配套栽培技术，遵照《中华人民共和国农产品质量安全法》并依照相关国家标准的要求，采用良好农业规范（GAP）、质量管理体系认证（ISO 9001）等所要求的管理方式，按照国家、地方或行业标准的规定，生产安全食品，以满足人们日益增长的生活需求。同时，还应该根据各地的区域优势，生产适宜加工的各类优质农产品。例如黑龙江省推广寒地水稻旱育稀植三化栽培技术，即秧田规范化、旱育壮秧模式化、本田管理叶龄指标计划化，使水稻单位面积产量显著提高，稻谷品质明显改善，配合产业化基地建设和稻米深加工、精加工，实现了东北大米从品牌优势向产业优势转化。

（三）农业资源高效利用及新型栽培制度建立

我国农业资源短缺，人均耕地仅为世界人均耕地的1/3，人均占有的水资源只是世界人均的1/4，加之由于种种原因，原有的合理栽培制度基本破坏，资源浪费严重，农业资源利用率远低于发达国家。特别是随着全球气候的变暖，高温、干旱等自然灾害增多，变率加大，给我国的种植业带来更多的困难。因此研究气候变化条件下的新型栽培制度和技术，利用温度升高带来的积温增加、无霜期变长的有利条件，克服高温危害及降水变率加大、干旱增多等不利因素，提高农业资源的利用率，增加产量，改进品质，是可持续发展的前提条件。目前，应该通过建立新型的栽培制度和中低产田改造来提高土地、温度和光照资源利用率，通过选用高肥效品种、平衡施肥、减少氮肥用量来提高肥料利用率，通过节水灌溉来提高水的利用率，使我国的种植业真正实现高产、优质、高效、环保、安全。例如新疆生产建设兵团采用地膜覆盖、膜下滴灌技术栽培棉花，既显著提高了棉花产量和品质，又节省了水资源，促进了新疆全区棉花生产的发展。

（四）农业信息化及精确定量栽培

作物生长模拟是在作物科学中引进系统分析方法和应用计算机后兴起的一个研究领域。它是通过对作物生长发育和产量的试验数据加以理论概括和数据模拟分析，找出作物生长发育动态及其与环境之间关系的动态模型，然后在计算机上优化，根据模拟优化结果制定规范化的栽培技术，用于生产。美国等发达国家利用现代设备和“3S”技术［GIS（地理信息系统）、GPS（全球定位系统）、RS（遥感）］，开发精准农业技术，已在小麦、棉花、玉米、水稻等作物上应用。我国近年来以作物生长模拟为主，进行了有关研究，例如江西农业大学研究的水稻模拟模型、江苏省农业科学院研究的水稻栽培计算机咨询决策系统、沈阳农业大学进行的水稻模式化栽培、南京农业大学研究的作物生长模型及智能管理、扬州大学进行的群体质量研究和提倡的精确定量栽培技术等，在生产中应用，都取得了显著的增产增收效果。

（五）生物技术与作物改良

生物技术属于高新技术的范畴，近年来发展很快，在作物生产的应用领域正在扩大。利用简单序列重复（SSR）、随机扩增多态性DNA（RAPD）、限制性片段长度多态性（RFLP）等DNA分子标记技术，特别是数量性状基因位点（QTL）分析，不仅可以克服环境条件和栽培措施的影响，快速而准确地进行遗传多样性检测、基因定位、遗传图谱构建，从分子水平了解品种间的遗传差异；利用转基因技术，可以进行基因克隆、转化，育成作物新品种。例如转抗虫基因的抗虫棉，已经在我国广泛应用，减轻了棉铃虫的危害，提高了棉花的产量和品质，避免了化学防治棉铃虫所造成的农药污染。利用 DNA 分子标记技术分析品种间的亲缘关系、鉴定新品种的农艺性状及特异性、检测种子活力和纯度，已经进入了实用阶段。利用组织培养技术进行马铃薯茎尖培养，生产无毒种薯，已是成熟技术。随着分子生物学研究的深入，生物技术在作物生产中的作用会越来越大。

复习思考题

1. 作物栽培学是一门什么样的科学？

2. 我国在作物起源中占有什么地位？

3. 记忆并默写 40 种以上主要作物的学名和英文名。

4. 我国古代作物栽培中哪些传统和经验值得我们继承？

5. 指出我国水稻、小麦、玉米、大豆、马铃薯、油菜、棉花和甘蔗 8 种作物的优势区域布局。

第二章

作物生长发育

第一节　作物生长发育的特点

一、作物生长与发育的概念

在作物一生中，有两种基本生命现象，即生长和发育。生长（growth）是指作物个体、器官、组织和细胞在体积、质量和数量上的增加，是一个不可逆的量变过程。发育（development）是指作物细胞、组织和器官的分化（differentiation）形成过程，即作物发生形态、结构和功能上质的变化，有时这种过程是可逆的，例如幼穗分化、花芽分化、维管束发育、气孔发育等。作物的生长和发育是交替推进的。例如叶的长、宽、厚、质量的增加称为生长，而叶脉、气孔等组织和细胞的分化则为发育。

尽管作物生长发育过程各有特点，但依据其器官建成和生长中心的不同，大多数作物的生长发育时期可划分为营养生长阶段（vegetative growth period）、营养生长与生殖生长并进阶段和生殖生长阶段（reproductive growth period）。营养生长阶段分化根、茎、叶、分蘖等，穗分化（花芽分化）以后进入营养生长与生殖生长并进阶段，开花后营养生长基本停止，完全进入生殖生长阶段。作物开始穗分化（花芽分化）的时间主要受光周期和春化反应的控制。

在作物栽培学中，有时将发育视为生殖器官的形成过程，这与通常将生长与营养生长联系在一起、发育与生殖生长联系在一起有关。

二、作物生长的一般过程

（一）S形生长过程

作物器官、个体、群体的生长通常是以大小、数量、质量来度量的。这种生长随时间的延长而变化的关系，在坐标图上（图 2-1）可用曲线表示。在生长速度（相对生长率）不变，且空间和环境不受限制的条件下，作物的生长类似

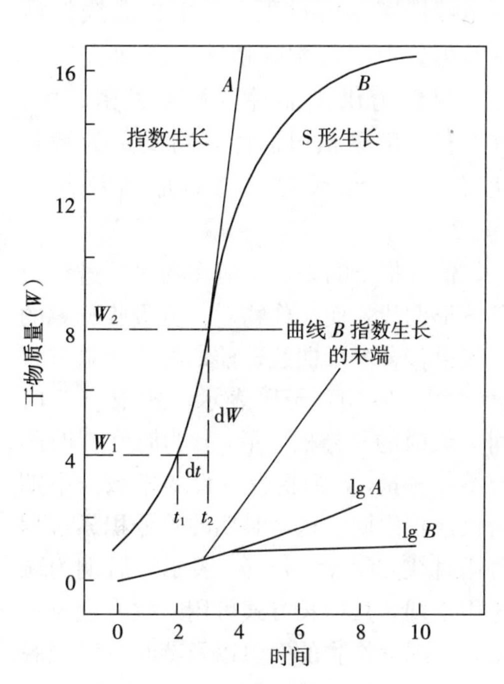

图 2-1　作物生长的 S 形模型

（引自 Leopold 和 Kriedemann，1975）

于资本以连续复利累积，称为指数生长，在图上呈J形曲线。

实际上，当作物器官、个体、群体以J形生长到一定的阶段后，由于内部和外部环境（包括空间、水、肥、光、温等条件）的限制，相对生长率下降，使曲线不再按指数增长方式直线上升，而发生偏缓，形成S形生长曲线。

S形生长曲线若按作物种子萌发至收获来划分，则可细分为4个时期。

1. 缓慢增长期 此时种子内细胞处于分裂时期和原生质积累时期，生长比较缓慢。

2. 快速增长期 此时细胞体积随时间推移而呈对数增大，因为细胞合成的物质可以再合成更多的物质，细胞越多，生长越快。

3. 减速增长期 此时生长继续以恒定速率（通常是最高速率）增加。

4. 缓慢下降期 此时生长速率下降，因为细胞成熟并开始衰老。

现以玉米株高生长为例，加以说明（图2-2）。

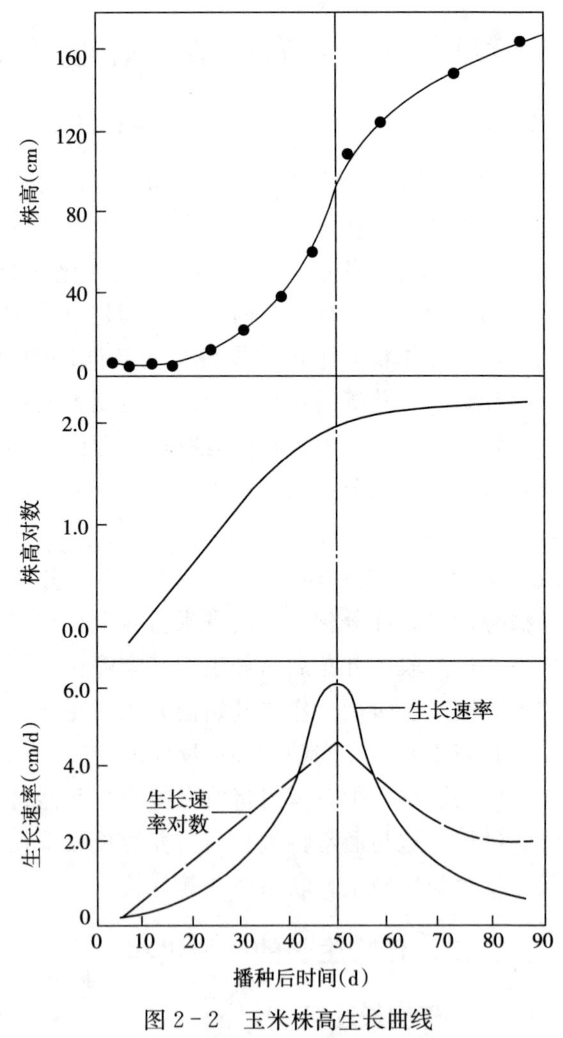

图2-2 玉米株高生长曲线

（引自潘瑞炽等，1999）

图2-2表明，玉米播种后0～18 d为缓慢增长期；播种后18～45 d为快速增长期；播种后45～55 d为减速增长期；播种后55～90 d为缓慢下降期。

作物群体的建成和产量的积累也经历前期较缓慢、中期加快、后期又减缓以至停滞衰落的过程，其生长曲线依然是S形。中国科学院植物生理研究所以无芒早粳为供试品种，测定了密、中、稀3种密度早稻田群体干物质量的增长状况，所得结果均符合S形增长曲线（图2-3）。

值得指出的是，不但作物生长过程遵循S形曲线，而且作物对养分吸收积累的过程也符合S形曲线。前期可用指数方程 $y=ae^{bx}$（$b>0$）予以表示，式中 y 为时间 x 天时的养分积累量，a 为时间0时的起始养分量，b 为指数方程的常数。中期为快速积累期，这个时期的养分积累过程可用直线方程 $y=a+bx$ 表示。后期为减速积累期，其增长方式可用二次方程 $y=a+bx+cx^2$ 表示，此时养分积累量已达到最大值。以后，随着作物的完熟以及茎叶枯黄或脱落，作物的养分积累还可能出现负增长，可用指数方程 $y=ae^{-bx}$ 表示。图2-4所绘的春大麦单株氮素积累曲线，可代表作物养分积累的一般过程。

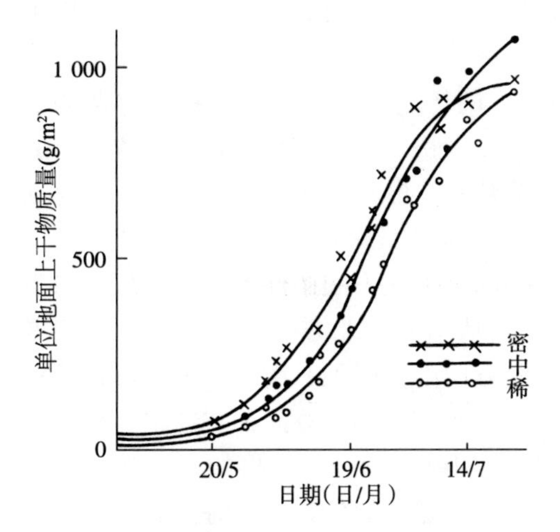

图 2-3　早稻密度对比田总干物质量的增长
（引自殷宏章等，1959）

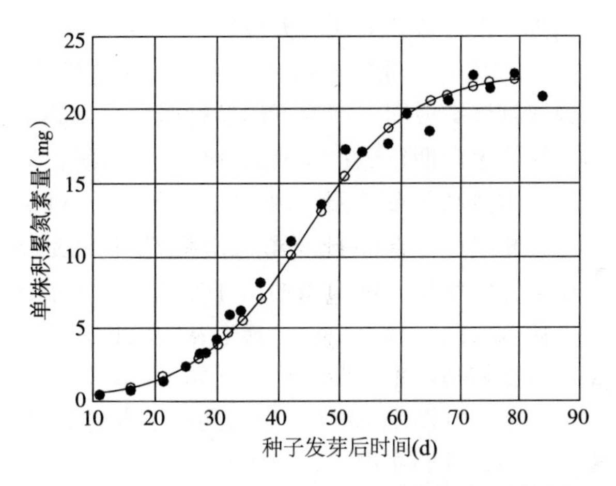

图 2-4　春大麦品种“76-22”单株氮素积累过程
● 测定值　○ 回归方程 $y=100/(146.16e^{-0.114x})$ 的计算值
（引自北京农业大学，1984）

（二）S形生长进程的应用

作物的群体、个体、器官、组织乃至细胞，它们的生长发育过程都是符合S形生长曲线的，这是客观规律。如果在某阶段偏离了S形曲线的轨迹，或未达到，或超越了，都会影响作物的生长发育进程和速度，从而最终影响产量。因此在作物生长发育过程中应密切注视苗情，使之达到该期应有的长势长相，向高产方向发展。同时，S形曲线也可作为检验作物生长发育进程是否正常的依据之一。

各种促进或抑制作物生长的措施，都应该在作物生长发育最快速度到来之前应用。例如用矮壮素控制小麦拔节，应在基部节间尚未伸长前施用，如果基部节间已经伸长，再施矮壮素就达不到控制该节间伸长的效果。又如水稻晒田可使基部1～2节间缩短而矮壮，若晒迟了，不但达不到这个目的，反而可能影响穗的分化。

同一作物的不同器官，通过S形生长周期的步伐不同，生育速度各异，在控制某个器官生育的同时，应注意这项措施对其他器官的影响。例如拔节前对水稻或小麦施速效性氮肥，虽然能对早稻和中稻的穗型大小或小麦的小花分化起促进作物，但同时也能促使基部1～2个节间的伸长，从而易引起以后植株的倒伏。

三、作物的生育期和生育时期

（一）作物的生育期

1. 作物生育期的概念　作物从播种到收获的整个生长发育过程所需时间为作物的大田生育期（growth period），以天数表示。作物生育期的准确计算方法，应当是从种子出苗到作物成熟的天数，因为从播种到出苗、从成熟到收获都可能持续相当长的时间，这段时间不能计算在作物的生育期之内。对于以营养体为收获对象的作物（例如麻类、薯类、牧草、绿肥、甘蔗、甜菜等），则是指播种材料出苗到主产品收获适期的总天数。棉花具有无限生长习性，一般将出苗至开始吐絮的天数称为生育期，而将播种到全田收获完毕的天数称为大田生长期。需要育秧（育苗）移栽的作物（例如水稻、甘薯、烟草等），通常还将其生育期分为秧田（苗床）生育期和本田生育期。秧田（苗床）生育期是指出苗到移栽的天数，本田生育期则是指移栽到成熟的天数。

2. 作物生育期的长短 由于作物的遗传特性及所处的环境条件不同，作物生育期的长短因作物种类或同一作物不同品种而异。早熟品种生长发育快，主茎节数少，叶片数少，成熟期早，生育期较短；晚熟品种生长发育缓慢，主茎节数多，叶片数多，成熟期迟，生育期较长。中熟品种在各种性状上则介于二者之间。

在相同环境条件下，同一品种的生育期是相当稳定的。但在不同条件下，同一品种的生育期会发生变化。例如水稻属于喜温的短日照作物，当从南方向北方引种时，由于纬度增高，温度较低，日长较长，其生育期延长；相反，从北方向南方引种，由于纬度低，日长较短，温度较高，生育期缩短。又如大豆是短日照作物，黑龙江省的大豆品种“红丰 3 号”在当地春播生育期为 104 d，当引到辽宁省夏播时，其生育期缩短为 80 d。再如冬性强的冬小麦为低温长日照作物，若当作春小麦栽培则当年不能抽穗成熟。此外，不同海拔高度和不同栽培措施对作物的生育期也有影响。同种作物生育期长短的变化，主要是营养生长期长短的变化，而生殖生长期长短变化较小。

3. 作物生育期与产量 作物生育期的长短与产量形成有关。一般说来，早熟品种单株生产力低，晚熟品种单株生产力高。但这也不是绝对的，例如湖南、江西两省的晚熟油菜品种产量低于中熟品种产量，其主要原因是在入春后温度上升快，晚熟品种进入成熟期时常遇高温逼熟，导致产量和籽粒含油量下降，而中熟品种则因成熟条件适宜，产量和籽粒含油量高。此外，从群体角度看，早熟品种多适于密植，而晚熟品种多适于稀植。

（二）作物的生育时期

由于作物的生长发育受遗传因素和环境因素的共同作用，在外部形态特征和内部生理特性上，都会随着作物的生长发育进程发生一系列变化。根据这些变化，特别是形态特征上的显著变化，可将作物的整个生长发育过程划分为若干个生育时期（growing stage）或生育阶段（growing phase）。

现将主要大田作物的生育时期划分介绍如下。

1. 水稻和麦类的生育时期 水稻和小麦的生育时期一般划分为出苗期（emergence stage）、分蘖期（tillering stage）、拔节期（jointing stage）、孕穗期（booting stage）、抽穗期（heading stage）、开花期（flowering stage）和成熟期（maturity stage）（图 2－5）。

2. 玉米的生育时期 玉米的生育时期一般划分为出苗期、拔节期、大喇叭口期（ear developing stage）、抽雄期（tasseling stage）、吐丝期（silking stage）和成熟期。

3. 豆类的生育时期 豆类的生育时期一般划分为出苗期、分枝期（branching stage）、开花期、结荚期（pod bearing stage）、鼓粒期（seed filling stage）和成熟期。

4. 棉花的生育时期 棉花的生育时期一般划分为出苗期、现蕾期（squaring stage）、花铃期（flowering and fruiting stage）和吐絮期（boll opening stage）。

5. 油菜的生育时期 油菜的生育时期一般划分为出苗期、现蕾抽薹期（budding stage）、开花期和成熟期（图 2－6）。

作物的生育时期是指某一形态特征出现变化后持续的一段时间，以该时期开始至下一时期开始的天数计。譬如水稻、麦类作物分蘖期，是指分蘖始期至拔节始期所经历的天数。

需要说明的是，目前对各种作物生育时期的划分尚未完全统一。有的划分细些，例如成

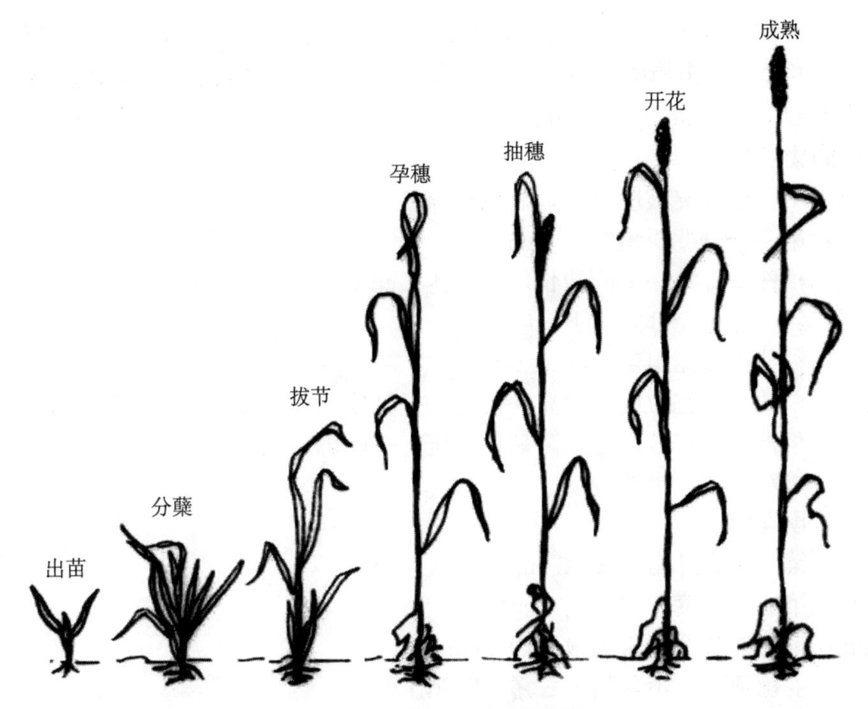

图 2-5　小麦的主要生育时期
(引自 Large E. C.，1954，有改动)

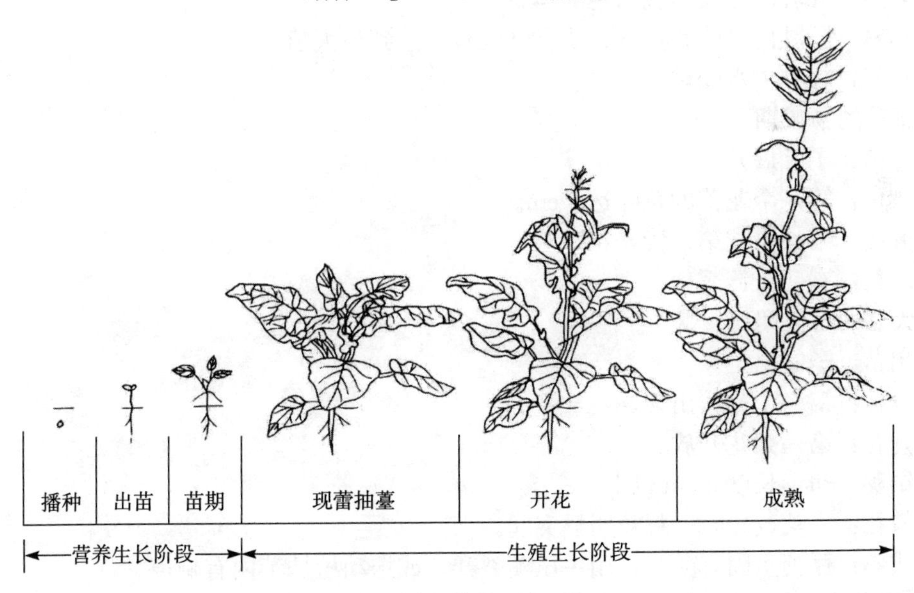

图 2-6　油菜的生育时期
(引自 FAO)

熟期还可细划分为乳熟期、蜡熟期和完熟期；有的划分粗些，因为有些生育时期很难截然分开，例如大豆的开花期与结荚期、结荚期与鼓粒期是重叠的，甚至开花、结荚和鼓粒 3 个时期也是前后重叠的。

(三) 作物的物候期

作物生育时期是根据其起止的物候期（phenophase）确定的。物候期是指作物生长发育在一定外界条件下所表现出的形态特征，人为地制定一个具体的标准，以便根据作物形态特征的变化，具体地把握作物的生育进程。例如水稻、小麦、棉花、大豆等主要作物的物候期，一般按下述阶段性标准进行划分。

1. 水稻的物候期

① 出苗：不完全叶突破胚芽鞘，叶色转绿。

② 分蘖：第一个分蘖露出叶鞘 1 cm。

③ 拔节：植株基部第一节间伸长，早稻达 1 cm，晚稻达 2 cm。

④ 孕穗：剑叶叶枕全部露出下一叶叶枕。

⑤ 抽穗：稻穗穗顶露出剑叶叶鞘 1 cm。

⑥ 乳熟：稻穗中部籽粒内容物充满颖壳，呈乳浆状，手压开始有硬物感觉。

⑦ 蜡熟：稻穗中部籽粒内容物浓黏，手压有坚硬感，无乳状物出现。

⑧ 成熟：谷粒变黄，米质变硬。

2. 小麦的物候期

① 出苗：第一片真叶出土 2～3 cm。

② 分蘖：第一个分蘖露出叶鞘 1 cm。

③ 拔节：第一伸长节间露出地面约 2 cm。

④ 抽穗：麦穗顶部（不包括芒）露出叶鞘。

⑤ 开花：雄蕊花药露出。

⑥ 乳熟：胚乳内主要为乳白色液体。

⑦ 蜡熟：胚乳内呈蜡状，籽粒质量（粒重）达到最大值。

⑧ 完熟：籽粒失水变硬。

3. 棉花的物候期

① 出苗：子叶展开。

② 现蕾：第一个花蕾的苞叶达 3 cm。

③ 开花：第一果枝第一蕾开花。

④ 吐絮：有一个铃露絮。

4. 大豆的物候期

① 出苗：子叶出土。

② 分枝：第一个分枝出现。

③ 开花：第一朵花开放。

④ 结荚：幼荚长度 2 cm 以上。

⑤ 鼓粒：豆荚放扁时，籽粒明显突起。

⑥ 成熟：豆荚呈固有颜色，用手压荚裂开，或摇动植株荚内有响声。

以上判断标准适合单个植株的观测。对于群体物候期的判断标准是：当10%左右的植株达到某物候期的标准时称为这个物候期的始期，50%以上植株达到标准时称为这个物候期的盛期。

第二节 作物的器官建成

作物的一生是指从种子萌动开始到新的种子成熟。作物整个生育过程包括根、茎、叶、花、果实、种子（胚、胚乳）的建成与果实、种子的熟化。作物器官的形态建成过程是基因与环境因素共同作用下的复杂生长发育现象。

一、作物种子萌发

（一）作物种子分类

植物学上的种子（seed）是指由胚珠受精后发育而成的有性繁殖器官。而作物生产上所说的种子则是泛指用于播种繁殖下一代的播种材料，它包括植物学上的3类器官：①由胚珠受精后发育而成的种子，例如豆类、麻类、棉花、油菜、烟草等作物的种子；②由子房发育而成的果实，例如稻、麦、玉米、高粱、谷子等的颖果，荞麦和向日葵的瘦果，甜菜的聚合果等；③进行无性繁殖用的根或茎，例如甘薯的块根、马铃薯的块茎、甘蔗的茎节等。

除营养器官的根和茎外，作物的种子一般由种皮、胚和胚乳（有时退化不明显）3部分组成，但小麦、玉米、高粱等作物的种子不仅有种皮，还有果皮包被着，而水稻、大麦、粟等甚至还包括果实以外的内稃和外稃。内稃和外稃也是重要的保护构造。在有胚乳的种子中，胚乳是种子养分的储藏场所。有胚乳的种子，一般内胚乳比较发达，例如禾谷类作物。有胚乳的双子叶作物有蓖麻、荞麦、黄麻、苘麻、烟草等。无胚乳的种子养分储藏于胚内，尤其是子叶内，例如棉花、油菜、芝麻、甜菜、大麻及大豆、花生等豆科作物种子。由于胚乳或子叶中储藏养分多少关系到种子发芽和幼苗初期生长的强弱，所以选用粒大、饱满、整齐一致的种子，对保证全苗壮苗有重要意义。

（二）作物种子萌发过程

种子的萌发（germination）是指种子吸胀开始到胚轴伸长为止的一系列生理活动过程。萌发完成的标志是胚根从其周围的结构（例如种皮）中生长出来，称为可见的萌发。成熟种子的萌发分为吸胀、萌动和发芽等3个阶段。首先，种子吸收水分膨胀达饱和，储藏物质中的淀粉、蛋白质和脂肪通过酶的活动，分别水解为可溶性糖、氨基酸、甘油和脂肪酸等。这些物质运输到胚的各个部分，经过转化合成胚的结构物质，从而促使胚的生长。生长最早的部位是胚根。当胚根生长到一定程度时，突破种皮，露出白嫩的根尖，即完成萌动阶段。之后，胚继续生长，禾谷类作物当胚根长至与种子等长，胚芽长达到种子长度一半时，即达到发芽阶段。在进行发芽试验时，可以此作为发芽的标准。在田间条件下，胚根长成幼苗的种子根或主根，胚芽则生长发育成茎、叶等。

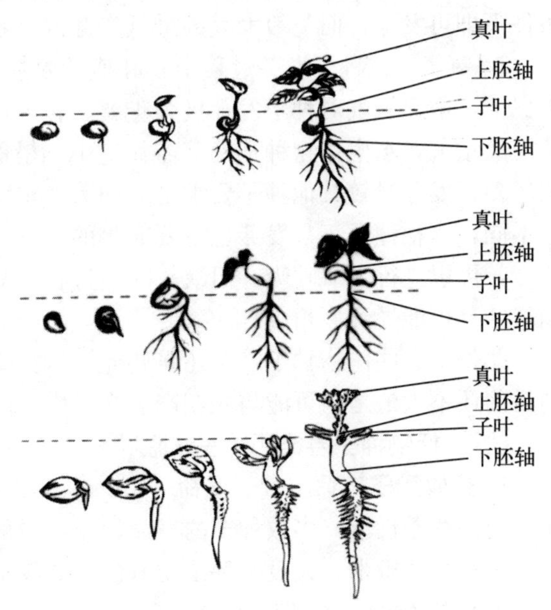

图2-7　作物子叶出土类型
A. 子叶留土（豌豆）　B. 子叶出土（大豆）
C. 子叶半出土（花生）

作物种子在萌发过程中因下胚轴伸长与否，可分成子叶出土（例如棉花、大豆）、子叶不出土（留土，例如蚕豆、豌豆等）和子叶半出土（例如花生）（图2-7）。禾谷类作物的根颈是调节分蘖节的重要器官，有的作物（例如玉米）根颈可随播种深度增加而按比例增长，有的作物（例如多穗高粱）

根颈较短。在生产上确定播种深度时，应考虑到该作物子叶是否出土以及根颈长短这些因素。

以块根繁殖的甘薯，依靠块根薄壁细胞分化形成的不定芽原基的生长发育，突破周皮而发芽。马铃薯、甘蔗、苎麻等的发芽，则是由茎节上的休眠芽在适宜条件下伸长并长出幼苗。

（三）作物种子发芽的条件

种子和用于繁殖的营养器官能否发芽，首先决定于自身是否具有发芽能力，只有具发芽能力的种子才可能发芽。除自身因素外，水分、温度和氧气是发芽的必要条件。

1. 水分 吸水是种子萌发的第一步。种子在吸收足够的水分之后，其他生理生化作用才能逐渐开始。这是因为水可以使种皮膨胀软化，氧容易透过种皮，增强胚的呼吸，也使胚易于突破种皮；水分可使凝胶状态的细胞质转变为溶胶状态，使代谢加强，在酶的作用下，储藏物质转化为可溶性物质，促进幼芽、幼根的生长发育。不同作物种子发芽时的吸水量不同，含淀粉多的种子吸水量较少，例如小麦和玉米当吸水量达到种子质量的40%～60%时，即可发芽；含蛋白质较多的种子由于蛋白质的亲水性大，在吸水量达到种子质量的120%～180%时，才能发芽；含脂肪较多的种子发芽时吸水量较少。

2. 温度 温度影响种子的吸水速度、呼吸作用强度以及各种酶的活性或储藏物质的水解和运输，以及新物质的合成，从而影响种子发芽的快慢。作物种子发芽是在一系列酶的参与下进行的，而酶的催化活性与温度有密切关系。不同作物种子发芽所需最低温度、最适温度和最高温度不同，一般原产于北方的作物需要温度较低，例如小麦种子发芽的最低温度为3～5 ℃，最适温度为15～31 ℃，最高温度为30～43 ℃；原产于南方的作物所需温度较高，例如水稻种子发芽的最低温度为10～12 ℃，最适温度为30～37 ℃，最高温度为40～42 ℃。即使同一种作物，也因生态型、品种或品系不同而有差异，譬如高寒地区的大豆品种在6 ℃条件下即可发芽，而一般大豆的最低发芽温度是8～10 ℃。

3. 氧气 在种子发芽过程中，旺盛的物质代谢、物质运输等需要强烈的有氧呼吸作用来保证，因此氧气对种子发芽极为重要。各种作物发芽需氧程度不同，一般旱地作物种子发芽需氧量大，水生作物种子发芽需氧量小。旱地作物（例如花生、大豆、棉花等）的种子含油较多，发芽时较其他种子要求更多的氧。水生作物（例如水稻）的种子与一般作物种子有些不同，水稻种子正常发芽也需要充足的氧气，但在缺氧情况下，具有一定限度忍受缺氧的能力，可以进行无氧呼吸，但缺氧时间过长，只有胚芽鞘的伸长，幼根和幼叶的生长受到影响，并且可能导致酒精中毒。

此外，有些作物种子发芽还需要光，例如烟草种子在间歇照光时发芽率较高，其作用机制目前还不太清楚，可能与光期产生光反应，随后产生暗反应有关。

（四）作物种子寿命和种子休眠

1. 作物种子寿命 种子寿命（life-span of seed）是指种子从采收到失去发芽力的时间。在一般储存条件下，多数种子的寿命较短，一般为1～3年，例如花生种子的寿命仅有1年，小麦、水稻、玉米、大豆等种子的寿命为2年。也有少数作物种子寿命较长，例如蚕豆、绿豆种子的寿命达6～11年。种子寿命的长短与储存条件有密切关系，例如低温储存可以延长种子的寿命，保持种子密封干燥也可延长种子寿命，例如小麦混生石灰储存在玻璃瓶内，在第15年时，仍有48.6%种子具有生活力。不过作为生产用种总是以新鲜种子为好。

鉴别种子生活力的方法有 3 种：①利用组织还原力，其原理是活种子有呼吸作用，而呼吸作用会使物质还原而呈特定的颜色，例如活种子遇 0.1%～1.0%三苯基氯化四唑后其胚呈红色，而死种子不着色。②利用原生质的着色能力，例如用 0.1%靛蓝洋红测定种子，活种子胚不易着色，而死种子胚易着色或全部染上色。③利用细胞中荧光物质，例如利用紫外线荧光灯照射纵切的种子，有生活力种子能发出蓝色、蓝紫色等荧光，而无生活力的种子为黄色、褐色或无色。

2. 作物种子休眠　在适宜发芽的条件下，作物种子和供繁殖的营养器官暂时停止发芽的现象，称为种子休眠（seed dormancy）。休眠是种子对不良环境的一种适应，在野生植物种子中比较普遍，在栽培作物种子上表现较差。在主要作物中，稻、小麦、大麦、玉米、高粱、豆类、棉花和油菜的种子及马铃薯的块茎等大多具有休眠特性。休眠有原始休眠和二次休眠之分，大多数作物种子为原始休眠，即种子在生理成熟时或收获后立即进入休眠状态。但有些作物种子在正常情况下能发芽，由于不利环境条件的诱导而引起自我调节的休眠状态，此为二次休眠。进入二次休眠的种子在完全吸胀的情况下，可以长期保存而不丧失生活力。

种子休眠的机制因作物而有不同，休眠的时间和程度也各异。胚的后熟是种子休眠的主要原因，即种子收获或脱落时，胚组织在生理上尚未成熟，因而不具备发芽能力。这类种子可采取低温和水分处理方法，促进后熟，使之发芽。其次是硬实引起休眠，硬实种皮不透水，不透气，故不能发芽，例如豆类作物在干燥、高温、氮肥过多的环境下种植常易产生硬实。为促使硬实种子发芽，一般采用机械磨伤种皮或用乙醇、浓硫酸等化学物质处理使种皮溶解，增强其透性。此外，种子或果实中含有某种抑制发芽的物质（例如脱落酸、酚类化合物、有机酸等）而不能发芽，也是种子休眠的主要原因。在这种情况下，可通过改变光、温、水、气等条件，或采用植物激素（例如赤霉素、细胞分裂素、乙烯）和过氧化氢、硝酸盐等化学物质予以处理，促使休眠解除。

二、作物根的生长

在作物栽培过程中所进行的耕作、施肥以及水分管理等措施，都是以根际为对象，并与根的功能密切相关。根（root）的功能包括：①将植物体固定在土壤中；②吸收水分及无机盐类；③储藏物质；④合成植物激素等物质。

（一）作物根系的类型

作物的根系由初生根、次生根和不定根生长演变而成。作物的根系可分为两类，一类是单子叶作物的根，属须根系（fibrous root system）；另一类是双子叶作物的根，属直根系（taproot system）。

1. 单子叶作物的根系　单子叶作物（例如禾谷类作物）的根系属于须根系，根纤细缺少次生加粗生长的形成层。它由种子根（或胚根）（radicle）和基部近地表之下的茎节上发生的不定根（也称为次生根、节根或冠根）（adventitious root）组成。

（1）种子根　种子根源于胚根，各种作物的种子根的数量大体是一定的，水稻为 1 条，小麦为 5～6 条，燕麦和玉米为 3 条。种子根虽然寿命短，但对幼苗生长乃至产量形成都有较大影响。

（2）不定根　不定根是继种子根之后长出的，发生于基部茎节上，是禾本科作物根系的主体。不同茎节上发生的不定根数量不等，一般随发根节位上升而增加。

种子发芽时，先长出1条初生根，然后有的可长出3～7条侧根，随着幼苗的生长，基部茎节上长出许多次生的不定根，数量不等。不定根较初生根粗，但均不进行次生生长，整个形状如须。

2. 双子叶作物的根系 双子叶作物（例如豆类、棉花、麻类、油菜）的根系属直根系。它由1条粗大的、具有正向地性的主根和一些细小的分支侧根组成。主根由初生根（胚根）不断伸长加粗而成，随着初生根的伸长加粗，又逐步分化长出侧根、支根、细根等，主根较发达，侧根、支根等逐级变细，形成直根系。

（二）作物根的生长

作物根的生长从种子萌发开始，胚根或胚轴突破种皮向地性生长，之后产生侧根和不定根。作物根的生长过程依赖于顶端分生细胞的分裂及其后的向基性扩张、伸长和异质化。根的生长发育是其细胞数量和体积不可逆增长，同时也是发生异质化的过程。从根顶端分生组织到次生构造的形成是连续的、渐进的。

禾谷类作物根系随着分蘖的增加根量不断增加，并且横向生长显著，拔节以后转向纵深伸展，到孕穗或抽穗期根量达最大值，以后逐步下降。根入土较深，水稻可达50～60 cm，而小麦可达100 cm以上。小麦根系主要分布在0～20 cm耕层土壤中，占总根量的70%～80%，20～40 cm的土层中的根占10%～15%。水稻根系也主要分布在0～20 cm土层中，约占总根量的90%，20 cm以下的根仅占10%左右。

水稻、小麦等禾本科作物的发根与出叶呈现同伸关系，即 $N-3$ 节上发根与 N 叶抽出是同时发生的。

双子叶作物棉花、大豆等的根系也是逐步形成的，苗期生长较慢，现蕾后逐渐加快，至开花期根量达最大值，以后生长又变慢。棉花根入土深度可达80～200 cm，约80%的根量分布在0～40 cm土层中。大豆根入土深度可达100 cm以上，但90%的根分布在0～20 cm土层中。

一般说来，0～30 cm耕层中根分布最多，作物所吸收的养分和水分也主要来自这个土层。

（三）作物根生长的影响条件

作物生长是基因型和环境互作的结果，其中基因表达是调控根系分化的内部原因，环境则是其分化的外部条件。环境因素最终通过植物体内的基因活化、生化反应和生理功能的表达而发挥作用。温度、水分、通气状况和营养状况、土壤结构、土壤质地、土壤微生物等因素对根的生长分化都起调节作用。现将影响根生长的几个主要条件分述如下。

1. 土壤阻力 作物根系生长过程中常会因各种原因而受到机械阻力。根生长受阻力后，其长度和延长区缩短，变粗，根的构造也发生变化，例如维管束变小，表皮细胞数目和大小也改变，皮层细胞增大，数目增多。土壤耕作层比较疏松，因此有利于根系生长。

2. 土壤水分 土壤水分对根系生长具有一定的调节作用，水分过少时，根生长慢，同时木栓化，吸水能力降低。水分过多时，因通气不良，导致根短且侧根增多。根系具有向水性（hydrotaxis），故土壤水分会影响根系分布，上层土壤干旱而深层仍有可利用水分时，根系偏向纵向生长，分布较深；土壤上层水分充足时，根系则向水平发展，根浅而分布广。为了使作物后期生长健壮，常常在苗期控制肥水供应，实行蹲苗，促使根系向纵深伸展。

3. 土壤温度 土壤温度对根生长分化的影响显著。根生长的最适宜土壤温度一般是

20～30 ℃，温度过高或过低时吸水都少，生长缓慢甚至停滞。

4. 土壤养分　作物根系有趋肥性（chemotaxis），施肥有利于根系内在潜力的发挥。在不发生肥料伤害的前提下，在肥料集中的土层中，一般根系比较密集。不同无机养分对根生长的影响不同，例如氮、磷有利于根的生长，钾对根的伸长和分支没有直接的影响，但它影响根系的生理功能。土壤 pH 会影响镁、铝、铁等元素的溶解性，影响养分的吸收，因此也影响根系的生长。

5. 土壤氧气　作物根系有向氧性（oxygentaxis），因此土壤通气性良好，是根系生长的必要条件，尤其是旱地作物。水稻之所以能够生活在水中，是由于连接叶、茎、根的通气组织比较发达的缘故。维管束能有效地将氧气运输到根部，使之进行正常呼吸，但增加土壤的通气性，也有利于水稻根系的生长，特别是在生长后期。玉米根皮层通过自溶现象形成大的气腔，以适应缺氧和缺氮。

此外，作物地上部分（常简称为地上部）生长良好，也有利于根系生长。

三、作物茎的生长

作物的茎（stem），来自维管作物胚轴的地上部，有节（node）和节间（internode）分化，节上着生叶和分枝，茎尖保持分生活力的原始细胞团称为茎尖分生组织。茎尖分生组织在胚胎发生时期开始形成，其后一直保持细胞的全能性，并具有 3 种作用：①从边缘区产生侧生器官，例如叶子；②基本区用于茎的形成；③干细胞用于产生新细胞，并保留进一步生长所需的干细胞资源。

作物茎的机能主要有 3 个方面：①输导机能；②支持地上部器官的物理机能；③光合作用产物的储藏机能。

（一）作物的茎

1. 单子叶作物的茎　禾谷类作物的茎多数为圆形，大多中空，例如稻、麦等。但有些禾谷类作物的茎为髓所充满而成实心，例如玉米、高粱、甘蔗等。茎秆由许多节和节间组成，节上着生叶片。禾谷类作物茎基部的若干个节间不伸长，节密集，位于地表或地表以下，在这些节上长出根和分蘖，称为根节或分蘖节。分蘖节上着生的腋芽在适宜的条件下能长成新茎，即分蘖。从主茎叶腋长出的分蘖称为一级分蘖，而从一级分蘖上长出的分蘖称为二级分蘖，依此类推。禾谷类作物地上部节的腋芽在解除顶端优势之前，一般不产生分蘖。

2. 双子叶作物的茎　双子叶作物的茎一般接近圆形，实心，由节和节间组成。其主茎上每个叶腋内有 1 个腋芽，可长成分枝。从主茎上长成的分枝为一级分枝，从一级分枝上长出的分枝为二级分枝，依此类推。有些双子叶作物分枝性强，例如棉花、油菜和豆类，分枝多对产量形成有利；另一些双子叶作物分枝性弱，例如烟草、麻、向日葵等，分枝多对产量和品质反而不利。棉花主茎每个真叶叶腋内有两枚芽，正中的为正芽，旁边的为副芽。正芽长成叶枝，为单轴枝，副芽长成果枝，为多轴枝。棉花主茎下部几个节长出的枝一般为叶枝，主茎中上部节长出的枝一般为果枝。

（二）作物茎的生长

作物茎尖分生组织具有自我形成和维持的能力，包括分生组织的形成与再生、保持和调控。茎秆的高度取决于地上部的伸长节间数和节间长度。禾谷类作物的茎主要靠每个节间基部的居间分生组织的细胞进行分裂和细胞体积的扩大，使每个节间伸长而逐渐长高，其节间伸长的方式为居间生长。双子叶作物的茎，主要靠茎尖顶端分生组织的细胞分裂和伸长，使节数增加，节间伸长，植株逐渐长高，其节间伸长的方式为顶端生长。从整个植株看，茎的增高进程表现为S形曲线。禾谷类作物拔节后不久几个节间同时生长，是茎伸长最快的时期。不同作物主茎节数不同，水稻一般为10～17节；小麦主茎共有7～14节，其中地上节一般为4～5节；高粱茎节数以12～13节居多，地下部5～8节极短，密生；谷子茎有15～25节，地上6～17节伸长。双子叶作物节数较多，例如黄麻一般可达40～50节，油菜达30多节，棉花主茎20多节，大豆有10～30节，因品种而异。作物植株高度差别很大，例如红麻、黄麻、甘蔗株高可达3～5 m，大豆、小麦株高1 m左右。

（三）作物茎、枝（分蘖）生长的影响因素

1. 种植密度 密度合理和种植较稀，有利于作物主茎的生长。对于分枝（或分蘖）的作物，种植密度影响分枝（或分蘖）的形成。总的说来，苗稀，单株营养面积大，光照充足，植株分枝（或分蘖）力强；反之，苗密，则分枝力（或分蘖力）弱。但从高产优质的角度看，作物应当合理密植。

2. 施肥 施足基肥、苗肥，增加土壤的氮素营养，可以促进主茎和分枝（分蘖）的生长。但氮肥过多，碳氮比例失调，对茎枝（分蘖）生长不利。

3. 选用矮秆和茎秆机械组织发达的品种 矮秆品种或茎秆机械组织发达的品种抗倒性好，有利于实现丰产稳产。此外，矮秆品种适于密植，经济系数较高，对稻、麦等作物增产有利。

4. 赤霉素 节间伸长与植株体内的赤霉素有关，一定浓度的赤霉素既可促进水稻节间的伸长，也可控制分蘖的发生。

四、作物叶的生长

（一）作物的叶

叶原基是由茎尖分生组织发生的。在茎尖边缘区分生组织的特定部位经过细胞分裂发生一些突起，这种原始细胞不断分裂形成叶原基，叶片发育时中脉维管系统建成以后，这些维管系统与茎相连，后来形成原形成层。

作物的叶（leaf）根据其来源和着生部位的不同，可分为子叶和真叶。子叶是胚的组成部分，着生在胚轴上；真叶简称叶，着生在主茎和分枝（分蘖）的各节上。种子植物的叶片具有各种不同的形状，与叶原基的形状，细胞分裂的次数、分布和方向以及叶细胞扩大的数量和分布有关。

1. 单子叶作物的叶 单子叶植物（monocotyledon）的禾谷类作物有一片子叶（cotyledon）形成包被胚芽（gemmule）的胚芽鞘（coleoptile）；另一片子叶形如盾状，称为盾片（scutellum），在发芽和幼苗生长时，起消化、吸收和运输养分的作用。禾谷类作物的叶（真叶）为单叶，一般包括叶片（blade）、叶鞘（sheath）、叶耳（auricle）和叶舌（ligule）4部分。具有叶片和叶鞘的为完全叶（complete leaf），缺少叶片的为不完全叶（incomplete leaf），例如水稻的第一个鞘叶，叶片退化成一个很小的三角形，存在于叶鞘的上端，肉眼看不见。

2. 双子叶作物的叶 双子叶植物（dicotyledon）有两片子叶，内含丰富的营养物质，供种子发芽和幼苗生长之用。真叶（real leaf）多数由叶片、叶柄（petiole）和托叶（stipule）3部分组成，称为完全叶，例如棉花、大豆、花生等；但有些双子叶作物缺少托叶，

例如甘薯、油菜等；有些缺少叶柄，例如烟草等。很多双子叶作物为单叶，即 1 个叶柄上只着生 1 片叶，例如棉花、甘薯等；有的在一个叶柄上着生 2 个或 2 个以上完全独立的小叶片，即为复叶。复叶又分三出复叶（例如大豆）、羽状复叶（例如花生）、掌状复叶（例如大麻）。有的作物植株不同部位的叶片形状有很大的变化，例如红麻，基部叶为卵圆形不分裂，中部着生 3 裂掌状叶、5 裂掌状叶、7 裂掌状叶，往上分裂又减少，顶部叶为披针状。

（二）作物叶的生长

作物叶（真叶）起源于茎尖基部的叶原基。叶原基发生于顶端半球状部分的某些细胞，这些细胞分裂并在茎顶端产生膨大或突起。茎尖在分化成繁殖器官之前，可不断地分化出叶原基，因此茎尖周围通常包围着大小不同、发育程度不同的多个叶原基和幼叶。叶原基出现的时间间隔称为分叶间隔（plastochron）。主茎或分枝（分蘖）叶片数目的多少，与茎节数有关，决定于作物种类、品种的遗传性，也受环境因素的影响。

从叶原基长成叶，需要经过顶端生长、边缘生长和居间生长 3 个阶段。先由顶端生长使叶原基伸长，变为锥形的叶轴（叶轴就是未分化的叶柄和叶片）。不久，顶端生长停止后，经过边缘生长形成叶的雏形，分化出叶片和叶柄（具有托叶的作物，其叶原基部的细胞迅速分裂生长，分化为托叶）。然后，从叶尖开始向基性居间生长，使叶不断长大直至长成。禾谷类作物的叶片在进行边缘生长的过程中，形成环抱茎的叶鞘和扁平的叶片两部分，其连接处分化形成叶耳和叶舌。然后通过剧烈的居间生长，使叶片和叶鞘不断伸长直至长成。

作物的叶片平展后，即可进行光合作用。光合作用在叶片生长定型后不久达到高峰，后因叶片逐渐老化而减弱。叶片的光合产物除一部分用于本身的呼吸和生理代谢消耗外，大部分向植株其他器官输出。叶片从开始输出光合产物到失去输出能力所持续时间的长短，称为叶片功能期。叶片功能期，禾谷类作物一般为叶片定长到 1/2 叶片变黄所持续的天数，双子叶作物则为叶平展至全叶 1/2 变黄所持续的天数。叶片功能期的长短因作物种类、叶位及栽培条件而有不同。功能期之后，叶片枯死或脱落。

（三）作物叶生长的一些影响因素

1. 温度　幼苗出土后，温度对叶片生长的影响主要是生长速度、持续期和叶片的长、宽、厚度。较高的气温对叶片长度和面积增长有利，而较低的气温则有利于叶片宽度和厚度的增长。

2. 光　光对叶片生长的影响主要是光照度和光质的作用。光照度影响叶片栅状细胞的大小和排列，也影响叶片的形态、叶绿体分化等。光照度大时，叶片的宽度和厚度增加；而光照度小，则对叶片长度伸长有利。充足的光照有利于叶绿素的形成和叶片光合效率的提高。

3. 水分　叶片含水正常时才能生长，萎蔫叶片不生长（当蒸腾失水过多，叶子水势降低到－4 MPa 时，叶片停止生长）。充足的水分促进叶片生长，叶片大而薄；缺水时叶片生长受阻，叶片小而厚。

4. 矿质营养　矿质营养中，氮能促进叶面积增大，但过量的氮会造成茎叶徒长，缺氮又会加快叶片的衰老，对产量形成不利。在生长前期，磷能增大叶面积，而在后期磷却又会加速叶片的老化。钾对叶有双重作用，一是可促进叶面积增大，二是能延迟叶片老化。

5. 二氧化碳　高二氧化碳浓度下栅状细胞和叶肉细胞体积增加，叶片单位面积的鲜物质量与干物质量增加。

6. 生长调节物质 吲哚乙酸（IAA）与赤霉素（GA）可以促使幼叶原基伸长，共同使用可使原基增大。赤霉素/细胞分裂素对叶形有影响，赤霉素过量积累叶片长而薄，外施细胞分裂素（CTK）引起细胞扩张而抑制伸长，叶片形态正常。

五、作物花的发育

（一）作物花器官的分化

花是被子植物特有的有性生殖器官。花的发育是植物个体发育中从营养生长向生殖生长转变的阶段，也是茎顶端分生组织的属性从营养型转变为生殖型的阶段。其分化的基本顺序是：花序型分生组织→苞片原基→花芽。花器官原基的产生标志着分生组织发育的终止，以及形成新的次生分生组织和新的器官原基能力的丧失。花芽发育的基本过程是细胞形态一致的花芽原基形成形态各异的花器官。

1. 禾谷类作物幼穗分化 禾本科作物的花（flower）由雄蕊（stamen）、雌蕊（pistil）、浆片（lodicule）和稃片（glume）组成，称为小花（spikelet），其花序通称为穗（spike）。细分起来，小麦、大麦、黑麦为穗状花序；稻、高粱、糜子以及玉米的雄花序为圆锥花序；粟的穗也属于圆锥花序，只是由于小穗轴短缩，看上去其外形像穗状花序。禾谷类作物幼穗分化开始较早，水稻、小麦一般在主茎拔节前后或同时开始幼穗分化，粟类则在主茎拔节伸长以后开始幼穗分化。小麦、水稻幼穗分化完成期大致在孕穗以后到抽穗期（表 2-1）。

表 2-1　小麦、水稻幼穗分化阶段及特点

小麦		水稻	
分化阶段	特点	分化阶段	特点
1. 花原基伸长期	生长锥伸长，高大于宽	1. 第一苞原基分化期	生长锥基部产生环状突起，第一苞分化处即穗颈节
2. 单棱期（穗轴分化期）	穗轴或分枝类型的主穗轴分化	2. 一次枝梗原基分化期	一次枝梗原基在生长锥基部出现，并由下而上依次产生
3. 二棱期（小穗原基分化期）	小穗原基分化	3. 二次枝梗原基和小穗原基分化期	二次枝梗原基在顶端一次枝梗基部产生，顶端小穗出现颖片及稃原基
4. 颖片原基分化期	小穗原基两侧分化出颖片原基	4. 雌雄蕊形成期	顶小穗的外稃内出现雌雄蕊原基
5. 小花原基分化期	每个小穗中分化小花的内外稃	5. 花粉母细胞形成期	花粉母细胞形成
6. 雌雄蕊原基分化期	在内稃与外稃之间出现 3 枚雄蕊原基和 1 枚雌蕊原基	6. 花粉母细胞减数分裂期	花粉母细胞经减数分裂和有丝分裂形成四分体
7. 药隔分化期	雄蕊原基逐步分化为 4 个花粉囊，雌蕊原基逐步分化形成羽状柱头	7. 花粉内容物充实期	形成单孢花粉
8. 四分体形成期	花药内花粉母细胞经 1 次减数分裂和 1 次有丝分裂形成四分体；胚囊内形成胚囊母细胞。然后发育成花粉和胚珠	8. 花粉完成期	形成二孢花粉和三孢花粉

2. 双子叶作物的花芽分化 棉花的花是单生的，豆类、花生、油菜的花属总状花序，烟草的花为圆锥或总状花序，甜菜的花为复总状花序。这些作物的花均由花梗（pedicel）、花托（receptacle）、花萼（calyx）、花冠（corolla）、雄蕊群（androecium）和雌蕊群（gynoecium）组成。双子叶作物花芽分化一般较早，例如棉花在2～3叶期即开始花芽分化。无限结荚习性类型大豆一般在第一复叶展开，第二复叶和第三复叶初露时，腋芽即开始花芽分化；有限结荚习性类型大豆一般在第七复叶出现时，第一朵花的花芽开始分化。作物品种不同，花芽分化时间早晚也不同。南方冬油菜一般10多片叶时开始花芽分化。有的花生品种在主茎只有3片真叶时（出苗后3～4 d），第一花芽即开始分化。由于双子叶作物花器比较分散，花芽分化开始和结束时间各不相同。以上花芽分化开始日期是指第一个花芽开始分化时期。棉花、油菜花芽分化阶段及特点如表2-2所示。

表2-2 棉花、油菜花芽分化阶段及特点

棉花		油菜	
分化阶段	特点	分化阶段	特点
1. 花原基伸长期	花原基伸长	1. 花蕾原始体分化期	在生长锥基部周围出现很多花蕾原始体小突起
2. 苞片分化期	在花原基中上部分化出3片苞叶原基	2. 花萼分化期	第一个花蕾原始体基部出现环形突起，为花萼原基
3. 花萼分化期	剥开苞片可见四周出现环状突起，为花萼原基	3. 雌雄蕊分化期	花萼内可见分化体出现新突起，中间为雌蕊突起，周围4个为雄蕊突起，其中相对2个雄蕊突起纵裂为二，形成4强雄蕊
4. 花瓣分化期	在花萼内侧分化出5个花瓣原基	4. 花瓣分化形成期	在近雄蕊突起下方出现新的舌状突起，为花瓣突起
5. 雄蕊分化期	花原基顶端形成5个突起，后来成为雄蕊管，其上为雄蕊原基	5. 花粉、胚珠形成期	雌蕊分化出子房、花柱和柱头，子房中段隔膜上生出胚珠，雄蕊中花粉粒逐步形成
6. 雌蕊分化期	在花原基中央分化出3～5枚心皮原基		

（二）作物开花、授粉和受精

1. 开花 开花（flowering）是指花朵张开，已成熟的雄蕊和雌蕊（或二者之一）暴露出来的现象。禾本科作物由于花的构造较为特殊，开花时，浆片（鳞片）吸水膨胀，内稃和外稃张开，花丝（filament）伸长，花药（anther）上升，散出花粉（pollen）。各种作物开花都有一定的规律性，具有分枝（分蘖）习性的作物，通常是主茎花序先开花，然后是一次分枝（分蘖）花序、二次分枝（分蘖）花序依次开花。同一花序上的花，开放顺序因作物而不同，由下而上的有油菜、花生、无限结荚性的大豆等；中部先开花，然后向上向下开放的有小麦、大麦、玉米、有限结荚习性的大豆等；由上而下开放的有水稻、高粱等。

2. 授粉 成熟的花粉粒借助外力的作用从雄蕊花药传到雌蕊柱头（stigma）上的过程，称为授粉（pollination）。作物植株自身花的花粉传到柱头上能否发芽和受精，与作物的自交亲和性和自交不亲和性有密切关系。具自交亲和性的作物，可进行自花授粉，完成受精过程，这类作物称为自花授粉作物（self-pollinated crop），例如水稻、小麦、大麦、大豆、花生等。若具自交不亲和性，不能进行自花授粉，更不能由自花授粉完成受精过程，这类作物称为异花授粉作物（cross-pollinated crop），例如白菜型油菜、向日葵等。玉米虽无自交不亲和性，但因为雌雄同株异花，也称为异花授粉作物。另一类作物，具有自交亲和性，可以完成自花授粉受精过程，但异交率通常在5%以上，有的高达40%，这类作物称为常异花授粉作物（often cross-pollinated crop），例如甘蓝型油菜、棉花、高粱、蚕豆等。例如高粱开花时，柱头和花药先后露出稃外，由于系稃外授粉，柱头既接受本花的花粉，也接受外来花粉，天然异交率一般在5%以上。

3. 受精 作物授粉后，雌雄性细胞即卵细胞和精子相互融合的过程，称为受精（fertilization）。其大体过程是：成熟的花粉落在柱头上以后，通过相互识别或选择，亲和的花粉粒就开始在柱头上吸水、萌发，长出花粉管，穿过柱头，经花柱诱导组织向子房生长，把两个精了送到位于子房内的胚囊，分别与胚囊中的卵细胞和中央细胞融合，并分别形成受精卵和初生胚乳核，完成双受精过程。现以大豆为例说明。大约在自花授粉6 h以后，进入胚囊的花粉管破坏一个助细胞后释放出内容物，其中包括两个精子，当两个精子分别与卵细胞和次生核接触时，精子失去原生质鞘，一个精子与卵核相融合并形成合子（受精卵），另一个精子进入次生核，与之相融合，形成初生胚乳核（图2-8）。

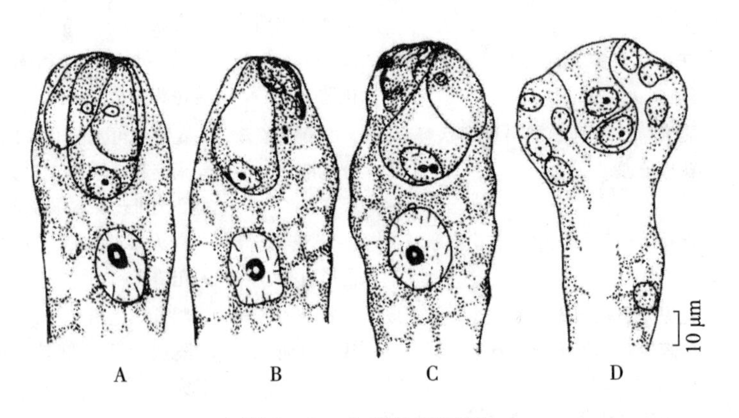

图2-8 大豆的双受精

A. 自花授粉后的成熟胚囊（可见卵细胞、2个助细胞和1个次生核） B. 授粉后8 h（在1个解体助细胞的位置，花粉管释放出2个精子） C. 授粉后9 h（精核与次生核即将融合，另一个精核与卵细胞接触） D. 授粉后32 h（合子已分裂为二细胞原胚，8个胚乳游离核散布在其周围）

（引自申家恒，1983）

自花粉落到柱头上到花粉萌发经历的时间因作物而异，水稻和高粱几乎立即萌发，玉米和二棱大麦只要几分钟就萌发，小麦和棉花需要1～2 h才萌发。受精所需要的时间，水稻为1～2 h，小麦约为3 h。

（三）作物花器官分化、开花授粉受精的外界影响条件

1. 营养条件 作物花器分化要有足够营养，否则会引起幼穗和花器退化。但氮肥过多对花器分化也不利，因为幼穗分化或花芽分化期也正是作物营养生长盛期，氮肥过多会使营养器官生长过旺，从而影响幼穗或花芽分化。

2. 温度 幼穗分化或花芽分化要求一定温度，例如水稻幼穗分化适温为26～30 ℃，临界低温是15～18 ℃，温度过低引起枝梗退化和颖花形成受阻，甚至引起不育。作物在开花授粉期间也需要适宜气温，例如水稻开花需30～35 ℃温度，若低于20 ℃花药不能开裂，高于40 ℃

则花柱干枯。对异花授粉植物来说，温度低，除了对开花不利外，还会影响昆虫的传粉活动。

3. 水分 小麦、水稻在幼穗分化阶段是需水最多的时期，若遇干旱缺水将造成颖花败育，空壳率增加。

4. 天气 天气晴朗，有微风，有利于作物开花传粉和受精。天气条件对异花授粉作物更为重要。如果遇阴雨天，雨水会洗去柱头上的分泌物，花粉吸水过多会膨胀破裂，对传粉不利。

六、作物种子和果实发育

种子或果实（fruit）作为作物生命周期的产物，常常是作物生产的主要收获物，在繁殖体系中占有重要的地位。果实的结构比较简单，外为果皮（pericarp），内含种子。果皮分为3层：外果皮（exocarp）、中果皮（mesocarp）和内果皮（endocarp）。果实由子房发育而来。卵细胞受精之后，花的各部分发生显著变化。花萼、花冠一般枯萎，雄蕊和雌蕊的柱头也都萎谢，剩下子房。这时胚珠（ovule）发育为种子，子房（ovary）也随之膨大发育为果实。

（一）作物的种子和果实

1. 禾谷类作物的种子和果实 禾谷类作物1朵颖花只有1个胚珠，开花受精后子房（形成果皮）与胚珠（形成种子）的发育同步进行，故果皮与种皮愈合而成颖果；颖果中果皮所占比例很小，种子占大部分。

2. 双子叶作物的种子和果实 双子叶作物1朵花可有数个胚珠，开花受精后，子房与胚珠的发育过程是相对独立的，一般子房首先迅速生长，形成铃或荚等果皮，胚珠发育成种子的过程稍滞后，果实中种皮与果皮分离。

（二）作物种子和果实的发育

种子由胚珠发育而成，各部分的对应关系是：受精卵发育成胚（embryo），初生胚乳核发育成胚乳（endosperm），包被胚珠的珠被发育成种皮（seed coat）。受精卵连续分裂的结果，使胚不断长大，并依次分化出子叶、胚芽、胚根和胚轴（plumular axis），形成新的生命。在初生胚乳核发育成胚乳、积累储藏养分过程中，豆类、油菜等作物的胚乳会被发育中的胚所吸收，而把养分储藏在子叶内，从而形成无胚乳种子；而水稻、小麦、玉米等作物则形成发达的胚乳组织，胚乳细胞起储藏养分的作用，从而形成有胚乳种子。在胚和胚乳发育的同时，珠被也长大，包被在胚和胚乳的外面起保护作用。

果实由子房发育而来，某些作物除了子房外，还有花器甚至花序都参与果实的发育。譬如油菜的角果由果喙、果身和果柄组成，其中果喙由花柱发育而成，果柄即原来的花柄。果实的发育与子房受到受精和种子发育的刺激有关。种子以外的果实部分，实际上由外果皮、中果皮、内果皮3层组成，中果皮和内果皮的结构特点（如肉质化、膜质化等）决定了果实的特点。

种子和果实在发育过程中，除外部形态、颜色变化外，其内部化学成分也发生明显变化，即可溶性的低分子有机物（例如葡萄糖、蔗糖、氨基酸等）转化为不溶性的高分子有机物（例如蛋白质、脂肪、淀粉等），种子和果实的含水量也逐渐降低。

（三）作物种子和果实发育的影响因素

种子和果实的形成和发育，首先要求植株体内有充足的有机养料，并源源不断地运往种子和果实，因此作物前期必须生长发育良好，到成熟期间根系、茎叶等有较高的活力。此外，在种子和果实成熟过程中，光合器官包括后期叶片和果实绿色表面的光合产物也起着重要的作用。

外界环境条件也有较大影响，温度、土壤水分、矿质营养等要适宜，过低或过高都会影响种子和果实的发育；光照也要充足。

第三节　作物的温光反应特性

同一作物不同品种，其生育期长短不同。同一作物品种在不同季节、不同纬度和不同海拔地区种植，其生育期的长短也不相同。其主要原因是作物品种的温光反应特性不同，是因为作物必须经历一定的温度和光周期诱导后，才能从营养生长转为生殖生长，进行花芽分化或幼穗分化，进而开花结实。作物对温度和光周期诱导反应的特性，称为作物的温光反应特性。具体说来，是由于作物品种的感温性（thermosensitivity）和感光性（photosensitivity）不同所致。作物的感温性和感光性是在作物经过一定的营养生长后才有的，这个营养生长时期称为基本营养生长期，作物的这种特性也称为基本营养生长性（basic vegetative growth）。

一、作物的温光反应特性与阶段发育

（一）作物的感温性

一些二年生作物，例如冬小麦、冬黑麦、冬油菜等，在其营养生长期必须经过一段较低温度的诱导，才能转为生殖生长。这段低温诱导也称为春化（vernalization）。在高温下花芽发育，而在低温诱导下花芽分化，表明花芽分化和花芽发育是截然不同的两个过程，所需的环境条件也各不相同。植物经过低温阶段是保持生命力旺盛的环节，这不仅是成花，也是营养生长的需要。春化作用期间，植物体内的代谢发生一系列相互联系的变化。在春化作用完成之前，春化作用可以被高温逆转，但当春化作用完成之后，环境的高温不能解除春化。不同作物和不同品种春化对低温的范围和时间要求不同，一般可分为下述 3 种类型。

1. 冬性类型　冬性类型（winter habit type）作物品种春化必须经历低温，春化时间也较长，如果没有经过低温诱导则作物不能进行花芽分化，更不能抽穗开花。一般晚熟品种或中晚熟品种属于这种类型。

2. 半冬性类型　半冬性类型（semi-winter habit type）作物品种春化对低温的要求介于冬性类型和春性类型之间，春化的时间较短，如果没有经过低温诱导则花芽分化、抽穗开花大大推迟。半冬性品种一般为中熟或早中熟品种。

3. 春性类型　春性类型（spring habit type）作物品种春化对低温的要求不严格，春化时间也较短。春性品种一般为极早熟、早熟和部分早中熟品种。

现将小麦、油菜通过春化所需的温度和天数列于表 2-3。

对小麦和油菜进行低温诱导，可在处于萌动状态的种子时期，也可在苗期进行。在田间条件下，作物感温阶段一般在感光阶段之前，例如小麦感温阶段在生长锥伸长期结束，而感光阶段在雌雄蕊分化期结束。甘蓝型油菜感温敏感阶段在 9～10 叶期，而感光敏感阶段在 11～12 叶期。但也有不同的观点，一种观点认为春化作用终止于幼穗分化的二棱期，另一种观点认为春化作用终止的时间因品种基因型和环境条件而异。

表 2-3　小麦、油菜通过春化所需的温度和时间

（引自潘瑞炽等，1995；官春云，1997）

作　物	类　型	春化温度范围（℃）	春化时间（d）
小　麦	冬　性	0～3	40～45
	半冬性	3～6	10～15
	春　性	8～15	5～8
油　菜	冬　性	0～5	20～40
	半冬性	5～15	20～30
	春　性	15～20	15～20

（二）作物的感光性

作物在系统发育过程中，对日照长度的变化做出反应，顶端从营养生长转向生殖生长，这种现象称为光周期现象（photoperiodism）。光周期中的暗期长短对短日照作物更为重要，作物接受光周期信号的部位不是即将发生阶段转变的茎顶端而是叶片。叶片可能在接受光周期诱导之后产生某种信号物质传递到茎顶端或叶腋，这种物质可能与赤霉素有关。

1. 作物感光性的类型　作物花芽分化除需要一定温度诱导外，还必须经历一定的光周期诱导，不同作物品种需要一定光周期诱导的特性称为感光性，一般分为下述 4 种类型。

（1）短日照作物　短日照作物只有日照长度短于一定的临界日长时才能开花。如果适当延长黑暗时间而缩短光照时间可提早开花。如果延长光照时间，则延迟开花甚至不能进行花芽分化。属于这类作物的有大豆、晚稻、黄麻、大麻、烟草等。

（2）长日照作物　长日照作物只有日照长度长于一定的临界日长时才能开花。如果延长光照时间而缩短黑暗时间可提早开花。延长黑暗时间则延迟开花甚至花芽不能分化。属于这类作物的有小麦、燕麦、油菜等。

（3）日中性作物　日中性作物在开花之前并不要求一定的昼夜长短，只需达到一定的基本营养生长期，在自然条件下四季均可开花，例如荞麦等。

（4）定日照作物　定日照作物要求日照长短有一定的时间才能完成其生育周期，例如甘蔗只有在 12 h 45 min 的日长条件下才能开花。

现将一些作物的临界日长列于表 2-4。

表 2-4　一些短日照作物和长日照作物的临界日长

（引自潘瑞炽等，1995）

类　型	作　物	24 h 周期中的临界日长（h）
短日照作物	大　豆	15
	水　稻	12～15
长日照作物	大　麦	＞12
	小　麦	13～14
	甜　菜	约 14

2. 临界暗期　在自然条件下，昼夜总是在 24 h 的周期内交替出现的，因此与临界日长相对应的还有临界暗期。临界暗期是在昼夜周期中短日照作物能够开花所必需的最短暗期长

度，或长日照作物能够开花所必需的最长暗期长度。例如以短日照作物大豆为试验材料，日长为 20～4 h，暗期为 4～20 h。结果表明，暗期在 10 h 以下时无花芽分化，暗期长于 10 h 时可形成花芽，暗期为 13～14 h 时花芽最多。这说明临界暗期比临界日长对开花更重要。短日照作物实际上是“长夜作物”，长日照作物实际上是“短夜作物”。

3. 感光性和作物起源地区的关系 作物的感光性也是作物在长期进化的系统发育过程中形成的。例如在低纬度地区没有长日条件，只有短日照；而在高纬度地区因为秋季天气已冷，只有较长的日照时期作物才能生长发育。在中纬度地区，则由于气温在夏季和秋季都较合适，所以适合作物生长发育的长日照和短日照兼而有之。因此短日照作物和长日照作物在北半球的起源是：在低纬度地区没有长日照条件，所以只有短日照作物起源；在中纬度地区，长日照作物和短日照作物都有起源，长日照作物在春末夏初开花，而短日照作物在秋季开花；在高纬度地区，由于短日时气温已低，所以只在气温较高时生存的一些要求日照较长的作物起源。

4. 其他因素对作物感光性的影响 应该指出，栽培作物由于人们的不断驯化，对日照长度的适应范围逐渐增大。例如水稻的野生种和晚稻是典型的短日照作物，而中稻和早稻对日照长度并不那么敏感。小麦是长日照作物，但许多春性品种可以在南方冬季短日照条件下顺利发育。此外，在一些作物品种中，花诱导和花形成两个过程是明显分开的，且要求不同的日长，是双重日长类型。例如许多温带多年生禾本科植物（例如鸭茅）开花需先暴露在一段短日照下，然后暴露在长日照下，这种短日照和长日照交替可促进开花。

（三）作物的基本营养生长性

作物的生殖生长是在营养生长的基础上进行的，其发育转变必须有一定的营养生长作为物质基础。因此即使处在适于发育的温度和光周期条件下，也必须有最低限度的营养生长，才能才进行幼穗（花芽）分化。这种在作物进入生殖生长前，不受温度和光周期诱导影响而缩短的营养生长期，称为基本营养生长期。不同作物品种的基本营养生长期的长短各异，例如不同水稻品种基本营养生长期的变化幅度为 15～60 d。不同春播甘蓝型油菜品种基本营养生长期的变化幅度为 24～27 d。

二、作物在温度和光周期诱导下植株形态和生理上的变化

（一）作物植株形态和结构的变化

作物在适宜的温度和光周期诱导下，开始生殖生长。这时植株形态和结构均发生一些变化。例如主茎略有伸长，叶片由匍匐变为直立或半直立，叶色略变淡等。从解剖结构看，水稻和小麦生长锥表面一层或数层细胞分裂加速，细胞小而细胞质变浓；而中部的一些细胞则分裂减慢，细胞变大，细胞质稀薄，有的出现了液泡。同时，生长锥表面的细胞具有较高的蛋白质和核糖核酸（RNA）含量。此后，由于表层分生细胞的迅速分裂，使生长锥表面出现皱褶，在原来形成叶原基的地方形成花原基，在花原基上再分化出花的各部分原基。据观察，甘蓝型油菜在营养生长期，茎端原套细胞为 1～2 层，到花芽分化前增至 4～5 层，但到花芽分化开始时又下降到 2～3 层。

（二）作物生化的变化

二年生作物在春化过程中，体内核酸和蛋白质代谢有很大变化。例如核酸含量［特别是核糖核酸（RNA）含量］增加，代谢加速，而且 RNA 性质也有所变化，出现大分子信息核糖核酸（mRNA）的合成。冬小麦种子在进行低温处理时，其中可溶性蛋白及游离氨基酸

含量增加，有新的蛋白质合成。此外，小麦、油菜、燕麦等多种作物经过春化处理后，体内赤霉素含量增加。这些现象都被认为是作物由营养生长转入生殖生长所必须具备的生化条件。

（三）作物光敏色素的变化

接受光质、光照度、光照时间、光照方向变化的受体为光敏受体，即光敏色素、蓝光受体和紫外光受体。其中光敏色素负责植物对红光、远红光的信号接收，具有吸收红光吸收型（Pr）和远红光吸收型（Pfr）两种形式，二者之间可以互相转化。研究表明，短日照作物与长日照作物对日长反应的本质区别在暗期的前期。短日照作物在暗期的前期有高水平的远红光吸收型光敏色素，然后转变为低水平；短日照作物暗期的前期有低水平的远红光吸收型光敏色素，后期为高水平。

三、作物温光反应特性在生产上的应用

（一）作物温光反应特性在引种上的应用

不同地区的温光生态条件不同，在地区间相互引种时必须考虑品种的温光反应特性。例如感光性弱、感温性亦不甚强的水稻品种，只要不误季节，且能满足品种所要求的热量条件，异地引种较易成功。东北水稻品种生长期经历的日照较长，温度较低，引至我国南方后生育期会缩短，若原为早熟品种，则出现早穗、穗小粒小、产量不高的结果。我国南方水稻品种感光性强，生长期所经历的温度高，引至东北后生育期会延长，有的甚至不能成熟。又如加拿大的春油菜品种生育期短，但引至我国长江流域作冬油菜品种栽培，其生育期很长，比当地冬性迟熟品种生育期还长，其原因不在品种的感温性，而在品种感光性，因为加拿大春油菜品种对长日照敏感，而在长江流域栽培，油菜花前日照长度仅 11 h 以下。总的说来，从相同纬度或温光生态条件相近的地区引种易于成功。

（二）作物温光反应特性在栽培上的应用

作物的品种搭配、播种期的安排等，均需考虑作物品种的温光反应特性。例如在我国南方双季稻地区，早稻应选用感光性弱、感温性中等、基本营养生长期较长的迟熟早稻品种。并且在栽培上还应培育适龄嫩壮秧，同时加强前期管理，才有利于获得高产。冬小麦和冬油菜，若在晚播条件下，要选用偏春性的品种，并且要抓紧田间管理；而对冬性强的品种，则应注意适时播种。

（三）作物温光反应特性在育种上的应用

在制定作物育种目标时，要根据当地自然气候条件，提出明确的温光反应特性。在杂交育种（或制种）时，可根据亲本的温光反应特性调节播种期，使两亲本花期相遇。为了缩短育种进程或加速种子繁殖，育种工作者应根据育种材料的温光反应特性决定其是否进行冬繁或夏繁。此外，在我国春小麦和春油菜区，若需以冬性小麦和冬油菜作杂交亲本，则首先应对冬性亲本进行春化处理，使其在春小麦和春油菜区能正常开花，便于进行杂交。

第四节 作物生长的一些相互关系

作物各个器官的建成不是孤立的，营养器官的建成是基础，生殖器官的建成是目标（有些蔬菜作物以营养器官为目标），同类器官间、不同类器官间的生长都是密切相关的，明确这些关系对于调控作物生长发育具有重要意义。

一、作物的营养生长与生殖生长的关系

作物营养器官根、茎、叶的生长称为营养生长（vegetative growth），生殖器官花、果实、种子的生长称为生殖生长（reproductive growth）。通常以花芽分化（幼穗分化）为界限，把生长过程大致分为两段，前段为营养生长期，后段为生殖生长期。但作物从营养生长期过渡到生殖生长期之前，均有一段营养生长与生殖生长并进阶段，例如单子叶的禾谷类作物，从幼穗分化到抽穗开花这个时期，不仅有根茎叶器官的进一步分化和生长，也有生殖器官幼穗的分化和生长，这也是植株生长最旺盛的时期。又如双子叶作物棉花，一般从出苗到花芽分化前为营养生长期，从花芽分化到吐絮为营养生长与生殖生长并进时期，吐絮后为生殖生长期。

（一）作物的营养生长是生殖生长的基础

如果作物没有一定时间的营养生长，通常不会开始生殖生长。例如水稻早熟品种一般要生长到3叶期以后才开始幼穗分化；小麦发育最快的春性品种也需长到5～6片叶后才开始幼穗分化；玉米的早熟品种要到6片时开始雄穗分化，晚熟品种需8～9片叶；棉花需至2～3片叶时才能进行花芽分化；油菜极早熟品种也需到3～5叶期才能进行花芽分化。

营养生长期生长的优劣，直接影响生殖生长期生长的优劣，最后影响作物产量的高低。一般说来，营养生长期的生长必须适度，生殖生长期才较好，作物产量也较高。如果营养生长期生长过旺（例如在水肥条件好的情况下，特别是施用化肥过多，使作物营养生长过旺，枝叶繁茂），会导致使花芽分化（幼穗分化）缓慢，花芽数量（或幼穗小花数量）减少，严重时花器官还可能转为营养器官。反之，若营养生长期生长不良，则生殖生长期生长也会受到明显抑制，花芽分化（幼穗分化）同样缓慢，花芽数量（或幼穗的小花数量）也少。因此营养生长期生长过旺和过弱都会导致作物减产。

（二）作物的营养生长和生殖生长的协调发展

1. 营养生长与生殖生长并进阶段的协调发展 在作物营养生长和生殖生长并进阶段，营养器官和生殖器官之间会形成竞争关系，加上彼此对环境条件及栽培措施的反应不尽相同，从而影响到营养生长和生殖生长的协调和统一。这个阶段若营养生长过旺，会导致产量低，例如水稻、小麦等群体过大，叶片肥大，植株过高，容易引起后期倒伏，幼穗分化受到影响，穗多，粒少，空壳多，产量降低；棉花、大豆等也枝叶繁茂，生长过旺，蕾铃或花荚大量脱落，产量也不高。若这时营养生长不良，生殖生长必然会受到抑制，作物花器或果实数量和品质都会降低，同样导致减产。

2. 生殖生长期的协调发展 作物生殖生长期主要是生殖生长，但营养器官的生理过程还在进行，并且对生殖生长的影响还很大，若营养生长过旺，如后期贪青倒伏，影响种子和果实充实形成；若营养生长太差，又会引起作物早衰，同样影响种子和果实的形成。

3. 顶端优势控制和利用 种子植物中，顶芽生长主要是在主茎顶端，侧芽生长在叶腋，由于生长发育的时间与着生的位置不同，顶芽与侧芽有着相互制约的关系，只要主茎顶端保持生长活力，一般不形成侧枝，茎顶端生长受到抑制时，侧芽开始发育。这种茎顶端生长占优势的现象，称为顶端优势。在根中同样存在顶端优势现象，一般主根生长优先于侧根，侧根生长受主根抑制，当主根生长受抑制时，侧根才会大量地发生。利用和控制顶端优势，可以调控作物的营养生长和生殖生长，例如棉花打顶尖可以促进果枝的形成，打围尖可以促进

花芽分化和棉铃发育，向日葵、麻类则需要利用顶端优势控制分枝的发生。

二、作物的地上部生长与地下部生长的关系

作物的地上部（也称为冠部）包括茎、叶、花、果实、种子，地下部主要是指根，也包括块茎、鳞茎等。作物的地上部生长与地下部生长有密切关系，即通常说的“根深才能叶茂”“壮苗必先壮根”。根系如果生长不好，则地上部的生长会受到很大影响；相反，地上部的生长对根系的生长也有重要作用。

（一）作物的地上部与地下部物质的相互交换

1. 地下部与地上部依赖大量物质的相互交换 地下部的根是吸收水分和矿质营养的器官，水分与矿质营养不断输送到地上部。地上部是作物有机营养物质的主要来源，糖类在叶片中制造，通过韧皮部不断送至根系，满足根系生理活动的需要。

2. 地下部与地上部还进行着微量活性物质的交换 在地上部的叶内合成的维生素、生长素是地下部根所需要的；根又是细胞分裂素、赤霉素、脱落酸合成的部位，这些激素沿木质部导管运到地上部器官，对地上部器官的生长发育产生影响。

（二）作物的地上部与地下部质量保持一定比例

在作物的地下部和地上部各自的生长过程中，由于生理的协调和竞争，以及对同化物的需求和积累，在质量上表现出一定的比例。通常将根系干物质量与冠部干物质量之比称为根冠比（R/S），在作物生产上可作为控制和协调地上部和地下部生长的一种参数。

不同作物、不同品种的根冠比是不同的，同一作物、同一品种不同生育时期的根冠比也不一致。作物苗期根系生长较快，根冠比较大，随着地上部生长发育加快，根冠比越来越小。根冠比对于以根为收获对象的作物（例如甘薯、甜菜等）尤为重要。这类作物生长前期，应有繁茂的冠层，根冠比要小，后来根冠比应越来越大。以甘薯为例，其根冠比前期为0.5，中期为0.67，到了收获期则为2.0～2.5。

（三）环境条件和栽培技术措施对作物的地下部和地上部生长的影响不一致

对于根来说，土壤水分过多，根系的呼吸作用受到抑制，根系不发达；相反，土壤水分较少，通气良好，根系延伸，向纵深发展。简单地说就是“旱长根，水长苗”。对茎叶来说，水分充足能促进其生长，水分不足特别是干旱，对茎叶生长极为不利。为了培育壮苗，前期土壤水分不宜过多。

在矿质元素中，氮素对地上茎叶生长有利。当氮充足时，茎叶生长旺盛，光合产物多用于自身建成，根系所得比例较小，生长受到抑制，根冠比小。反之，缺氮时，茎叶生长受到限制，而根系所利用的糖类比例较大，生长受到促进，根冠比大。磷素有利于根系生长，磷素丰富时根系发达，根冠比大。钾素对块根、块茎作物的地下器官生长起促进作用。

关于温度的影响，根系生长所要求的地温条件比地上部低。例如小麦在秋季低温下根的生长可超过茎叶，但返青后，茎叶的生长又比根系快。

三、作物器官的同伸关系

作物各个器官的分化和形成是有一定程序的，同时又因外界环境条件的影响而发生变化。各个器官的建成呈一定的对应关系。在同一时间内某些器官呈有规律的生长或伸长，称为作物器官同伸关系（synchronous development of crop organs），这些同时生长（或伸长）

的器官就是同伸器官（synchronous development organ）。同伸关系既表现在同名器官之间（例如不同叶位叶的生长），也表现在异名器官之间（例如叶与茎或根，乃至叶与生殖器官之间）。一般说来，环境条件和栽培措施对同伸器官有同时促进或抑制的作用。因此掌握作物器官的同伸关系，可为调控作物器官的生长发育提供依据。

（一）禾谷类作物营养器官间的同伸关系

1. 主茎和分蘖的同伸关系 水稻主茎第 N 叶伸出时，其分蘖芽即开始分化，第 $N-1$ 叶的分蘖已分化完成，第 $N-2$ 叶的分蘖芽正在叶鞘内伸长，第 $N-3$ 叶的分蘖芽就可伸出叶鞘。因此主茎叶与分蘖呈 $N-3$ 的同伸关系。这种叶蘖同伸关系不仅存在于水稻主茎与分蘖之间，也存在于其他禾谷类作物中。

2. 叶片、叶鞘和节间的同伸关系 在异名器官间，第 N 叶叶片、第 $N-1$ 叶叶鞘、第 $N-2$ 叶及第 $N-3$ 叶节间为同伸器官。在同名器官间，当第 N 叶展开时，第 $N+1$ 叶迅速伸长，第 $N+2$ 叶开始伸长，第 $N+3$ 叶等待伸长。

3. 地上部器官与根的同伸关系 水稻、小麦等在分蘖出现时，同一节位地上还同时形成不定根，因此出叶与出根的同伸关系也是 $N-3$ 的关系。玉米生育初期，保持 $N-3$ 的关系，随后出叶速度加快，大约每出 2 叶长出 1 层不定根。高粱与玉米类似，主茎叶数大致是出根层数的 2 倍再加 2（后期为加 3）。

4. 禾谷类作物幼穗与营养器官的同伸关系 禾谷类作物的幼穗分化过程一般要在双目解剖镜下才能观察到，而利用器官间的同伸关系则可推定幼穗发育进程。目前常用的方法有以下几种。

（1）叶龄法 叶龄法（leaf age method）直接以叶片数为指标。大多数麦类作物在幼穗分化开始后，基本是每出 1 叶，幼穗分化推进 1 期。而粟进入幼穗分化后，基本上是每展开 2 片叶，幼穗分化推进 1 期。

（2）叶龄余数法 叶龄余数法（leaf age remainder method）根据叶龄余数推断幼穗发育进程。作物某品种一生的总叶片数减去已抽出的叶片数，即为叶龄余数。例如将水稻幼穗发育过程简化为苞分化、枝梗分化、颖花分化、花粉母细胞形成和减数分裂、花粉粒充实，则幼穗发育与叶片生长的同伸关系为：从倒 4 叶抽出的后半期开始，每出 1 叶或每经历 1 个出叶周期，穗分化进程就推进 1 期。

（3）叶龄指数法 作物主茎某一时期已抽出（或已展开）的叶数占总叶数的百分数，即为叶龄指数。叶龄指数法（leaf age index method）目前在玉米、水稻、粟等作物上应用较多。例如一个主茎叶数为 15 的水稻品种，若当时的叶龄为 12（即主茎有 12 片叶），则叶龄指数为 $80\%\left(\frac{12}{15}\times100\%\right)$，相对应的幼穗发育阶段为一次枝梗分化期。

（二）双子叶作物器官间的同伸关系

双子叶作物的器官同伸关系没有禾谷类作物那么明显。据对蚕豆的观察，主茎叶与一级分枝的同伸关系，在生育前期也基本保持 $N-3$ 的关系，但随后便失去同伸关系。在棉花上，不同果枝、不同节位的现蕾开花顺序也具有同伸关系，例如第一果枝的第二节与第四果枝的第一节，第一果枝的第三节与第四果枝的第二节，分别表现为同时现蕾开花。

四、作物的器官平衡

作物在外界环境因素不断变化的条件下，具有维持其自身机能的能力，能够调节自身的新陈代谢和同化产物的分配，使各个器官间的比例协调。作物一生中所积累的生物产量（一般不计根系）最终分配在其各个器官中的比例，称为器官平衡（equilibrium of organs）（董钻，1981）。

作物的器官平衡，既受自身遗传性的制约，也受环境条件的影响。一般说来，株型高大的、晚熟的品种，茎叶等营养器官在生物产量中所占的比例较大，而穗荚等结实器官所占的比例较小；株型矮小的、早熟的品种，茎叶等所占的比例较小，而穗荚等所占的比例较大。这正是“早熟者，苗短而收多”（北魏贾思勰《齐民要术·种谷篇》）。

改变环境条件或者采取不同的栽培措施，同一作物品种的器官平衡也将发生变化。例如同一个玉米品种，若春种秋收，生育期较长，茎叶在生物产量中所占的比例较大，穗粒所占的比例较小；而夏播秋收，生育期较短，茎叶所占的比例较小，穗粒所占的比例较大。又如同一个大豆品种，种植在肥沃地上，一般植株高大繁茂，茎叶所占的比例偏大，荚粒所占的比例偏小；若种植在瘠薄地上，植株矮小瘦弱，茎叶所占的比例较小，荚粒所占的比例则较大。贾思勰在《齐民要术·大豆篇》中所说的“地过熟者，苗茂而实少”，正是指土壤肥力与作物器官之间的平衡关系。

那么，怎样的作物器官平衡是最适宜的呢？现以大豆的器官平衡为例加以说明。董钻于1976—1978年对35个大豆品种的器官平衡进行了测定，测定结果表明，构成大豆生物产量的是叶片、叶柄、茎秆、荚皮和籽粒5个器官，当这5个器官的质量在生物产量中分别占22%、8%、20%、10%和40%，即营养器官和结实器官各占50%时，这样的器官平衡是最适宜的（图2-9）。据郑泽荣（1980）的测定结果，棉花一生中积累的干物质在各器官间的分配比例是：叶15%、茎28%、根7%、铃壳17%、棉籽20%、皮棉13%，即营养器官和生殖器官各占50%（图2-10）。应当指出的是，只有在生物产量高，器官平衡又合理时，才能获得高的经济产量。否则没有很高的生物产量为前提，器官平衡再“合理”，也不可能获得高的经济产量。当前，在许多作物上提倡矮秆或半矮秆密植提高产量，正是兼顾增加生物产量与保证器官平衡合理的增产措施。

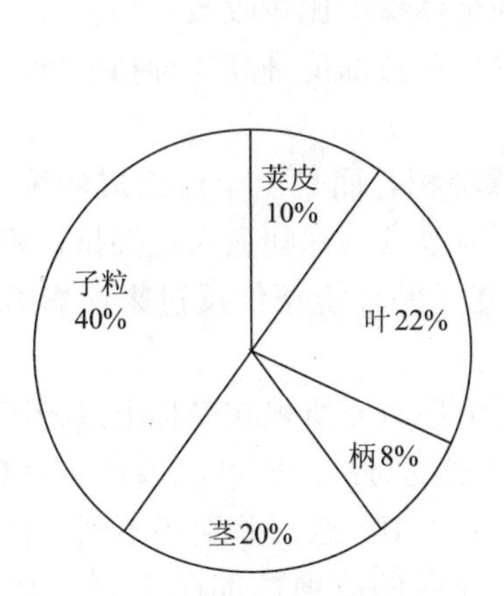

图2-9　大豆最佳器官平衡（生物产量不计根系）
（引自董钻，1981）

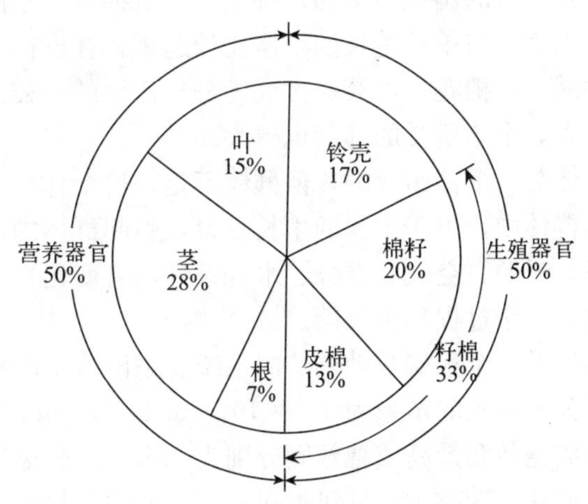

图2-10　棉花植株各部分干物质分配的大致情况（含根系）
（引自郑泽荣等，1980）

第五节　作物的个体与群体

20 世纪 50 年代后期，中国科学院植物生理研究所的专家们，从原来以植物个体（plant individual）或者离体叶片或细胞为研究对象，转向研究作物生产实际问题，以一块耕地上的作物为对象，以提高单位面积产量为目的。之后全国的农业科技工作者特别是栽培专家相继以大田作物为对象，以密植增产为中心开展了广泛的研究。于是产生了群体和群体生理问题。

起初，学者们对“群体”的概念是有争论的。20 世纪 60 年代初，在上海、广东、江苏等地分别召开过作物群体问题学术讨论会，会上大多数学者达成了比较一致的看法，即：作物群体（population）专指在栽培条件下，同一田块上的作物个体群，群体是个体的对立语；一种作物组成的个体群，称为单一群体，简称群体；两种或两种以上作物组成的个体集合群体（例如间作、混作、套种），称为复合群体（composite population）。

一、作物的群体与个体的关系

众所周知，作物生产从来都是成片栽培的。假如孤立地种植一个单株（个体），在给予很大的空间，提供充足的肥水的条件下，任其生长，个体的产量可能达到惊人的水平。有报道称，一株“水稻王”能够生出几百个分蘖，结出几百个稻穗；原吉林省九站大豆研究所种植的一株“大豆王”，茎粗达 1.9 cm，分枝 21 个，结荚 1 080 个；棉区的一株“棉花王”曾结出棉桃 120 个。上述实例，只能说明作物单株（个体）具有巨大的产量潜力，千万不可由此产生作物产量可以无限提高的错觉，更不能以此去推测作物群体的产量！

作物生产是群体生产，作物产量是群体产量。作物群体中的个体与孤立生长的个体是截然不同的。作物个体与群体的关系是十分密切的。二者的关系有一个发展的过程。在苗期，每个个体都有各自的地上空间和地下空间，彼此互不相干。随着个体茎叶长大和根系伸展特别是分枝分蘖的出现和增加，每个个体所拥有的空间缩小，群体中个体与个体之间的相互影响逐渐增大。与单独生长的个体比较起来，在群体中的个体株型比较收敛，稻麦等分蘖作物的分蘖减少，棉花、油菜、大豆等分枝作物的分枝减少且分枝部位升高。种植密度越大，即群体越大，个体所受的抑制也越大。

群体是由个体组成的，但群体不是一群个体的随意堆积，而是由个体组成的统一整体。在作物群体中，由于个体的生长发育，引起群体内部环境改变（株间愈来愈拥挤，根系愈来愈密集，光照、空气、养分、水分条件均有变化），改变了的环境条件反过来又影响个体生长发育，这个过程称为反馈。

群体是一个很能自动调节的系统。中国科学院植物生理研究所曾在晚稻上进行了一项试验，每公顷栽秧的苗数为 4.5×10^5～5.4×10^6 苗，最低密度与最高密度相差达 12 倍，收获时最低成穗数和最高成穗数则分别为 2.85×10^6 穗和 5.10×10^6 穗，差别还不到 1 倍，尤其是中间的从 1.35×10^6 苗到 4.05×10^6 苗的几块田，收获时的成穗数都在 3.75×10^6 左右。栽秧苗数相差悬殊，而最终收获的穗数却如此接近，这便是自动调节的结果。正如一切自动控制系统一样，作物群体也是一个自动调节系统，它的调节是通过反馈作用实现的。

群体的自动调节作用表现在生长发育过程中的许多方面，例如在水稻、小麦等作物群体中分蘖数的消长、穗数和粒数的调节、叶面积指数和干物质的变化等，便是自动调节的反映。当然自动调节能力是相对的、有一定范围的，如果种植过稀，个体间彼此不妨碍，当然不存在调节；相反，如果种植太密，超出调节的范围，也没有调节的基础。作物群体的自动调节，在植株地上部主要是争取光能和二氧化碳，而地下部则为争取水分和无机养分。掌握作物群体与个体的关系以及群体的自动调节作用，有助于采取相应的措施，促进其向有利于产量形成的方向发展。

二、作物群体的结构及生长分析

作物群体结构（population structure）是指群体的大小（size）、分布（distribution）、层次（level）、性状（characteristic）等。

（一）作物群体的大小

作物群体的大小，通常是指群体所拥有的个体数量的多少。群体的大小与个体（单株）的株型有密切的关系，植株矮小时单位面积的株数多些，植株高大时株数少些。有分枝或分蘖的作物和品种，还要根据保留几个分枝、分蘖最为有利，来确定种植密度即群体的大小。

群体大小适宜时，可以获得合理的群体结构，群体内部通风透光，对植株生长有利。衡量群体大小是否适宜的指标是叶面积指数（即群体总叶面积是占地面积的倍数）。研究表明，水稻、小麦、玉米、大豆高产田的叶面积指数为4～5，或稍大于5。群体大小除了影响群体内部的光照条件外，对群体内部二氧化碳浓度、空气湿度、土壤水分和养分状况也产生不同程度的影响。

（二）作物群体的水平结构

作物群体的水平结构指的是群体内各个个体在地面上的分布和配置。在生产上，通常采用全田行距一致，株距相等的条播法，植株配置比较均匀。为了使群体内部通风透光，减轻株间的郁蔽程度，有时也采用宽行与窄行相间，或者改条播为穴播（加大穴距，每穴留2～3株）的配置方式。

在种植密度相同，单位面积株数相等的条件下，改变田间植株的配置方式，对群体结构状况也将产生一定的影响，对有的作物还会产生一定的增产效果。一般说来，增产效果并不十分显著。

（三）作物群体的垂直结构

作物群体的垂直结构是指群体内各个个体及其器官在地上空间的分布和根群在土壤中的分布。以稻田为例，一块田的群体范围，包括水稻在空气中达到的高度和在土壤中伸展的深度，上下有1.5～2.5 m，四周到田边为止，这个群体在垂直方向上可粗分为下述3个层次。

1. 光合层（叶穗层）　这一层中绿色叶片、叶鞘和绿色稻穗在阳光下进行光合作用，同时蒸腾水分。

2. 支架层（茎层）　这是群体的支柱，一方面支撑光合层，一方面连接根，进行运输传导。

3. 吸收层（根层）　本层的主要功能在于吸收水分和营养物质，并进行一些代谢和合成作用。

一个群体的上述各层之间是相辅相成的，前期的结构和生长，对后期的结构和生长也起着决定性的影响。为了简单起见，一般都以群体长成时的结构为研究的对象。

（四）大田切片法

日本学者门司正三为了研究作物的群体结构，于1953年首先采用了大田切片法（又称为群体层切法）(population slicing method)。此法是将一定面积上的作物植株，从茎的基部（一般自地平面）量起，在田间自然状态下，自上而下每10 cm（矮秆）或20 cm（高秆）逐层切割，装袋，然后将茎、叶、穗（荚、角）等分别称量鲜物质量，并测算叶面积，待试材全部风干后，再称量。所得各层的叶面积、各器官风干物质量按层高绘图。图中，纵坐标为层高，横坐标两侧分别标出叶面积和各器官的层次分布。这样就可以看出该群体的空间分布状况（图2-11）。

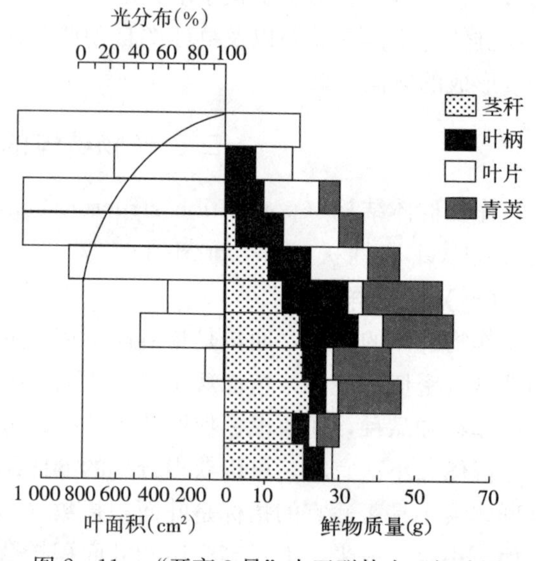

图2-11 “开育8号”大豆群体大田切片图
（引自董钻，1991）

（五）生长分析法

研究作物群体结构的主要目的是改善其功能，提高群体的干物质生产和产量形成能力。作物的干物质生产和积累是通过作物的生长过程实现的，因此干物质生产和积累是产量形成的物质基础，也是评价群体功能的关键指标。生长分析既能描述植物大小、质量的不可逆性，还能描述数量的变化。由于生长分析法的优点较多，故成为作物栽培学研究的常用方法。

1. 相对生长率 在对不同作物群体或植株生长能力进行比较时，生长速度是一个重要度量。例如就群体中个体植株而言，第一次取样称量，一个代表株为1 g，另一个代表株为10 g，第二次取样称量，两个植株都增加1 g，最初质量轻的植株质量成倍增加，而最初质量重的植株仅增加1/10，显然，质量轻的植株生长能力强，这样便可在一段时间的生长之后，两个植株达到同样质量，或者生长能力强者超过生长能力弱者。因此在考虑作物生长速度时，以原质为基础是合理的。相对生长率（relative growth rate，*RGR*）即单位时间单位质量植株的质量增加，通常用g/(g·d)或g/(g·周)表示。

Blackman（1919）首先发现，植物的相对生长率和金融投资很相似，并把它叫做干物质量增长的有效指数，其表达式为

$$m_2 = m_1 e^{R(t_2 - t_1)}$$

式中，m_1 为时间 t_1 时的干物质量，m_2 为时间 t_2 时的干物质量，e为自然对数的底(2.718)，R 为相对生长率（即有效指数，是 $t_2 - t_1$ 这段时间的平均生长率）。

由上述方程可以推算出相对生长率平均值（$\overline{R}$），即有

$$\overline{R} = \frac{\ln m_2 - \ln m_1}{t_2 - t_1}$$

相对生长率主要由遗传特性控制，但环境条件对其影响也较大。一般在作物生长初期，相对生长率较大，生长后期，由于老化组织增加，或养分供应不充足，相对生长率下降。West等（1920）指出，不能把相对生长率看成是常数，应该把相对生长率看成是瞬时数

值，即

$$R=\frac{1}{m}\times\frac{\mathrm{d}m}{\mathrm{d}t}$$

式中，m 为某一时间的干物质量，$\mathrm{d}m/\mathrm{d}t$ 为当时的干物质增长速率。

2. 净同化率 植物的干物质积累主要是通过叶片的光合作用产生的。Gregory（1918）指出，单位叶面积的净得干物质量（同化作用的平均速率）可能是生长最有意义的指数。净同化率的（net assimilation rate，*NAR*）计算式为

$$NAR=\frac{1}{L}\times\frac{\mathrm{d}m}{\mathrm{d}t}=\frac{\ln L_2-\ln L_1}{L_2-L_1}\times\frac{m_2-m_1}{t_2-t_1}$$

式中，L_2 和 L_1 分别为 t_2 和 t_1 时间的叶面积。净同化率表示单位叶面积在单位时间内的干物质增长量。

3. 叶面积指数 叶面积指数（leaf area index，*LAI*） 为取样植株的叶片总面积与取样土地面积之比。叶面积指数随作物种类、生育时期、种植密度、栽培环境等变化。禾谷类作物群体叶面积指数比阔叶类群体的大。叶面积指数于生育中期达最大值，并保持一段平稳期，生育后期逐渐下降。不同作物和品种在不同的栽培条件下，有其最适的叶面积指数，最适叶面积指数持续时间长产量才高。种植密度和氮肥施用量对叶面积指数影响都较明显。以玉米为例，玉米群体净同化率随叶面积指数变化而变化，在小穗分化期，叶面积指数较小，群体内光照条件良好，净同化率出现最高值，为 8.0 g/(m^2 · d)；其后随叶面积指数的增大，净同化率逐渐降低，至抽穗开花期，叶面积指数达最大值，净同化率下降到 6.0 g/(m^2 · d) 左右；生育后期净同化率随叶面积指数的下降而有所升高（沈秀瑛等，1993）。因此高产群体的产量增长是叶面积指数与净同化率相辅相成作用的结果。

4. 叶面积持续时间 叶面积持续时间（leaf area duration，*LAD*） 也称为光合势，为作物整个生育期间或某一生育阶段叶面积的积分值，通常用 m^2 · d 表示。叶面积指数随生长进程而不断变化，对作物产量形成有直接意义的是一段生长时间或整个生育期间的积分值［$LAD=\int_0^t F(\mathrm{d}t)$（$F$ 为叶面积）］，其计算公式为

$$\overline{LAD}=\frac{(L_1+L_2)}{2}\times(t_2-t_1)$$

5. 叶面积比率 叶面积（L）与植株干物质量（m）之比（L/m）称为叶面积比率（leaf area ratio，*LAR*），即单位干物质的叶面积，表达式为

$$LAR=\frac{L}{m}=\frac{\ln m_2-\ln m_1}{m_2-m_1}\times\frac{L_2-L_1}{\ln L_2-\ln L_1}$$

实际上，相对生长率即是叶面积比率与净同化率的乘积，即

$$R=\frac{1}{m}\times\frac{\mathrm{d}m}{\mathrm{d}t}=\frac{L}{m}\left(\frac{1}{L}\times\frac{\mathrm{d}m}{\mathrm{d}t}\right)=LAR\times NAR$$

由上式可以看出，植株的相对生长率决定于叶片生产干物质的效率和作物本身的多叶性。

6. 比叶面积 比叶面积（specific leaf area，*SLA*）也称为叶面积干物质量比，为叶面积（L）与叶干物质量（m_L）之比，在某种意义上是叶子相对厚度的一种度量，单位是 cm^2/g。

$$SLA=\frac{L}{m_{\mathrm{L}}}$$

在作物生长过程中，比叶面积易受环境和个体发育变化的影响。

7. 叶干质量比 叶干质量比（leaf weight ratio，*LWR*）是叶的干物质量（m_{L}）与植株干物质量（m）之比。

$$LWR=\frac{m_{\mathrm{L}}}{m}$$

由上述几个式子可以导出

$$R=\frac{L}{m}\left(\frac{1}{L}\times\frac{\mathrm{d}m}{\mathrm{d}t}\right)=\frac{L}{m_{\mathrm{L}}}\times\frac{m_{\mathrm{L}}}{m}\left(\frac{1}{L}\times\frac{\mathrm{d}m}{\mathrm{d}t}\right)=SLA\times LWR\times NAR$$

由上式可见，相对生长率受比叶面积（*SLA*）、叶干质量比（*LWR*）、净同化率（*NAR*）的影响。若分别测定上述各分项的值，则有可能分析出哪种因素对生长率起主导作用，以及环境因子对个别因素产生的影响如何，从而为栽培上采取对策提供依据。

8. 作物生长率 作物生长率（crop growth rate，*CGR*）又称为群体生长率，它表示在单位时间、单位土地面积上所增加的干物质量，即

$$CGR=\frac{\mathrm{d}y}{\mathrm{d}t}=\left(\frac{1}{L}\times\frac{\mathrm{d}m}{\mathrm{d}t}\right)\times F=NAR\times LAI$$

式中，F 为单位土地面积上的总叶面积，y 为单位面积上的干物质量。上式表明，作物生长率（即产量增长速度）与净同化率（*NAR*）和叶面积指数（*LAI*）呈正比。Watson（1958）认为，净同化率变幅较窄，叶面积指数变幅较大，因而产量增长主要取决于叶面积指数。在上式中，如令 *NAR* 一定，以 *LAI* 对时间（t）积分，则得

$$CGR=\left(\frac{1}{F}\times\frac{\mathrm{d}y}{\mathrm{d}t}\right)\times\int F(\mathrm{d}t)$$

式中，$\int F(\mathrm{d}t)$ 即叶面积持续时间（*LAD*）。作物生长率的大小虽然取决于叶面积持续时间值的大小，即叶面积大，且持续期长，产量就高，但式中（$1/F\times\mathrm{d}y/\mathrm{d}t$）（即 *NAR*）又表明与叶面积呈反比，叶面积过大会显著降低 *NAR*，因此生产上并非叶面积越大越好，叶面积过大反而会引起减产。

生长分析法的基本观点是以测定干物质增长为中心，同时也测定叶面积，计算与作物光合作用生理功能相关的参数，从而比较不同作物、不同品种、不同生态环境下生长和产量形成的差异。

三、作物群体是一个生产系统

作物生产从来都是通过作物群体进行的，作物产量则是群体地上器官的光合作用和根群的吸收作用两个生理过程共同积累形成的。

作物群体虽然是由个体所组成的，但是群体的生理活动与个体的生理活动却有很大的差别。以光能利用为例，群体内部叶片与外围叶片，顶部叶片与下部叶片所接受的光照度相差很多，所以在单个叶片上测得的光合速率数据，绝不能用来直接代表群体的光合作用。同样，群体根群所遇到的土壤条件与单株孤立种植时也大不相同，吸收水分和养分的数量、速度等也有差别。

在作物栽培实践中，协调群体与个体的关系至关重要。采取任何一项措施，都要从群体着眼，从个体入手，既要让每个个体健壮发育，又要使整个群体稳健发展。从产量形成的角度来说，一方面要让个体的生产潜力得以适度的发挥，另一方面又要使群体的生产能力得到最大的提高，后者是最终目的。

作物群体是一个生产系统，在这个系统中，投入的是光能、二氧化碳、水和各种营养元素，产出的是有机物质——生物产量和经济产量。现以 1 hm^2 小麦为例加以说明（图 2-12）。

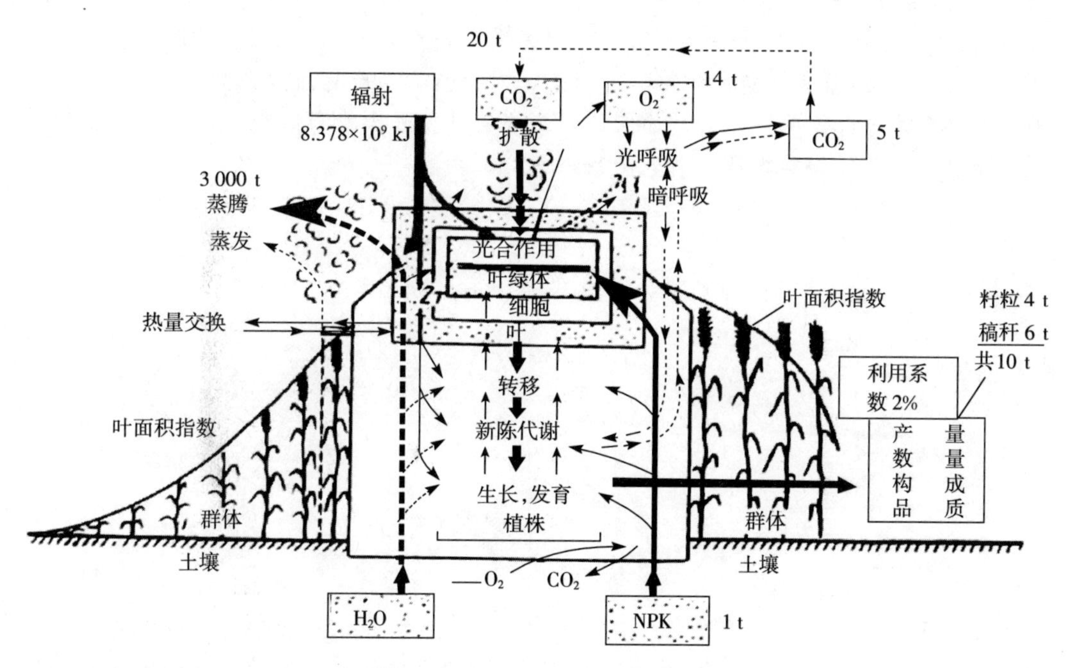

图 2-12　1 hm^2 小麦群体形成 4 t 籽粒

（董钻译自 A. A. Nichiprovich，1979）

1 hm^2 小麦的产量指标是 4 t，为了获得 4 t 小麦，必须收获 10 t 生物产量（经济系数为 40%）。要获得 10 t 生物产量，群体的叶片和所有绿色器官必须截获利用 8.378×10^9 kJ（2×10^9 kcal）光辐射，同化 20 t CO_2，释放 14 t O_2；群体的根群必须吸收 1 t NPK，冠层蒸腾的水和地表蒸发的水共需 3 000 t。

作物群体生产的过程是能量积蓄和物质积累的过程。

栽培作物所采用的所有技术和措施，包括土壤耕作、培肥地力、选用品种、确定种植密度和配置方式、施用肥料、灌溉排水、应用植物生长调节剂等，毫无例外地都是为了构建庞大的群体，调控其生理机能，使之积蓄更多的能量，积累更多的物质，通过群体的生理活动，最终达到提高单位面积产量的目的。

复习思考题

1. 解释作物的生长和发育，并举例说明之。
2. 解释作物的生育期、生育时期、物候期。

3. 单子叶作物和双子叶作物的根、茎、叶各有何不同？其生长特点和影响因素各有哪些？

4. 作物花器官分化有何特点？影响花器官、开花授粉受精和种子果实形成的因素有哪些？

5. 解释作物的感温性、感光性和基本营养生长性。这“三性”在生产上有何意义？

6. 作物营养生长与生殖生长的关系如何？

7. 研究作物的器官同伸关系有何实际意义？

8. 作物地上部生长与地下部生长有何依赖关系？

9. 什么是作物的器官平衡？懂得这一概念，对于作物生产有何意义？

10. 作物个体与群体关系如何？如何协调二者关系促进作物高产？

11. 如何理解“作物群体是一个生产系统”？

第三章

作物产量和品质的形成

第一节　作物产量及产量构成因素

一、作物产量

栽培作物的目的是获得较多的有经济价值的产品。作物产量（crop yield）即是作物产品的数量。作物产量通常分为生物产量（biological yield）和经济产量（economic yield）。

生物产量是指作物一生中，即全生育期内通过光合作用和呼吸作用，即通过物质和能量的转化所产生和积累的各种有机物的总量。计算生物产量时通常不包括根系（块根作物除外）。在总干物质中有机物质占90%～95%，矿物质占5%～10%。严格说来，干物质（dry matter）不包括自由水，而生物产量则含水10%～15%。

经济产量是指目的产品的收获量，即一般所指的产量。不同作物其经济产品器官不同，禾谷类作物（水稻、小麦、玉米等）、豆类和油料作物（大豆、花生、油菜等）的产品器官是种子；棉花为籽棉或皮棉，主要利用种子上的纤维；薯类作物（甘薯、马铃薯、木薯等）为块根或块茎；麻类作物为茎纤维或叶纤维；甘蔗为茎秆；甜菜为根；烟草为叶片；绿肥作物（苜蓿、三叶草等）为茎和叶等。同一作物，因栽培目的不同，其经济产量的概念也不同。例如玉米，作为粮食和饲料作物栽培时，经济产量是指籽粒收获量，而作为青贮饲料栽培时，经济产量则包括茎、叶和果穗的全部收获量。

经济产量是生物产量中所要收获的部分的量。经济产量占生物产量的比例，即生物产量转化为经济产量的效率，称为经济系数（coefficient of economic yield）或收获指数（harvest index）。经济系数的高低仅表明生物产量分配到经济产品器官中的比例，并不表明经济产量的高低。通常，经济产量的高低与生物产量高低呈正比。不同作物的收经济系数有所不同，其变化与遗传基础、收获器官及其化学成分、栽培技术、环境对作物生长发育的影响等有关。一般说来，收获营养器官的作物，其经济系数比收获籽实的作物高，其原因是营养器官的形成过程相对简单，而籽实的形成则需经历繁殖器官分化发育和结实成熟的复杂过程。同为收获籽实的作物，又因产品的化学成分不同，经济系数也有所不同。测定数据表明，1 g糖类、蛋白质和脂肪的生热量分别为17.2 kJ、23.7 kJ和39.6 kJ。表3-1列出了部分作物在正常生长条件下的经济系数。

谷类作物的经济系数还与植株高度有关。据四川农学院（1978）观测，株高不同的小麦品种，其经济系数有明显差异。株高60 cm增高到100 cm以上，其经济系数由51%降到34%，此时株高与经济系数呈负相关；但株高在50 cm左右的超矮秆品种，经济系数最小，

表 3-1 不同作物的经济系数

作 物	经济系数（%）	作 物	经济系数（%）
薯类	70～85	玉米	30～50
烟草	60～70	大豆	25～40
甜菜	60～70	籽棉	35～40
水稻	35～50	皮棉	13～16
小麦	35～50	油菜	28 左右

仅为 24%左右。可见，植株过高或过矮，经济系数都不高，产量也较低，前者生物产量太高，后者生物产量太低。虽然不同作物的经济系数有其相对稳定的变化范围，但是通过品种改良、优化栽培技术、改善环境条件等，可以使经济系数达到较高值，在较高的生物学产量基础上获得较高的经济产量。三者的关系可用下式表示。

产量＝生物产量×经济系数

二、作物产量构成因素

作物产量（这里指单产）是指单位土地面积上的作物群体的产量，即由个体产量或产品器官数量所构成。依作物种类不同把作物产量分解为几个产量构成因素（yield component）（Engledow，1923），而产量构成因素又依作物种类而异（表 3-2）。例如

禾谷类作物产量＝穗数×单穗实粒数×单粒质量

豆类作物产量＝株数×单株有效荚数×每荚实粒数×单粒质量

薯类作物产量＝株数×单株薯块数×单薯质量

在田间测产时，只要测得各构成因素的平均值，便可计算出理论产量。由于该方法易于操作，至今仍在作物栽培及育种工作中被广泛采用。

表 3-2 不同作物的产量构成因素

作 物	产量构成因素
禾谷类（水稻、小麦、玉米、高粱、谷子）	穗数、单穗实粒数、单粒质量
豆类（大豆、蚕豆、豌豆、绿豆）	株数、单株有效荚数、单荚实粒数、单粒质量
薯类（甘薯、马铃薯、薯蓣）	株数、单株薯块数、单薯质量
花生	株数、单株荚果数、单荚果质量
棉花	株数、单株有效铃数、单铃籽棉质量、衣分（皮棉质量/籽棉质量）
油菜	株数、单株有效角果数、单角果粒数、单粒质量
甘蔗	有效茎数、单茎质量
烟草	株数、单株叶片数、单叶质量
绿肥作物	株数、单株质量

单位土地面积上的作物产量随产量构成因素数值的增大而增加。但是作物在群体栽培条件下，由于群体密度和种植方式等不同，个体所占营养面积和生育环境亦不同，植株和器官生长存在着差异。一般说来，各产量构成因素很难同步增长，各产量构成因素之间往往存在负相关关系。例如水稻、小麦、玉米等禾谷类作物，每公顷穗数增多时，每穗粒数明显减少，千粒重（1 000 粒种子质量）也有所降低（表 3－3）。油菜的株数增加时，单株有效角果数减少，单角果粒数和单粒质量也呈下降趋势（表 3－4）。以营养器官块根为产品的甘薯，单株结薯数和单株薯质量也随栽植密度加大而降低（表 3－5）。由表 3－3、表 3－4 和表 3－5 中数值变化规律可以看出，尽管不同作物各产量构成因素之间均呈现不同程度的负相关关系，但在一般栽培条件下，在产量构成因素中仍然存在着实现高产的最佳组合，说明当个体与群体协调发展时，产量可以提高。

表 3－3　禾谷类作物产量构成因素的变化

作　物	基本苗（$\times 10^4/hm^2$）	穗数（$\times 10^4/hm^2$）	穗粒数（粒/穗）	千粒重（g）	实际产量（kg/hm^2）	品种	资料来源
水稻	60.0	387.0	75.2	26.0	7 576.5	“广陆矮 4 号”	浙江省每公顷产 2.25×10^4 kg 试验协作组，1978
	120.0	492.0	61.5	26.1	7 945.5		
	240.0	526.5	51.7	26.1	7 938.0		
	439.5	552.0	48.7	26.0	7 642.5		
小麦	105	547.05	40.95	33.21	5 313.97	“扬麦 15”	朱冬梅等，2005
	150	569.94	40.64	32.53	5 702.10		
	195	596.61	40.02	32.14	6 023.98		
	240	599.94	39.84	32.41	5 776.76		
	285	624.38	38.79	31.14	5 454.04		
玉米	3.75	3.75	809	328.8	9 274.5	“丹玉 13”	沈秀瑛等，1988
	4.50	4.50	756	286.6	9 900.0		
	5.25	5.10	716	273.4	10 411.5		
	6.00	5.40	694	267.2	9 654.0		

表 3－4　不同密度对油菜产量构成因素的影响

（引自王兆木等，1978—1981）

密度（$\times 10^4/hm^2$）	单株角果数	单角果粒数	千粒重（g）	产量（kg/hm^2）
15.0	480.7	18.1	3.52	3 879.0
22.5	351.2	17.6	3.51	4 335.0
30.0	285.9	17.4	3.50	4 695.0
37.5	205.5	16.6	3.24	4 473.0
45.0	168.9	16.5	3.12	3 808.5

注：供试品种为“奥罗”。

表 3-5 不同栽插密度对甘薯块根数量和大小的影响

（引自山东省烟台地区农业科学研究所，1974）

密度（株/hm²）	大薯（个）		中薯（个）		小薯（个）		鲜薯产量（kg）	
	每株	每公顷	每株	每公顷	每株	每公顷	每株	每公顷
25 500	1.9	48 450	0.6	15 300	0.5	12 750	1.34	34 170
51 000	1.3	66 300	0.8	40 800	0.5	25 500	0.83	42 330
76 500	1.1	84 150	0.8	61 200	0.5	38 250	0.58	44 370
102 000	0.8	81 600	0.6	61 200	0.6	61 200	0.42	42 840

三、作物产量形成的特点

作物产量的形成与器官分化、发育及光合产物的分配和积累密切相关，了解作物产量构成因素的形成规律是采用合理栽培技术进行调控，实现高产的基础。

（一）作物产量构成因素的形成

作物产量构成因素的形成是在作物整个生育期内不同时期依次开始而重叠进行的。如果把作物的生育期概分为 3 个阶段：生育前期、生育中期和生育后期，那么以籽实为产品器官的作物，生育前期为营养生长阶段，光合产物（糖类）主要用于根、叶、分蘖或分枝的生长；生育中期为生殖器官分化形成和营养器官旺盛生长并进期，生殖器官形成的多少决定产量潜力的大小；生育后期是结实成熟阶段，光合产物大量运往籽粒，营养器官停止生长且质量逐渐减轻，穗和籽实干物质量急剧增加，直至达到潜在储存量。一般说来，前一个生育时期的生长状况有决定后一个时期的生长状况的作用，营养器官的生长和生殖器官的生长相互影响，相互联系。生殖器官生长所需要的养分，大部分来自营养器官，因此只有营养器官生长良好，才能保证生殖器官的形成和发育。据报道（余德谦，1987；陈彩虹等，1987；莫惠栋，1974），棉花现蕾期或初花期单株根、茎、叶总干物质量与单株果节数呈明显正相关；水稻颖花数及籽粒质量随茎蘖干物质量增加而增加。由此可见，营养器官的生长和生殖器官的生长存在着数量关系。因而在高产栽培中，应通过合理密植、施肥、灌溉等措施，建成适度的营养体，为形成较多的结实器官，增加产量提供物质基础。

产量构成因素在其形成过程中具有自动调节现象，这种调节主要反映在对群体产量的补偿效应上。不同作物的自动调节能力亦不同，分蘖作物（例如水稻、小麦等）自动调节能力较强，主茎型作物（例如玉米、高粱等）自动调节能力稍弱。

穗数是禾谷类作物产量构成因素中调节幅度较大的因素。分蘖作物穗数的形成从播种开始，分蘖期是决定阶段，拔节孕穗期是巩固阶段。分蘖多少及成穗率高低与品种遗传特性、种植密度（基本苗数）、环境条件等有关。营养生长期长和多穗的品种，其分蘖力较强；高产田种植密度小或基本苗数少时，分蘖较多。但是生产上并非分蘖多时成穗就多，并且由于穗数与穗粒数呈负相关，穗多也未必高产。分蘖成穗与分蘖发生早晚密切相关。早生分蘖或低位分蘖与主茎生长差距较小，主茎在进入生殖生长之前，吸收的无机营养和合成的有机营养，除供应自身生长需要外，主要运往分蘖。因而早生分蘖或低位分蘖生长速度快而健壮，易形成大穗。相反，后生分蘖或高位分蘖发生较晚，主茎已处在旺盛生长阶段，需要营养物质增多，向分蘖输送量减少，致使多数分蘖由于营养匮乏而不能抽穗，成为无效分蘖。研究证明，无效分蘖虽然耗费一些养料，但也能把大部分矿质元素转移到有效分蘖中去，使主茎穗和有效分蘖穗的平均性状占优势，群体产量较高而稳定。在水稻、小麦高产栽培中，当水肥供应良好，产量在中上等水平时，单位面积基本苗数相同，穗数多的产量高；穗数相同，基本苗数少的产量高。这个规律表明，适量分蘖和成穗率对群体产量的形成有促进作用。

玉米是典型的独秆大穗作物，其分蘖力很弱，即使有分蘖发生，也在发生后被除去。玉米单位面积的穗数随种植密度增加而增加。多穗型玉米的有效穗数决定于雌雄能否同步分化、同期吐丝授粉，以及植株能否制造积累充足的营养物质，并在果穗间均衡分配。空秆是玉米生产中常见的现象，影响穗数和产量。空秆的形成与品种、种植密度、水肥供应、病虫害、气候条件等因素有关，而植株本身营养不足或养分分配失调则是造成空秆的主要原因。通常，玉米高产田的个体和群体发展协调，空秆率明显低，有效穗数多，产量较高。

小穗、小花分化数量是穗粒数潜力的基础，并对产量有一定的补偿作用。不同禾谷类作物花序结构不同，小穗小花分化顺序亦不同。小麦的小穗分化先由穗的中下部开始，然后向上下两端发展，玉米雌穗则从幼穗基部开始向顶部分化。一般说来，从第一个小穗原基出现到穗顶端小穗原基出现的时间较长，就可能提供增加小穗数的机会。小穗原基对产量的补偿能力因品种、植株营养状况及小穗分化期的环境条件而异。一般在小麦产量水平较高和幼穗分化期较长的条件下，主茎和有效分蘖具有形成较多小穗的能力；若早期分蘖少，小穗分化期植株营养供应充足，环境条件适宜，有利于小穗原基的大量形成，对产量的补偿作用明显；反之，小穗原基发生少，使后来的小花数和粒数受到限制，则对产量的补偿作用弱。水稻的颖花数由分化的颖花数和退化颖花数决定。据调查（杜金泉，1964），伴随二次枝梗退化的颖花量占90.7%，伴随一次枝梗退化的占8.3%，直接退化的仅占1%。因此在水稻穗分化前到颖花分化期，特别是枝梗分化期改善植株的营养及环境条件，对于增加颖花数至关重要。

粒数和粒重取决于开花结实及其后的光合产物向籽粒转移的程度。开花受精对环境条件十分敏感，如果该时期遇到水分亏缺或者降水过多、湿度过大、温度较低等不利气候条件以及营养不足，则结实减少，造成缺粒。缺粒多发生在顶部小穗和基部小穗中，以及小穗内的上部小花上。禾谷类作物籽粒在形成过程中，其形态、体积和质量发生一系列变化。籽粒形成之初干物质积累较慢，千粒重日增长量很小。据观察，小麦千粒重日增加只有0.3～0.9 g，到此期末期单粒质量仅为成熟期单粒质量的15%～20%（华中农业大学，1986—1988）；玉米籽粒内含物基本上是清乳状，含水量为80%～90%。籽粒形成阶段是决定籽粒大小的关键时期，若该期发育好，则分化的胚乳细胞多，容积大，易形成大粒。因此栽培上应创造良好的生态环境，保证水肥供应充足，防治病虫害等，提高结实率，防止籽粒中途停止发育，尽可能增大籽粒体积。

籽粒形成以后，进入灌浆阶段，籽粒内干物质积累速度加快，质量不断增加。小麦千粒重每日增加1～2 g，灌浆高峰期每日可增加3 g，此期籽粒干物质增长量占最后总干物质量的70%～80%。玉米籽粒干物质积累和质量的变化也符合类似规律。灌浆阶段是决定籽粒饱满度的重要时期，环境条件和栽培管理都将影响单粒质量的增长。进入成熟阶段，籽粒内干物质积累趋于缓慢，直至停止积累，小麦此期所积累的干物质，仅占种子总干物质的5%～10%。

由产量构成因素的形成过程及自动调节的规律可以看出，禾谷类作物产量构成因素之间具有补偿作用，主要表现为生长后期形成的产量构成因素可以补偿生长前期损失的产量构成因素。例如种植密度偏低或苗数不足时，可以通过发生较多的分蘖，形成较多的穗数来补偿；穗数不足时，每穗粒数和单粒质量增加，也可略有补偿（表 3－3）。生长前期的补偿作用往往大于生长后期，而补偿程度，则取决于种或品种，并随生态环境和气候条件的不同而有较大差异。

（二）作物干物质的积累与分配

如前所述，作物在生育期内通过绿色光合器官，将吸收的太阳辐射能转为化学潜能，将叶片和根系从环境中吸收的二氧化碳、水及矿质营养合成糖类，然后再进一步转化形成各种其他有机物，最后形成有经济价值的产品。作物产量形成的全过程包括光合器官、吸收器官和产品器官的建成及产量内容物的形成、运输和积累。从物质生产的角度分析，作物产量实质上是通过吸收作用和光合作用（photosynthesis）直接或间接形成的，并取决于光合产物的积累与分配。作物光合生产的能力与光合面积、光合时间及光合效率密切相关。光合面积，包括叶片、茎、叶鞘及结实器官能够进行光合作用的绿色表面积，其中绿色叶面积是构成光合面积的主体。光合时间是指光合作用进行的时间。光合效率指的是单位时间单位叶面积同化二氧化碳的量或积累干物质的量。一般说来，在适宜范围内，光合面积大，光合时间长，光合效率又较高，光合产物非生产性消耗少，分配利用合理，就能获得较高的经济产量。对“丹玉 13”玉米光合系统与产量关系的研究表明，最大叶面积指数由 3.24 增大到 4.10 时，每公顷总光合势增加 $4.425\times10^5\ m^2\cdot d$，小花分化期至开花期的净同化率在 $7.0\ g/(m^2\cdot d)$左右，生物产量和经济产量分别提高 12.72%和 6.76%，其中叶面积指数和光合势是产量的制约因素（沈秀瑛，1989）。

作物的干物质积累动态遵循逻辑斯谛曲线（S形曲线）模式，即经历缓慢增长期、指数增长期、直线增长期和减慢停止期。作物生长初期，植株较小，叶片和分蘖或分枝不断发生。此期干物质积累量与叶面积呈正比。随着植株的生长、叶面积的增大，净同化率因叶片相互荫蔽而下降，但由于单位土地面积上叶面积总量大，群体干物质积累近于直线增长。此后，叶片逐渐衰老，功能减退，群体干物质积累速度减慢，同化物质由营养器官向生殖器官转运。当植株进入成熟期，生长停止时，干物质积累亦停止。作物种类或品种不同，生态环境和栽培条件不同，各个时期所经历的时间，干物质积累速度、积累总量及在器官间的分配均有所不同（图 3－1 和图 3－2）。例如水稻中常规粳稻穗分化前的干物积累量占总量的 10%～20%，幼穗分化到抽穗积累的干物质占 40%～50%，抽穗到成熟积累的干物质占 30%～40%；杂交籼稻前期干物质积累量明显比常规粳稻多，约占总量的 30%，中后期各占 30%～40%。对各时期干物质积累与产量关系的分析结果表明，水稻抽穗后的光合产物总量与产量呈直线关系，即抽穗后物质生产越多，产量越高。一般抽穗前储藏物质占产量的 10%～30%，抽穗后的光合产物占产量的 70%～90%。因此抽穗后应尽可能保持较多的绿叶数，并延长其功能期，这对于增加产量十分重要。玉米的干物质积累动态与水稻相似，但又有差异。玉米从出苗到拔节是缓慢增长阶段，干物质积累量较少，仅占最终生物产量的 2%左右；拔节至灌浆是直线增长阶段，干物质积累量占总生物产量的 73%左右；从灌浆后期到籽粒完熟的 1 个月左右时间内，干物质净增量占总生物产量的 25%左右。干物质的分配随作物种、品种、生育时期及栽培条件而变化。生育时期不同，干物质分配的中心也有所不同。以玉米为例，拔节前以根、叶生长为主，地上部叶子干物质量占全株干物质量的99%；拔节至抽雄，生长中心是茎叶，其干物质量约占全株干物质量的90%；开花至成熟，生长中心是穗粒，穗粒干物质积累量显著增加。品种间干物质的分配特点与生物产量高低有关，大豆早熟品种，生物产量较低，茎叶干物质量所占比例较小，荚粒所占比例较大，晚熟品种则相反。同一大豆品种在不同肥力条件下种植，干物质在各器官的分配比例也存在差异，土壤肥沃，茎叶生长繁茂，荚粒干物质量所占比例较小；中肥条件下，荚粒所占比例较大（董钻，1980）。水稻、小麦的谷粒与叶秆之比（通常称为谷草比）也是衡量干物质在器官间分配的指标之一。Bingham（1969）对冬小麦干物质分配的研究指出，矮秆品种的粒秆比为1.15～1.49，高秆品种为0.90～1.10，表明矮秆品种的干物质分配对籽粒产量形成有利。这正是近年来小麦、水稻半矮秆和矮秆品种很受重视的原因之一。

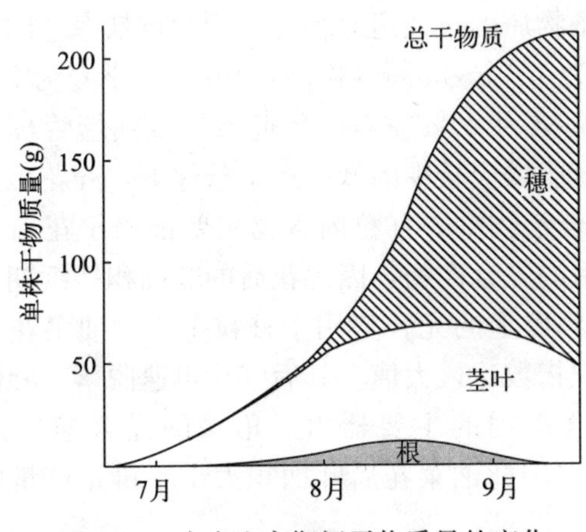

图3-1　大麦生育期间干物质量的变化
（引自武田等，1975）

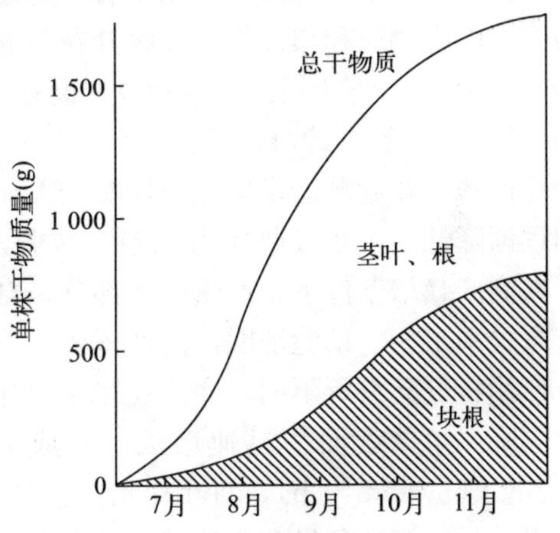

图3-2　甘薯生育期间干物质量的变化
（引自泽野，1965）

第二节　作物的源库流理论及其应用

一、源库流理论

自Mason和Maskell（1928）提出了源库学说后，在作物栽培生理研究中，特别是在高产栽培的理论探讨中，常用源库流3个因素的关系阐明作物产量形成的规律，探索实现高产的途径，进而挖掘作物的产量潜力。

（一）源

作物产量的形成，实质上是通过叶片的光合作用和根系的吸收作用共同进行的，因此源（source）是指生产和输出光合同化物的叶片和提供水和矿物质的根系。就作物群体而言，源则是指群体的叶面积及其光合能力和表面积十分庞大的根群的吸收能力。人们在谈到“源”的时候，往往只注重叶，而忽略了根，其实对于作物栽培来说，根系吸收的重要性并不亚于叶片的光合作用，二者同等重要，缺一不可。据测定，大豆结荚期单株根系的总吸收面积为129.5～133.1 m^2，其中活跃吸收面积为65.1～67.3 m^2，而单株的叶面积是0.4～0.5 m^2（董钻等，1982）。尽管颖壳、叶鞘和茎的绿色部分也能进行光合作用，但干物质生产量很小。此外，在籽粒产量形成期，籽粒内容物除直接来源于光合器官的光合作用外，部分来源于茎鞘储藏物质的再调运（殷宏章等，1956；彭永欣等，1992；吉田昌一，1984）。但是茎鞘储藏物质同样来自叶片的同化作用，根系吸收的水分和矿质元素参与籽粒内容物的合成也与叶片光合作用息息相关。因此作物群体和个体的发展达到叶面积大，光合效率高，才能使源充足，为产量库的形成和充实奠定物质基础。在水稻、小麦、玉米、大豆、棉花等作物上，通过剪叶、遮光、环割等处理，人为减少叶面积或降低光合速率，造成源亏缺，都会引起产品器官的减少，例如花器官退化、不育或脱落（中国科学院上海植物生理研究所，1956），或产品器官充实不良，造成秕粒增多、单粒质量下降等（江苏省杂交稻气象问题研究协作组，1982；刘承柳，1985；陈国平，1998；刘晓冰，1993）。

禾谷类作物开花前光合作用生产的营养物质主要用于满足穗、小穗、小花等产品器官形成的需要，并在茎、叶片、叶鞘中有一定量的储备。开花后的光合产物直接供给产品器官，作为籽粒内容物而积累。不同作物开花前的储备物质的再调运对籽粒产量的贡献率不同，水稻为0%～40%（吉因昌一，1984），也有报道为10%～30%（松岛，1973），小麦为5%～30%（Rawson等，1971；任正隆等，1981），高粱为20%左右。环境条件及栽培管理水平对开花前和开花后源的供给能力影响较大，在氮肥供应较少的低产栽培条件下，开花后光合作用逐渐降低，根系吸收能力也趋于减弱，光合产物少，籽粒内容物主要依赖于花前储备物。在高产栽培条件下，产量的大部分来自花后的光合产物，因此花后的叶面积持续期长短与产量关系密切。试验证明，高产玉米需有60%以上的光合势用于籽粒生产。油菜花后的光合作用特点又有所不同，油菜在终花期叶面积指数达最大值，其后叶片迅速脱落，叶面积指数下降，角果表面积迅速增大，并成为光合作用的主要器官。角果的光合速率约为15.5 mg $CO_2/(dm^2 \cdot h)$，与叶片光合速率相当。因此油菜花后叶面积大小不再是产量的限制因素，只要增加角果数，就增加了光合面积。

据观测，植株不同部位的叶片，其光合产物向籽粒转运的比例不同，小麦旗叶、倒二叶和倒三叶的转运值分别为39.9%、3.97%和12.9%（江华山等，1985）。源的同化产物有就近输送的特性，例如水稻、小麦、高粱剑叶（旗叶）的光合产物对穗的贡献率较大；玉米棒三叶，尤其是穗位叶的光合产物主要供给果穗；大豆群体各层次叶面积大小与豆粒质量间的相关显著（$r=0.937$），即叶面积大的层次，籽粒产量高（董钻等，1981）。豆类作物同一节位叶片的光合产物首先供应本节位的豆荚，具有局部供求关系。棉叶与棉铃之间的关系亦如此。

除了叶面积大小和光合速率外，颖花叶比、粒叶比等也用来表示源的供给能力或强度，其比值越高，说明单位面积供给物质量越多。韩守良等（1999）研究发现，冬小麦粒叶比因群体结构类型和穗叶比的不同而有明显差异，产量为9 000 kg/hm² 以上的不同高产群体，其粒叶比变化于0.316 9～0.454 3。

（二）库

从产量形成的角度看，库（sink）主要是指产品器官的容积和接纳营养物质的能力。产品器官的容积随作物种类而变化，禾谷类作物产品器官的容积决定于单位土地面积上的穗数、每穗颖花数和籽粒大小的上限值；薯类作物则取决于单位土地面积上的块根或块茎数和薯块大小上限值。穗数和颖花数在开花前已决定，籽粒数决定于开花期和花后的籽粒形成初期，籽粒大小则决定于灌浆成熟期。同样，块根或块茎数于生长发育前期形成，薯块大小则决定于生长盛期。

库的潜力存在于库的构建中。例如玉米群体库的潜力由群体个体数及个体库潜力所决定，群体个体数决定穗数，个体库潜力与籽粒数量、体积和干物质量相关。籽粒数量潜力因无效花和败育粒而削减，其中未灌浆败育粒是主要削减因子，削减率也随群体密度的增加而增大。玉米籽粒体积与籽粒干物质量呈同步增长，即籽粒体积大，容纳同化产物的潜力也大。生态条件对库的建成也有明显影响，玉米穗部和基部光照度与籽粒干物质最大日增长量呈正相关（$r=0.959$），与未灌浆败育粒数呈负相关（$r=-0.936\ 8$）；孕穗期至灌浆期水分亏缺会使小花数、受精花数减少，败育粒增多，库潜力降低。因此改善群体冠层内的光照条件，加强水分、养分管理，可以促进库潜力的发挥。小麦库潜力的构成因素包括穗数、穗粒数、籽粒最大容积（μL/粒）和最大充实指数（g/μL）。籽粒最大容积与小麦前期群体及个体生长发育状况和籽粒形成过程所处的环境条件有关；充实指数与灌浆速度及灌浆期的气候条件有关。

禾谷类作物籽粒的储积能力取决于灌浆持续期和灌浆速度。Evans 等（1976）指出，小麦灌浆持续期对产量的影响比灌浆速度大，灌浆速度主要受运输和储积过程的限制。任正隆等（1981）的观测结果有所不同，7 个小麦品种的灌浆持续期均在 42～46 d，差异不显著；而平均灌浆速度变动范围为 12.84～17.22 $mg/(cm^3 \cdot d)$，差异极显著，凡是灌浆速度快的，充实指数也高。显然，灌浆速度对籽粒产量的影响较大。Tollener（陈国平，1992）对玉米高产潜力的分析指出，实现玉米超高产目标的关键在于提高玉米灌浆期籽粒生产力。若快速灌浆期为 40 d，则要求灌浆速度由目前的日增量 627.75 kg/hm^2 增加到 784.50 kg/hm^2，或者灌浆速度保持目前水平，则快速灌浆期要由 40 d 延长到 50 d。这就意味着灌浆持续期和灌浆速度必须相互补偿才能获得高产。此外，灌浆持续期与籽粒大小有关，并受生态条件的影响。例如青藏高原光照充足，气候冷凉，小麦灌浆期较长，每克茎叶形成的籽粒虽然少，可是籽粒大；反之，长江中下游和四川盆地，光照不足，气温高，灌浆持续期短，每克茎叶形成的籽粒较多，但籽粒较小。因此在灌浆持续期长的区域应增加粒数，在灌浆持续期短的区域要求灌浆速度快，否则粒小而不饱满。

禾谷类作物穗的库容量由籽粒数和籽粒大小所决定，二者有互补效应。小麦遮光和剪半穗处理试验证明，籽粒数量减少时，籽粒大小有所增加。但是籽粒大小的增加，往往不足以补偿粒数减少造成的穗粒质量减小（Bingham，1969）。

（三）流

流（flow）是指作物植株体内输导系统的发育状况及其运转速率。作物光合器官的同化物除一小部分供自身需要外，大部分运往其他器官供生长发育及储备之用。光合作用形成的大量有机物质构成了较高的生物产量，如果运输分配不当，使较多的有机物留在茎和根之中，经济产量就会低。

流的主要器官是叶片、叶鞘、茎中的维管系统，其中穗颈维管束可看作源通向库的总通道。同化物质的运输是通过韧皮部来实现的，韧皮部薄壁细胞是运输同化物的主要组织。在韧皮部运输的同化物质中，大部分是糖类，小部分是有机氮化合物。同化物质的运输速度可用放射性同位素示踪法加以测定。不同作物，同化物运输速度是不同的，棉花为 35～40 cm/h，小麦为 39～109 cm/h，甜菜为 50～135 cm/h。一般说来，C_4 作物比 C_3 作物的运输速度高。

同化物的运输受多种因素的制约。韧皮部输导组织的发达程度，是影响同化物由源向库运输的主要因素。小麦穗部同化物的输入量与韧皮部横切面积呈正比；水稻穗二次枝梗上颖花的花梗维管束比一次枝梗上的横切面积小，而且数目少，运往二次枝梗颖花中的同化物也少。适宜的温度、充足的光照和养分（尤其是磷）均可促进光合作用以及同化产物由源向库的转运。

关于流大小的定量研究，在小麦上采用了群体穗颈维管束总数、平均束通量和有效输导时间三者乘积来表示。束通量［mg/(束·d)］与维管束状态、库的拉力、源的推力及环境因子有关，有效输导时间（d）受遗传因素和环境影响较大。流的实际完成量可用灌浆强度×灌浆时间先求出单粒质量，再乘以单位面积总粒数（穗数×穗粒数）求得，实际等于经济产量（韩守良等，1999）。

二、作物源库流的协调及其应用

源库流是决定作物产量的3个不可分割的重要因素，只有当作物群体和个体的发展达到源足、库大、流畅时，才可能获得高产。实际上，源库流的形成和功能的发挥不是孤立的，而是相互联系、相互促进的，有时可以相互代替。

从源与库的关系看，源是产量库形成和充实的物质基础。作物在正常生长情况下，源与库的大小和强度是协调的，否则即使有较多的同化物而无较大的储存库，或者有较大的储存库而无较多的同化物，均不能高产。因此要争取单位面积上的群体有较大的库容量，就必须从强化源的供给能力入手。有资料显示，水稻幼穗分化期遮光，降低源的供给能力，使每穗颖花数减少40%，空秕粒率增加50%，千粒重下降10%左右（江苏省杂交稻气象问题研究协作组，1982）。库对源的大小和活性也有明显的反馈作用。水稻去穗试验（刘承柳，1985）结果证明，去穗6 d后叶片的光合速率比不去穗的对照株降低52.3%，单茎积累的干物质仅为对照的55.5%。由此可见，水稻叶片的光合速率和干物质积累量均受库器官的制约。在高产栽培中，适当增大库源比对提高源活性，促进干物质积累具有重要意义。

源和库器官的功能是相对的，有时同一器官兼有两个因素的双重作用。例如禾谷类作物开花前的营养生长阶段，叶片是光合作用的主要器官，同时，由于叶片自身生长的需求，又是光合产物的临时储存器官。茎的生长过程中，积累了大量有机物，开花后这些结构成分可能被“征调”出来转移到籽粒中。

从库和源与流的关系看，库和源大小对流的方向、速率、数量都有明显影响，起着“拉力”或“推力”的作用。对水稻进行剪叶、疏茎、整穗等处理（凌启鸿等，1982），可能使植株光合产物分配有明显改变。粒叶比越高，即相对于源的库容量越大，叶片光合产物向穗部输送的越多，留在叶和茎中的越少。另据Wardlaw（1965）试验，摘除小麦穗子2/3籽粒时，标记同化物由旗叶到达茎之后，在茎中向上运输速度至少比完整穗存在时慢1/3，同化物在根中积累量也有所增加。通常，同化物的运输是由各生长部位的相对库容量决定的，要使同化物更多地转运到穗器官，必须增加穗的相对需求量（拉力）。

源库流在作物代谢活动和产量形成中构成统一的整体，三者的平衡发展状况决定作物产量的高低。一般说来，在实际生产中，除非发生茎秆倒伏或遭受病虫危害等特殊情况，流不会成为限制产量的主导因素。但是流是否畅通直接影响同化物的转运速度和转运量，同时也影响光合速率，最终影响经济产量。关于输导系统发育与库关系的研究已有许多报道，例如小麦茎秆大维管束系统的发育与小穗数、穗粒数及穗粒质量相关极显著（李金才等，1996），穗下节间大维管束数与分化小穗数呈极显著正相关（彭永欣等，1992）；水稻穗颈维管束数与穗粒数呈极显著正相关。粳稻穗颈维管束数主要由遗传因素控制，提高肥力和降低密度时，穗颈维管束数变化不大；籼稻穗颈维管束发达时，穗大粒多（徐正进等，1998）。因此培育健壮的茎秆，使输导组织发达，可以促进库的形成。在高产品种选育时，穗颈大、小维管束数应作为选育的重要指标。例如在水稻超高产育种中，从源库流的关系分析高产品种的特点，认为选育穗颈维管束发达，穗大粒多的大穗型品种是北方粳稻超高产的重要途径，穗颈维管束发达可以提高大穗型品种的成熟率。

源和库的发展及其平衡状况往往是支配产量的关键因素。源和库在产量形成中作用的相对大小因品种、生态及栽培条件而异。曹显祖等（1987）的研究发现，中熟籼稻、粳稻品种间源库特征及其与产量的关系明显不同。增源即可增产的品种，单位叶面积颖花数较多或粒重较高，当叶源不足时结实率（kernel setting rate）较低，籽粒异步灌浆，茎鞘输出的干物质量占籽粒干物质增加量的比率较高，可达 22.4%～28.2%，表现出对源不足的较大补偿作用。增库可增产的品种，单位面积颖花数较少或颖壳总容量小，当叶源充足时结实率高，籽粒同步灌浆，茎鞘输出干物质量占籽粒干物质增加量的比率低（4.8%～8.7%），这类品种的库容大小是决定产量的主导因素。源库互作型品种，源库关系较协调。该研究还发现，在不同氮素营养条件下，多数品种发生型变，因而增产的主攻方向及措施也应随之改变。陈国平等（1998）通过玉米的异地种植及剪叶剪穗处理，研究了源库与产量的关系。结果表明，减源（剪半叶）处理下，库容较大的多花型品种“掖单 13”（800～900 朵花/穗）比库容量相对小的品种“鲁玉 10 号”（600 朵花/穗）减产幅度大（表 3-6）。减库（剪半穗）处理下，库容量小的品种减产幅度大。在光照充足地区，减源处理减产幅度明显低于阴雨天多的地区。由此可见，源和库都可能成为限制产量的主要因素，但相比之下，库容量大小对产量的作用更为重要。减 1/2 库使产量降低 32%，而减 1/2 源仅使产量降低 22.5%。

表 3-6　玉米减 1/2 库和减 1/2 源对穗粒质量的影响

（引自陈国平等，1998）

地点	减 1/2 库（果穗）				减 1/2 源（叶片）				光照条件
	“掖单 13”		“鲁玉 10 号”		“掖单 13”		“鲁玉 10 号”		
	剪穗	对照	剪穗	对照	剪叶	对照	剪叶	对照	
新疆石河子	140.3	170.0	107.3	160.0	170.0	200.3	176.0	186.7	充足
北京怀柔	88.9	150.2	70.2	131.2	101.0	150.2	84.8	131.2	
北京大光	113.1	157.8	89.7	141.5	102.0	161.6	106.6	136.5	
山东济南	67.2	96.2	52.7	98.7	85.2	96.2	67.3	98.7	
江苏扬州	81.0	105.4	103.1	129.6	106.0	138.4	103.1	129.6	不足
平均	98.1	135.9	84.6	132.2	112.8	149.3	107.6	136.5	
比对照增加率（%）	−28.0		−36.0		−24.0		−21.0		

分析不同产量水平下源和库的限制作用，对于合理运筹栽培措施，进一步提高产量是十分必要的。一般说来，在产量水平较低时，源不足是限制产量的主导因素。同时，单位面积穗数少，库容小，也是造成低产的原因。增产的途径是增源与扩库同步进行，重点放在增加叶面积和增加单位面积的穗数上。但是当叶面积达到一定水平，继续增穗会使叶面积超出适

宜范围，此时，增源的重点应及时转向提高光合速率或适当延长光合时间两方面，扩库的重点则应由增穗转向增加穗粒数和单粒质量。水稻超高产栽培，产量的主要限制因素是库而不是源，只有在增库的基础上扩源，即在增加单位面积颖花数的基础上，提高抽穗后群体物质生产量，才能进一步提高产量。凌启鸿等（1986，1993）认为，水稻高产更高产的方向是既有高的最适叶面积指数，又有高的粒叶比。欲提高最适叶面积指数，改良株型是主要途径；粒叶比的提高离不开叶片光合特性的改良。由此可见，高产的关键不仅在于源和库的充分发展，还必须根据作物品种特性、生态及栽培条件，采取相应的促控措施，使源库协调，建立适宜的源库比。

第三节　作物产量潜力

作物在其生长发育期间不断地进行同化作用，把从环境中吸收的能量和无机物转化形成储存能量的有机物，实现能量和物质的积累，这种积累即为生产。生产能力是以产品形式表现的物质生产能力。不同作物和品种在不同的环境条件下，所形成的产品、生物产量不同，生产力亦不同。在理想条件下所能形成的产量，即作物产量的潜力得到充分发挥时所能达到的产量，称为潜在生产力（potential productivity）或理论生产力（theoretical productivity）；在具体的生产条件下所能形成的产量，称为现实生产力（actual productivity）。

一、光资源与作物生产潜力

自 20 世纪 60 年代以来，许多研究者从不同的角度探讨作物的生产力。由于光合作用是作物进行物质生产的基本过程，因而对光合生产潜力的研究起步较早，并受到国内外学者的极大重视。所谓光合生产潜力（photosynthetic potential productivity）是指在环境因子、作物因子以及农业技术均处于最佳状态时由作物群体光合效率决定的单位面积生物产量。但是研究结果表明，现实生产力与光合生产潜力距离颇大，而达到所谓“光合生产潜力”困难重重。实际上，在不同的生态区域内，光合生产潜力会受到光照、温度、水分等环境因子的削减，于是便形成了不同地域的作物生产潜力。

光合生产力是作物把太阳能转化为化学能，把无机物转化为有机物的能力，是产量形成的基础。光合生产力的形成涉及与光合作用有关的各生理生化过程以及包括光合源、库、光合产物转运与分配、碳氮代谢等的复杂体系。这个复杂的体系可以概括为：基因×环境→光合表现→作物生产力。这就意味着遗传因子与环境互作下的光合生产力即作物生产力。因此要提高作物的光合生产力就必须从作物群体、个体、器官、组织、细胞器、分子等各个水平上加以研究，包括光能的捕获、电子传递、二氧化碳固定和同化、呼吸、光合产物种类、运输与分配等的相互联系，从中找出限制因素，进行遗传改良与环境调控。

太阳光同时也是粒子，称为光子（photon），每个光子都含有一定的能量，称为量子（quantum）。太阳辐射的能量→辐射到地球表面的能量→叶绿素能够吸收的能量是递减的，这种情况如图 3－3 所示。

图 3－3 中，曲线 A 表示不同波长处的太阳辐射能；曲线 B 是到达地球表面的能量，在波长大约 700 nm 的红外区域可见骤然下降的谷，代表太阳能被以水蒸气为主的大气层分子吸收；曲线 C 是叶绿素的吸收光谱（400～700 nm），在该曲线的蓝色区（约 430 nm）和红

光区（约 660 nm）有强烈的吸收，而在中部的绿光区则未被吸收，反射到人们的眼中呈现绿色。

假设照在叶面的太阳全部光能（波长为 300～2 600 nm）为 100%，绿色植物只能吸收其中 400～700 nm 波长的区段，能量仅占总量的 40%，即 60%的能量丧失掉；反射和透射损失能量占 8%；散热过程丧失能量为 8%；代谢过程能量转换损失为 19%。如此算来，入射光能中只有约 5%被用于转化糖类。这个 5%被称作光能利用率（efficiency for solar energy utilization，E_u）（图 3-4）。

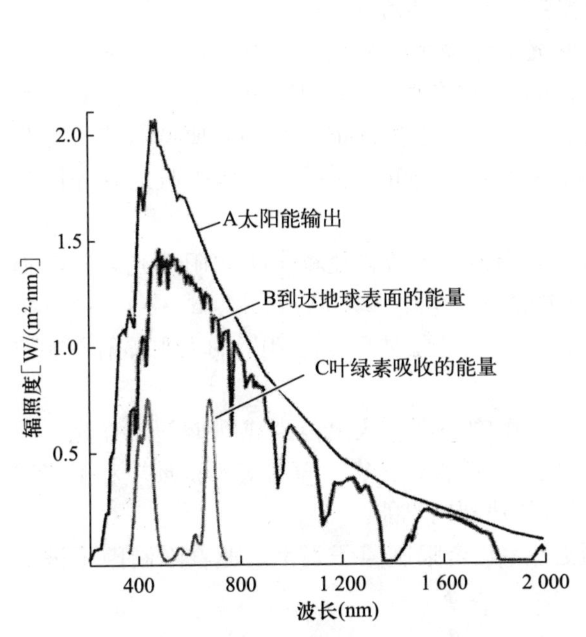

图 3-3　太阳光谱和叶绿素吸收光谱的相关性
（引自 Lincoln Taiz 等，2009）

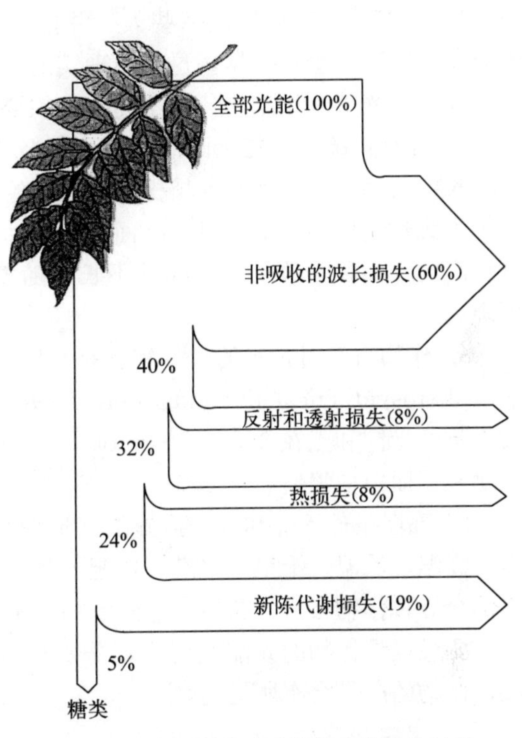

图 3-4　太阳能向叶片糖类化合能的转变
（入射光能中仅 5%被用于转化糖类）
（引自 Lincoln Taiz 等，2009）

不少学者根据光能利用率估算水稻的理论产量。例如汤佩松（1963）按最佳光能利用率 5%计算京津地区的水稻最高理论产量为 18 750 kg/hm²（折合亩产 1 250 kg）。竺可桢（1964）按最佳光能利用率 3%计算的结果是，长江下游和华南地区单季稻的理论产量可达 21 240 kg/hm²（折合亩产 1 416 kg）。应当说，这些结果是在把除光照之外的水稻各种生态条件均设定为最优的情况下，仅根据光能可能达到的理论利用率推算出来的。实际上在水稻生长发育过程中，在其生长发育期间内不可能时时都处于最佳最优生态环境之中。

作物的光能利用率最大值究竟能达到多少？换言之，作物产量究竟能提高到什么水平？华中农业大学李合生教授以年产籼稻 15 t/hm²（即亩产 1 t 的吨粮田）为例，计算了光能利用率。已知太阳辐射能为 5.0×10^{10} kJ/hm²，假设经济系数为 50%（即谷草比为 1∶1），那么每公顷生物产量当为 30 t（3.0×10^7 g，忽略含水量），光能利用率为

$$E_u=3.0\times10^7\ \text{g/hm}^2\times17.2\ \text{kJ/g}\div(5.0\times10^{10}\ \text{kJ/hm}^2)\times100\%\approx1.03\%$$

上述结果表明，籼稻吨粮田的光能利用率只有1%。需要补充说明的是，上述数据忽略了稻谷和稻草的含水量，如果按含水量10%计算，产量应高一些。同时，式中的17.2 kJ/g是糖类的含热量，须知稻谷除糖类之外，还含有7%蛋白质（含热量为23.7 kJ/g）和2%脂肪（含热量为39.6 kJ/g），形成蛋白质和脂肪消耗的能量比形成糖类更多些，如果将后二者计算在内，产品的含热量可能更高一些。即使如此，吨粮田的光能利用率要达到1.2%，也非易事。

值得指出的是，所谓"光合生产潜力为5%"只是假设的"理论指导值"，在一段时间里，这个"5%"曾误导过一些人，并把它当成追求的目标，甚至把它当作"人有多大胆，地有多高产"的理论依据，这是不现实的。

作物的光能利用率为什么不高呢？主要原因在于如下几个方面。

① 叶片稀疏，不能全面捕捉日光，造成漏光。作物生产靠的是群体，而群体的形成需要较长的时间，形成初期，植株小，日光绝大部分照射在地面上而浪费掉。群体叶面积指数的消长大致呈抛物线形，只有叶面积指数达到5～6时，群体才能较全面地吸收日光，可是这样高的叶面积指数持续期间并不长。随着叶片衰老、变黄或脱落，群体吸收的日光同步下降。

② 作物自身对日光的吸收利用是有限的，即光饱和浪费。夏季中午太阳的光合有效辐射（photosynthetic active radiation，*PAR*）可能达到1 800～2 000 μmol/(m^2 · s)，而大多数作物的光饱和点在360～900 μmol/(m^2 · s)，换言之，此时50%～70%的太阳辐射不能被作物利用而白白浪费。

③ 环境条件不适和栽培措施失当造成损失。作物一生，从出苗到成熟期间，强光、阴霾、高温、低温、干旱、水涝、过肥、贫瘠、盐碱、病害、虫害、草害等不良环境和不当措施都会导致作物自身生长发育受到影响，不能有效地利用光能。

要想提高作物的光能利用率，需要从克服上述几个限制因子入手。随着限制因子被克服，作物的产量会有所提高。

二、温度、水分和土壤资源与作物生产潜力

（一）温度与作物生产潜力

在作物生命活动过程中，植株的生理代谢、生化反应及生长发育均受温度制约，特别是光合速率随温度变化而有很大不同。

作物的每个生命活动过程都限制在一定的温度范围内，并有最低温度、最适温度、最高温度界限，在最适温度下，作物生长发育良好。但是作物在系统发育过程中形成了适应不同地区温度等环境条件的生态型，因而能在较宽的温度范围内生长。通常，温带禾谷类作物在3～5 ℃时萌动，10 ℃以上活跃生长；C_4 作物和 C_3 作物水稻开始生长的界限温度为12～15 ℃，生长最适温度，前者为25～35 ℃，后者为20～25 ℃。

环境中同时作用于作物的温度包括气温、土壤温度和水温。温度随纬度、海拔高度、地形、季节和昼夜的变化而变化。对于温带地区一年生作物，温度的季节变化决定其生长期长短。作物要完成某个发育时期或整个生命周期，要求一定的热量积累，一般用积温，即≥0 ℃或≥10 ℃的积温值表示。积温是衡量一个地区热量资源的主要指标，被广泛应用。

作物对温度的反应和热量资源在估算作物生产潜力时都是非常有用的。目前可采用的温

度指标是气温，包括平均温度、最高温度、最低温度、各种积温和无霜期。由于年平均温度不能反映温度的季节和昼夜变化以及具体的物理意义和生理意义（指对作物生理的影响程度），最高温度和最低温度常有偶然性，对作物的影响也不同。积温与作物生长发育关系密切，但物理意义不够清楚，况且，不同气候带内，作物对积温的要求也不尽相同，因此上述指标都不宜用于生产潜力的估算。孙惠南（1985）对光合生产潜力的温度订正时，采用了无霜期（frost free period）这个指标。无霜期是重要的农业气候指标，无霜期越长，对作物生长越有利。无霜期在年度间随气候变化而有所不同，实际应用时应采用各地传统的安全期。无霜期是个积累数字，即一年中从春天最后一次霜（终霜）至秋天第一次霜（初霜）的天数，便于计算。

我国大部分地区位于温带，有霜范围很广，一般年份，除海南岛、云南省和台湾省部分地区外，均有霜冻出现。据统计，东北地区无霜期在 150 d 左右，黑龙江省的北部在 100 d 左右，华北地区约为 200 d，长江流域约为 250 d，华南地区 300 d 以上，有的年份全年无霜。若某地的无霜期为 n d，则以 $n/365$ 表示光合生产潜力的温度有效系数（T）。将各地区的温度有效系数乘上光合生产潜力，便得出各地区的光温生产潜力。经过温度有效系数订正后，所得的光温生产潜力普遍低于光合生产潜力，而且东北、青藏高原等气温较低的地区衰减较多。光温生产潜力的分布显示了明显的纬度地带性，与实际产量水平的差异有所缩小。但是西部干旱、半干旱地区的光温生产力仍然比较高，与实际生产潜力尚有较大的脱节。

（二）水资源与光温水生产潜力

水是作物环境中最活跃的因素，也是作物生命活动的基础。水作为作物植株体内的主要成分，占鲜物质量的 70%～90%。水又是光合作用的原料，是物质运输、根系吸收矿物质以及所有生化过程的必要介质。光合作用对水分反应十分敏感，轻度水分亏缺，便可导致光合速率明显下降，水分严重亏缺时，光合作用停止。从生态角度看，水分可以调节作物群体小气候，影响温度、湿度及土壤养分的有效性。因此水在作物产量形成中的作用是十分重要的。

孙惠南（1985）在对光温生产潜力进行水分有效系数（W）订正时，采用了降水量与蒸发力的比值，蒸发力用彭曼法求得。水分有效系数 $W \leqslant 1$。在降水大于蒸发力时，根据具体情况确定 W 值，主要依据径流产生和数量。如果降水量与蒸发力差值小于当地径流量，W 值取 1，表示降水可以满足蒸发蒸腾需要，而且不过湿，水分因素不限制光温生产潜力的发挥。当降水量大于蒸发力与径流量之和时，W 值应小于 1，表示过于湿润。将水分有效系数乘以光温生产潜力，即可求得光温水生产潜力（P_w）。

$$P_w = P_f T W$$

式中，P_w 为光温水生产潜力，P_f 为光温生产潜力，T 为温度有效系数，W 为水分有效系数。

由于太阳辐射、温度、水分均属于气候因子，所以可以把光温水生产潜力称为气候-生物生产潜力。在考虑了水分条件的限制后，气候-生物生产潜力与实际生产力变化趋势更接近，在我国呈现自南向北递减的现象及自东北向西南的等值线走向，反映了我国地带性因素和季风气候影响的自然特征。

（三）土壤资源与光温水土生产潜力

土壤对作物产量的影响是复杂的，不易直接取一个可以通用的数值，必须经过一系列分析后综合叠加而成一个近似系数。一般设农业土壤比理想土壤减产 10%，保水、保肥力差及 pH 偏高或偏低时，系数取 0.85，成土条件差的取 0.70。在土壤因素中，主要考虑水土流失、成土条件、土层厚度、酸碱度等。将土壤有效系数（S）乘以光温水生产潜力，便可估算光温水土生产潜力（P_s），即

$$P_s = P_f TWS$$

通过上述光、温、水、土资源与作物生产潜力分析，可以得出如下结论：①我国广大地区光照条件较好，光合生产潜力高，作物产量水平较低的西部地区，光资源比东部好；②东部地区温度、水分条件与光照条件配合协调，生产潜力高；③限制光合生产潜力的主要因子，西部地区是水分不足，青藏高原和东北地区是低温；④气候-生物生产潜力与实际生产力变化趋势相一致，可作为确定产量目标的依据。

近年来，一些研究基于我国农作制区划，运用 Wagening 模型、农业生态区划法（agro-ecological-zone，AEZ）模型，在考虑作物生育期内太阳辐射、温度等气候因子基础上，还考虑了作物生育期长短、不同生长发育阶段的水分需求等因子，估算作物生产潜力，可以看出地区作物生产潜力的多年平均状况。例如李奇峰（2005）采用 AEZ 模型估算了东北地区主要粮食作物的生产潜力（表 3－7）。目前该地区的高产纪录，玉米为 13 500 kg/hm²，大豆为 4 500 kg/hm²，为生产潜力的 50%～70%，可见提高农作物单产的空间仍较大。

表 3－7　东北地区主要粮食作物光温生产潜力（kg/hm²）

（引自李奇峰等，2005）

省　份	水　稻	小　麦	玉　米	大　豆	马铃薯
黑龙江	18 525	9 465	25 260	10 815	17 580
吉林	19 710	10 365	26 790	11 535	18 735
辽宁	17 760	9 645	24 195	10 365	16 860
内蒙古	19 065	9 690	26 175	11 070	17 985

冷石林（1998）分析了降水对旱地作物生产潜力的影响（表 3－8），结果表明，北方旱地 7 种作物的降水生产潜力（即光温水生产潜力）为光温生产潜力的 23.5%～70.0%。从水分对各类型区光温生产潜力影响程度看，半干旱偏旱区>半干旱区>半湿润偏旱区，降水生产潜力分别为光温生产潜力的 39.7%、46.6%和 64.1%。说明北方旱农区因水分限制有 50%左右的光温生产潜力不能发挥。这里需要指出的是，运用上述两种模型估算作物生产潜力，涉及参数较多，运算过程较复杂。

表 3－8　北方旱农地区自然降水生产潜力（kg/hm²）

（引自冷石林，1998）

年　份	半干旱偏旱区			半干旱区			半湿润偏旱区		
	春小麦	莜　麦	马铃薯	春小麦	莜麦	糜子	春玉米	春谷	冬小麦
丰水年	1 788	1 328	3 315	3 159	1 950	3 981	13 272	8 799	6 345
正常年	1 463	1 205	2 867	2 340	1 680	4 245	11 150	8 214	6 780
干旱年	1 373	1 056	2 597	1 316	837	3 735	8 940	6 846	4 575
1992—1995	1 541	1 196	2 927	2 271	1 490	3 987	11 121	7 953	5 900

(四) 当前我国已取得的作物高产实例

现将当前我国各种作物已经取得的实际产量结果列于表 3-9。

表 3-9　各种作物的高产典型（不完全统计）

作　物	品　种	产量（kg/hm^2）	时间，地点
水稻	“协优 107”	19 305.0	2006，云南永胜县
	“楚粳 28 号”	15 031.5	2010，云南弥渡县
	“超优 1000”	16 012.5	2015，云南个旧市
春小麦	“新春 6 号”	12 090.0	2009，新疆石河子 148 团
		13 291.5	2014，青海都兰县
冬小麦	“烟农 999”	12 255.0	2014，山东招远市
玉米	“登海 618”	23 665.5	2013，新疆奇台农场
	“陕单 618”	21 876.0	2014，陕西定边
	“良玉 99”	18 639.0	2014，黑龙江肇东
	“京科 968”	20 431.5	2015，新疆 71 团
大豆	“中黄 35”	6 321.0	2012，新疆沙湾县
	“XA12938”	5 044.5*	2015，河南新乡市
	“齐黄 34”	4 707.0*	2014，山东嘉祥县
	“辽豆 32”	4 879.5	2015，辽宁凌海县
花生	“花育 19 号”	9 123.0	2002，山东省农业科学院
棉花	“兵团自育”	5 407.5	2012，新疆一师 16 团

*麦茬夏大豆。

小面积高产典型代表着作物可能达到的产量水平，大面积高产实例则标志着应当追求的产量指标。例如 2016 年夏粮收获季节，以山东农业大学贺明荣教授为组长的专家测产组在山东齐河县 5.3×10^4 hm^2 小麦进行了实地田间测产，160 个测产单元，平均每公顷穗数为 6.87×10^6 穗，每穗粒数为 34 粒，平均千粒重为 43.6 g，经过八五折后平均每公顷产量达到 8 656.5 kg。这一大面积单产纪录采用的是“济麦 22”等主力稳产高产品种，措施到位、技术落实起到了保证作用。

由李少昆教授团队研制的“玉米密植高产全程机械化生产技术”2013 年被农业部遴选为全国玉米主推技术，在新疆、甘肃、宁夏、内蒙古、黑龙江等多个省、自治区创造了玉米小面积高产纪录，其中，2013 年在新疆奇台总场创造了 22 675.5 kg/hm^2（1 511.7 kg/亩）的全国玉米高产纪录，实现了玉米产量潜力的突破。同时，还创建了一批高产高效典型，实现了产量和效益协同提高。例如经农业部组织专家验收，2012 年在新疆兵团 71 团示范区，在万亩面积上实现产量 17 010.0 kg/hm^2（1 134 kg/亩），创造了全国玉米大面积高产纪录，2014 年又进一步创造了 18 414 kg/hm^2（1 227.6 kg/亩）的新纪录。

2006 年 9 月 7 日，南京农业大学在云南永胜县涛源乡实施的“水稻新品种‘协优 107’精确定量栽培”项目，经专家现场验收，高产田块每公顷产量达到 19 305.0 kg（1 287.0 kg/亩），刷新了世界水稻高产纪录。这项成果的取得主要得益于两个方面，一是选用了高产品种，

“协优107”是由南京农业大学利用“协青早A”与恢复系“W107”组配出的高产、优质杂交中籼稻组合，在南京最高单产12 000 kg/hm²（800 kg/亩），云南永胜县涛源乡水稻生育季节光热资源是南京的1.6倍，该品种在涛源地区有单产19 500 kg/hm²（亩产1 300 kg）的潜力。二是运用了我国首创的水稻精确定量栽培技术，良种与良法相结合，才取得这个好成绩。

2014年秋，黑龙江农垦总局新华农场青山管理区23.3 hm²大豆（“垦丰16”），经专家验收，每公顷株数为347 250.0株，单穗粒数为85.0粒，百粒重为16.0 g，实测每公顷产量为4 225.2 kg。

2016年7月20日，在广东省梅州兴宁市，袁隆平院士选育的超级稻新组合早稻实测12 481.5 kg/hm²（亩产832.1 kg），打破了双季早稻单产世界纪录。同年11月19日，同样在梅州兴宁市，袁隆平院士育成的超级稻新组合晚稻实现单产10 585.2 kg/hm²（亩产705.68 kg），年产23 066.7 kg/hm²（亩产1 537.78 kg），打破了双季稻（亩产1 500 kg）的世界纪录。2017年10月15日，在河北省邯郸市永年区广府镇百亩水稻高产攻关示范田里，由袁隆平院士培育的超级杂交水稻，平均产量为17 235.3 kg/hm²（亩产1 149.02 kg），再创百亩单季水稻世界纪录。

三、提高作物产量潜力的途径

光合生产潜力是作物产量潜力形成的基础，由于种种不利环境条件的限制，光合生产潜力的70%左右得不到发挥（Boyer，1982）。作物生长发育与两种环境有关，一种是自然环境，包括气候、地形、土壤、生物、水文等因子，难以在大规模范围内加以控制；另一种是栽培环境，指不同程度人工控制和调节而发生改变的环境，即作物生长的小环境。作物产量潜力是由自身的遗传特性、生物学特性、生理生化过程等内在因素决定的，产量的表现也受外部环境所制约。作物产量潜力的实现在于环境因子与作物的协调统一。因此要提高作物产量潜力，必须充分利用作物的遗传多样性，对有益性状进行遗传改进，提高其光合效率；同时，采用先进的栽培技术措施，改善栽培环境，满足作物的需求，提高作物群体的光能利用率。

（一）提高作物品种的光合效率

产量性状是作物新品种选育的主要目标性状。但是从提高光合效率的角度培育超高产品种，选择目标变得极为复杂。具有高光合效率的作物群体，不仅整株的碳素同化能力强，更重要的是群体水平上的碳素同化能力强。这种光合性状的表现，涉及形态、解剖结构、生理生化、酶系统等各个层次。Zobel（1983）提出关联育种法，即根据各层次性状表达相关性，从生理生化及结构水平上确定与农艺性状有关的性状，利用选择压进行选择。这种选择法要比在农艺性状上对目标性状直接选择更有效。随着现代分子生物学的发展，科学家对水稻等各种主要作物进行了基因测序分析，项目完成后可以全面了解作物生长发育的控制基因，最终实现设计育种，把各种有益于高产优质的基因聚合到一个品种上，实现产量潜力的突破、高产与优质相结合。另外，还可以通过转基因手段把外源基因导入作物体内实现单一性状的改良。

在生理水平上，提高光合效率的遗传改良重点应集中在：改变光合色素的组成与数量，改造叶片的吸光特性，提高光饱和点；改良二氧化碳固定酶，提高酶活性及对二氧化碳的亲和力。已有报道（Aoyagi，1984；松岗，1985），在 C_3 作物小麦、烟草、菠菜、水稻的气孔保卫细胞内，磷酸烯醇式丙酮酸羧化酶（PEPC）的活性并不亚于 C_4 植物，表明 C_3 作物中有支配磷酸烯醇式丙酮酸羧化酶合成的基因，如果能从 C_3 作物中检出磷酸烯醇式丙酮酸羧化酶活性较高的种质进行育种，应能改善二氧化碳同化力，降低 C_3 作物的光抑光合程度。隋娜等（2005）比较了超高产小麦与普通小麦品种的差异性，结果表明，超高产小麦品种（系）在生长发育后期都具有较高的光合速率、较大的光合叶面积和较高的 PSⅡ最大光化学效率（F_v/F_m），并且其光合功能期长，叶绿素含量高，衰老延缓。

在解剖结构和形态学水平上，育种者对叶色、叶形、叶片厚度、叶片伸展角度等相当重视。据 Moss 等（1971）报道，在种内选择高光合作用的植株时，曾有人认为光合作用与叶片厚度有关，例如大豆叶片厚度在 3.3～4.6 mg/cm^2 之间，光合速率为 29～43 mg CO_2/(dm^2・h)，二者存在正相关关系。水稻研究也表明，光合速率与比叶重（单位绿叶面积干物质量）和气孔密度呈显著正相关（陈温福，1990）。在水稻、小麦、大麦、玉米等作物的研究中发现，叶肉细胞的环数和分支数与光合速率有不同程度的相关性，环和分支使细胞占有更大的表面积，从而提高光合速率。

Nichiprovich（1975）指出，简单地选择高产植株，并不能自然形成高光合效率的新品种。从遗传学上看，光合器是多基因控制的，影响其活力的因子很多，而且同一作物在不同环境条件下，对光合活力起决定性作用的性状有可能不同，因此要提高作物生产力，改进光合能力，应当从能提高群体光合生产力的性状加以考虑。株型育种实践证明，根据植株形态特征、空间排列及各性状组合与产量形成的关系，进行遗传改良，创造具有理想株型的新品种，对于提高作物产量潜力有显著效果。例如水稻半矮秆直立叶型、直立穗型品种，玉米紧凑型杂交种等，群体叶片光反射损失明显减少，单位叶面积接收的太阳辐射量有所降低，量子效率提高，同时适宜密植，增加光合面积。目前，玉米单产 15 000 kg/hm^2、单季稻单产 13 200 kg/hm^2 以上的高产纪录，分别来自紧凑株型品种和直立叶型品种便是例证。

（二）提高作物群体的光能截获量

作物群体光能利用率受内外多种因素的影响，但主要取决于光合效率和群体对光能的截获量。虽然二者在概念上有不同之处，但其作用是一致的。

作物群体的光能截获量主要与叶面积指数（*LAI*）和叶面积持续时间（*LAD*）有关，叶面积在垂直空间的分布及叶倾角（叶片伸展方向与水平方向的夹角）对其也有一定影响。Brougham（1956）的研究表明，黑麦草与三叶草复合群体的生长率（*CGR*）随叶面积指数增加而增加，当叶面积指数增大到 5 时，生长率达最高值，这时冠层的光截获（sunlight interception）率为 95%。光截获率达 95%时的叶面积指数被定义为临界叶面积指数，已被许多作物生理学家所采纳，因为在最大太阳辐射值为 2 300 μE/(m^2・s) 下，95%光截率获意味着冠层基部的辐射值为 115 μE/(m^2・s)，即许多作物的光补偿点。增加叶面积指数使光截获率达 95%以上，生长率不再明显增加。沈秀瑛等（1993）的研究表明，玉米冠层的光截获率随叶面积指数增加而增加，在叶面积指数$<$3.0 时，光截获率随叶面积指数增加呈直线上升；当叶面积指数达到 4.0 以后，光截获率增幅较小；叶面积指数为 4.25～4.75 时，光截获率变动于 94.0%～94.6%；叶面积指数$>$5.0 时，光截获率在 96.0%左右（图 3-5）。

作物群体的光能截获量与太阳辐射在冠层内吸收、反射、透射和漏射有关。冠层对光能的吸收取决于叶片对光的吸收特性和叶片排列。通常叶片对光合有效辐射的吸收率为80%～90%。叶片伸展角度不同，光能截获量也不同。如果植株上层叶片近于上冲，下层叶片近于水平方向伸展，则上层叶片单位面积吸收的太阳辐射量降低，使较多叶片处在光补偿点以上，群体光合效率高。水稻直立叶型和弯曲叶型群体的光-光合曲线有明显差异（图 3-6），在相同日辐射强度下，直立叶型群体的光合速率高，而且在弯曲叶型群体达到光饱和以后，直立叶型群体的光合速率继续升高，说明叶片倾角大的群体，光能利用率高。群体的光反射率随叶面积指数增大而增加，漏射率则减小。群体光截获率随叶面积指数增大而增加的幅度不同，例如平展型玉米群体的光截获率达 90%以上时，增加幅度明显变小。100%的光截获率是不可能的，因为太阳高度角在一天内是变化的。

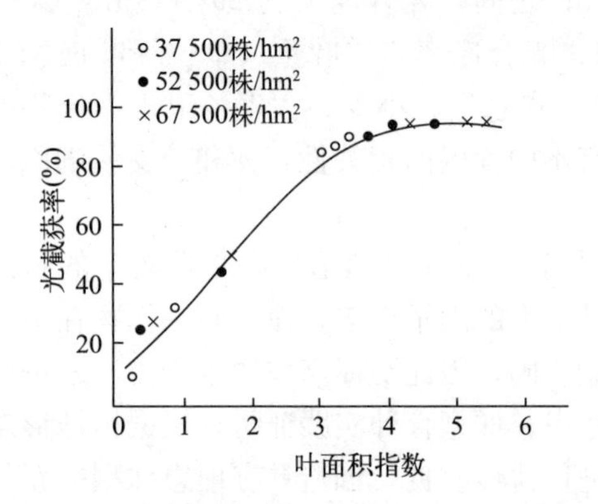

图 3-5 群体光截获率随叶面积指数的变化
（引自沈秀瑛等，1993）

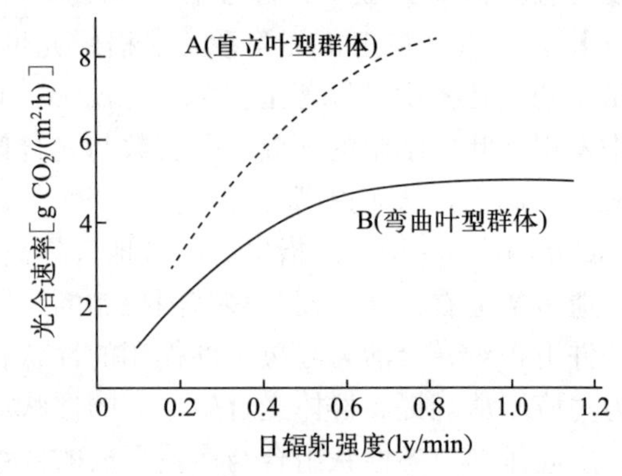

图 3-6 叶片倾角不同的水稻群体的光-光合曲线比较
（1 ly/min＝4.186 8 J/min）
（引自田中，1972）

（三）降低作物的呼吸消耗

作物呼吸作用消耗光合产物的 30%左右或更多，与此同时，呼吸作用又可提供维持生命活动和生长所需要的能量及中间产物，因而正常的呼吸作用是必要的。不良环境条件（例如高温、干旱、病菌侵染、虫食等）都会造成呼吸增强，超过生理需要而过多消耗光合产物。C_3 作物光呼吸的存在，增加了呼吸消耗，特别是在二氧化碳浓度较低、光照较强时，光呼吸旺盛。有人试图通过抑制光呼吸来提高净光合生产率，例如在 3%氧气含量的低氧条件下种植水稻，光呼吸受到抑制，干物质量增加了 54%。硫代硫酸钠、羟基甲烷磺酸、α-羟基-2-吡啶甲磺酸等化学药剂均有抑制光呼吸的作用。但也有人提出，光呼吸可能是 C_3 作物对环境的适应反应，人为地抑制光呼吸未必恰当。总之，通过环境调控，防止逆境引起的呼吸过旺，减少光合产物损耗，是提高光合生产力的途径之一。

（四）改善作物栽培环境和栽培技术

作物栽培环境包括物理环境和生物环境，其中土壤环境的许多因子（例如养分、水分），对作物群体的发展、叶面积指数、光合势、光合效率等影响较大，土壤结构、质地、理化性质、通气条件等也间接影响光合作用的进行。因而培肥地力、增施有机肥、合理使用无机肥料、改进耕作技术、改善土壤状况等都将为提高光合效率提供必要的环境条件。于振文等（2003）的研究表明，产量潜力为 9 000 kg/hm^2 的小麦品种“鲁麦 22”，其开花后旗叶光合速率高值持续期随着施氮量的增加而延长，旗叶磷酸蔗糖合成酶（SPS）活性和籽粒二磷酸腺苷葡萄糖焦磷酸化酶（ADPG-PPase）活性高，同化物向籽粒分配的比例大，籽粒产量高，较高施氮量处理时肥料氮的利用率也较高。

要提高光截获率，减少漏光损失，应采用合理的栽培技术，例如合理密植、施肥与灌溉等，使生长前期叶面积迅速扩大，生长中后期达到最适叶面积指数，并且持续时间长，后期叶面积指数缓慢下降，保持较高的光合速率。采用间作方式在一定程度上有增大叶面积指数的作用；而采用套作，则可增加复种指数，同时也有增加光截获率的作用。

二氧化碳是作物光合作用碳素同化的原料。一般情况下，农业区近地面空气层中二氧化碳浓度均在 300 mL/m^3 以上，可以满足光合作用的需要。但是在光合作用旺盛的时间里，若冠层内风速很小，空气流动性较差，二氧化碳得不到及时补充，可能出现二氧化碳供应不足的现象。在一定范围内，光合速率随二氧化碳浓度增加而升高，C_3 作物对此反应更为敏感。水稻、小麦、大豆、玉米等作物不同生育阶段增施二氧化碳，均有增产效果，C_3 作物增产效果明显大于 C_4 作物。目前，在滴灌水中加入二氧化碳以及增施有机肥、施用碳酸氢铵等，均可增加土壤二氧化碳释放量，使近地面空气层的二氧化碳浓度升高。适宜的种植方式，保持群体冠层通风透光良好，也可促进二氧化碳的移动和补充。

第四节 作物品质及其形成

一、作物品质的概念

作物栽培的目的是获得高额的有经济价值的产品，同时，对产品品质也有较高的要求。作物产品的品质（quality）是指产品的质量，直接关系到产品的经济价值。作物产品品质的平均标准，即所要求的品质内容因产品用途而异。作为食用的产品，其营养品质和食用品质更重要；作为衣着原料的产品，其纤维品质是人们所重视的。评价作物产品品质，一般采用两种指标，一是化学成分以及有害物质（例如化学农药、有毒金属元素）的含量等；二是物理指标，例如产品的形状、大小、滋味、香气、色泽、种皮薄厚、整齐度、纤维长度等。每种作物都有一定的指标体系。

（一）粮食作物品质

粮食作物包括谷类作物、豆类作物和薯芋类作物，其产品为籽粒、块根和块茎。产品品质可概括为营养品质（nutrition quality）、食用品质（eating quality）、加工品质（milling quality）、商品品质（commercial quality）等。

1. 营养品质 营养品质是指产品的营养价值，是产品品质的重要方面，它主要决定于产品的化学成分及其含量。不同产品，其营养品质的要求标准亦不同。禾谷类作物（例如小麦、水稻、玉米、高粱、谷子）及其他许多作物是人类营养中糖类和蛋白质（protein）的主要来源。由表 3－10 可以看出，禾谷类作物籽粒中除含大量的蛋白质和淀粉（starch）外，还含有一定量的脂肪（fat）、纤维素（cellulose）、糖、矿物质等。由于蛋白质是生命的基本物质，因此蛋白质含量及其氨基酸（amino acid）组分是评价禾谷类作物营养品质的重要指标。对各种作物籽粒化学成分分析的结果表明，小麦籽粒中蛋白质含量最高，达 9%～26%，谷子为 8%～19%，玉米为 5%～20%，水稻最低，为 5%～11%。禾谷类作物蛋白质的氨基酸成分是不平衡的，缺乏几种不可替代的必需氨基酸（essential amino acid），例如赖氨酸、色氨酸和苏氨酸。一般根据氨基酸含量，判断蛋白质的生物营养价值。如果把牛奶和鸡蛋的蛋白质的生物价为100的话，那么，禾谷类作物种子蛋白质的生物价，小麦为62～68，黑麦为68～75，燕麦为70～78，玉米为52～58，水稻为83～86。

表3-10 禾谷类作物籽粒中化学成分平均含量（%，干物质）

（引自 В. Л. Крегович，1981）

作物	蛋白质	淀粉	脂肪	纤维素	糖	戊聚糖和其他糖类	灰分
小麦	15	65	2.0	2.8	4.3	8	2.2
玉米	10	70	4.6	2.1	3.0	7	1.3
黑麦	13	70	2.0	2.2	5.0	10	2.0
燕麦	12	50	5.5	14.0	2.0	13	3.8
大麦	12	55	2.0	6.0	4.0	12	3.5
水稻	7	70	2.3	12.0	3.6	2	6.0
黍	12	60	4.6	11.0	3.8	2	4.0

食用豆类作物（例如大豆、蚕豆、豌豆、绿豆、小豆等），其籽粒富含蛋白质，而且蛋白质的氨基酸组分比较合理，因此营养价值高，是人类所需蛋白质的主要来源。大豆作为蛋白质作物，籽粒的蛋白质含量约为40%，其氨基酸组分接近全价蛋白，大豆蛋白的生物价为64～80。所谓全价蛋白，指的是各种必需氨基酸在蛋白质中占有最优的比例。世界卫生组织（WHO）建议的大豆、绿豆的氨基酸组成如表3-11所示。其他豆类籽粒蛋白质含量在20%～30%，蛋白质组分中，赖氨酸含量较高，但氨基酸和色氨酸含量较少，与禾谷类混合食用，可以达到氨基酸互补的效果。

表3-11 世界卫生组织建议大豆、绿豆的氨基酸组成（g/100 g蛋白质）

（引自万瑞，2012）

必需氨基酸	世界卫生组织建议氨基酸构成比	大　豆	绿　豆
异亮氨酸	4.0	5.2	4.5
亮氨酸	7.0	8.1	8.1
赖氨酸	5.5	6.4	7.5
甲硫氨酸+胱氨酸	3.5	2.5	2.3
苯丙氨酸+酪氨酸	6.0	8.6	9.7
苏氨酸	4.0	4.0	3.6
色氨酸	1.0	1.3	1.1
缬氨酸	5.0	4.9	5.5

薯芋类作物的利用价值主要在于其块根或块茎中含有大量的淀粉，例如甘薯块根中淀粉含量在20%左右，马铃薯块茎含淀粉多为10%～20%，高者可达29%。甘薯块根中蛋白质的氨基酸种类多于水稻、小麦，营养价值较高。马铃薯块茎中非蛋白质含氮化合物以游离氨基酸和酰胺占优势，提高了块茎营养价值。此外，块茎中含有大量的维生素C（每100 g含10～25 mg）。我国已将马铃薯作为主粮对待，是有道理的。

2. 食用品质 作为食物，不仅要求营养丰富、生物价高，而且要食用品质好。食用品质与营养品质、蒸煮食味品质、加工品质及外观品质等有关。以稻米为例，决定食用品质的理化指标有粒长（grain length）、长宽比（length/width）、垩白粒率（chalky grain rate）、垩白度（chalkiness degree）、透明度（transparency）、糊化温度（gelatinization temperature）、胶稠度（gel consistency）、直链淀粉含量（amylose content）、蛋白质含量（protein content）等。一般认为，直链淀粉含量低、胶稠度长、糊化温度较低是食味较佳的标志。外观品质中的透明度与食味有极密切的关系。小麦、黑麦、大麦等麦类作物的用品品质主要指烘烤品质，烘烤品质与面粉中面筋含量与品质有关。一般面筋含量越高，其品质越好，烘制的面包品质越好。面筋的品质是根据其延伸性（extensibility）、弹性（elasticity）、可塑性（plasticity）和黏结性（cohesiveness）进行综合评价的。

3. 加工品质和商品品质 加工品质和商品品质的评价指标随作物产品不同而不同。水稻的碾磨品质是指出米率，品质好的稻谷应是糙米率大于79%，精米率大于71%，整精米率大于58%。小麦的磨粉品质是指出粉率，一般籽粒近球形，腹沟浅，胚乳大，容重大，粒质较硬的白皮小麦出粉率高。我国河南地区小麦品种的出粉率在78%左右，而青海高原春小麦的出粉率仅为56%，磨粉品质较差。甘薯切丝晒干时要求晒干率高，提取淀粉时要求出粉率高、无异味等。稻米的外观品质即商品品质，优质稻米要求无垩白、透明度高、粒形整齐；优质玉米要求色泽鲜艳，粒形整齐，籽粒密度大，无破碎，含水量低等。

（二）经济作物的品质

经济作物包括纤维作物、油料作物、糖料作物及嗜好作物。

1. 纤维作物品质 纤维作物中，棉花是重要的经济作物，其主要产品为种子纤维。棉纤维品质由纤维长度、细度和强度决定。我国棉纤维平均长度在28 mm左右，35 mm以上的超级长绒棉也有生产。一般陆地棉的纤维长度为21～33 mm，海岛棉纤维长度为33～45 mm。纤维宽度，陆地棉为18～25 μm，海岛棉为14～24 μm。纤维的外观品质要求洁白、无僵黄花、成熟度好、干爽等。

2. 油料作物品质 麻类作物（例如大麻、苘麻、亚麻、向日葵等）、大豆，其种子含油量较高，也被归属为油料作物。脂肪是油料作物种子的重要储存物质，也是食物中热量最高的物质，每单位油或脂肪产热量相当于2.2单位糖类、4单位谷物。油料作物种子的脂肪含量及组分（表3-12）决定其营养品质、储藏品质和加工品质。一般说来，种子中脂肪含量高；不饱和脂肪酸中人体必需脂肪酸（油酸和亚油酸）含量较高，且二者比值（O/L）适宜；亚麻酸或芥酸（油菜油）含量低，是提高出油率、延长储存期、食用品质好的重要指标。

表3-12 油料作物种子的脂肪及其组分含量（%）

作物	脂肪	油酸	亚油酸	亚麻酸	芥子酸	棕榈酸	脂蜡酸
花生	50	43	40	—	—	10	5
油菜	40	20	14	2	48	—	1
向日葵	56	30	60	—	—	4	4
大豆	20	28	55	4	—	7	4

3. 糖料作物品质 糖料作物中，甜菜和甘蔗是世界上两大糖料作物，其茎秆和块根中含有大量的蔗糖（$C_{12}H_{22}O_{11}$），是提取蔗糖的主要原料。糖用甜菜块根中含糖量12%～25%，蔗糖占总糖的80%～90%。糖蔗蔗茎中含糖12%～19%，一般出糖率在9%左右。出糖率是糖料作物加工品质的评价指标。

4. 嗜好作物品质 嗜好作物主要有烟草、茶叶、薄荷、咖啡、啤酒花等。烟草是重要的高税利经济作物，烟叶品质由外观品质、化学成分、香吃味和实用性决定。烟叶品质通常分为外观品质和内在品质。外观品质即是烟叶的商品等级品质，例如成熟度、叶片结构、颜色、光泽等外表性状；内在品质是指烟叶的化学成分、燃吸时的香气吃味、劲头、刺激性等烟气品质以及作为卷烟原料的可用性。

（三）饲料作物品质

常见的豆科饲料作物有苜蓿和草木樨，禾本科饲料作物有苏丹草、黑麦草、雀麦草等，其饲用品质主要决定于茎叶中蛋白质含量、氨基酸组分、粗纤维含量等。一般豆科饲料作物在开花或现蕾前收割，禾本科饲料作物在抽穗期收割，茎叶鲜嫩，蛋白质含量最高，粗纤维含量最低，营养价值高，适口性好。

二、作物品质形成的生理生化基础

作物产量取决于光合产物的积累和分配，而作物产品品质则取决于所形成的特定物质，例如储藏态蛋白质、脂肪、淀粉、糖、纤维以及特殊的综合产物（例如鞣质、植物碱、萜类等）数量和品质，并随作物品种和环境条件的不同而有很大变化。作物的这些特性是由系统发育过程中生理生化作用所形成的机能决定的。

作物有机体内所形成的物质以糖类、蛋白质、脂肪和灰分在数量上占优势，但不同作物间这些主要成分的比例又各不相同（表 3－13）。禾谷类作物以糖类为主，油料作物以脂肪和蛋白质为主，豆类作物蛋白质含量与油料作物相近，但脂肪含量较少。作物产品的化学成分和品质在干物质积累的过程及产品器官或组织的生长发育和成熟过程中形成的。禾谷类作物籽粒中的营养物质积累并不是匀速的，籽粒灌浆初期，干物质增加较少；到乳熟期，干物质积累最快；蜡熟期，干物质增加速度又变慢。在此期间，可溶性糖类和非蛋白质含氮化合物（主要是氨基酸）由植物的营养器官急剧地运向繁殖器官，并合成籽粒中的淀粉和蛋白质。在正常成熟条件下，灌浆初期主要合成蛋白质，淀粉合成较弱；乳熟至蜡熟始期，糖类向种子运输加强，淀粉合成强度大大超过蛋白质；籽粒发育后期，糖类向籽粒运输减弱或停止，而氮的输入却仍在继续。籽粒灌浆时，大部分糖类来自上层叶片，特别是旗叶；大部分蛋白质的积累是靠营养器官运来的含氮化合物，很少依靠开花后根系吸收的物质。籽粒成熟时，含氮化合物的数量和品质都有变化。籽粒形成初期，种子中含有很多非蛋白氮，主要是游离氨基酸和酰胺，并合成较易移动的易溶蛋白质，例如白蛋白、球蛋白。随着成熟，非蛋白氮、水溶及盐溶蛋白质含量急剧降低，而醇溶谷蛋白和谷蛋白合成加强。麦类作物的面筋是由醇溶谷蛋白和谷蛋白两种蛋白质组分形成的，乳熟期亦有面筋形成，但品质极差；蜡熟至完熟期，面筋含量明显增加。维生素主要在叶片中合成，叶片衰老时运转到籽粒中。

表 3－13 不同作物的有机物含量（％）

（引自王义华等，1980）

作物	蛋白质	脂肪	糖类	备 注
禾谷类	10.6	3.7	70.9	大麦、玉米、水稻、小麦、高粱、粟、燕麦
豆类	26.4	4.2	45.6	菜豆、绿豆、豌豆、蚕豆
油料	25.7	47.1	16.6	花生、芝麻、向日葵、亚麻籽、棉籽、油菜

朱雨生等（1965）研究了大豆籽粒形成过程中各种有机物质的积累动态。研究结果表明，大豆籽粒中油分的快速积累时间早于蛋白质，油分一半以上是在籽粒形成的第 20～30 天积累的，而蛋白质的一半以上是在籽粒形成的第 30～40 天积累的。大豆结荚鼓粒期间，籽粒中非蛋白氮逐渐减少，而蛋白氮的含量逐渐增加，直到叶片衰老后，蛋白氮的含量仍在增加。籽粒形成初期，油分只有 5%，结荚中期迅速增长到最高限（25%），叶片衰老后期，油分含量又有所下降（21%）（Sale，1980）。淀粉含量随籽粒体积增大而增高，叶片衰老期，糖的含量升高，淀粉含量下降。

豆类作物，以豌豆为例，其籽粒灌浆期是淀粉和蛋白质合成最强的时期，而多糖的合成则在籽粒成熟末期最强。籽粒成熟期间，不溶解氮的数量增加，可溶解氮减少，成熟时，赖氨酸和组氨酸含量达最大值。

油料作物种子在成熟时期化学成分的变化，主要在于由糖类合成脂肪，由氨基酸合成蛋白质。种子中脂肪的生物合成和积累过程从受精开始持续到种子完全成熟截止。一般在开花之后，脂肪合成数量减少，多聚糖、水溶性糖类和蛋白质数量较多，待种子组织生长结束后，蛋白质合成略有减弱，糖类转为脂肪的强度增大，种子成熟后期，脂肪合成强度显著下降。未成熟种子的脂肪中含有较多游离脂肪酸，酸值较高，成熟时，脂肪中游离脂肪酸减少，饱和脂肪酸的含量下降。

棉花纤维是由受精胚珠表皮细胞经过分化、伸长、加厚发育而成的。在纤维发育成熟过程中，其形态结构和化学成分随成熟度不同而发展变化。总的趋势是，随成熟度增加，纤维含量直线上升，而果胶、含氮化合物、蜡质脂肪、糖类及灰分则相对减少。在开花后 2 周内，棉纤维几乎不横向生长，只纵向伸长，使纤维细胞伸长成薄壁管状，中腔很大，内充满原生质，这时纤维素含量极少，富含果胶与蜡质，纤维强度很弱，无实用价值。开花后 20～40 d，纤维次生壁加厚和纤维素积淀最快。纤维细胞伸长期积淀的纤维素仅占总量的 30% 左右，约 70%的纤维素是在纤维加厚期积淀的。

糖料作物中的糖用甜菜，在同化器官（叶）充分发育之后，块根开始膨大，进行营养物质的积累。块根膨大初期，幼嫩块根中水分、氮化合物，尤其是蛋白质比成熟块根中多，糖的含量少。随着块根的膨大，蔗糖合成过程明显加强，其绝对含量和相对含量提高。糖在块根整个成熟过程中都在积累，其含量可增长 2 倍多。块根在收获后的储藏过程中，水分含量减少，蔗糖部分分解为单糖，呼吸作用又消耗一些糖，因而使糖的含量减少，总损失量为 1%～3%；同时，蛋白质部分水解成非蛋白氮化合物，使糖用甜菜品质变差。

烟草叶片在成熟过程中化学成分发生剧烈变化，这是叶片衰老的必然结果，也是烟叶吸食品质形成的基础。淀粉和糖是烟叶的重要内容物，并与烟叶的品质密切相关。尽管对烟叶成熟期间淀粉和糖的变化研究结果不尽一致，但总的认为，在淀粉和糖的含量达到最大值时采收，烟叶的成熟度最为合适，品质最好。蛋白质对吸食烟气没什么好处，烟叶中总氮和蛋白质含量随成熟度增加而减少；但是烟叶过熟时，总氮和蛋白质含量过低，氨基酸含量高，同样对品质不利。关于烟碱（尼古丁）含量的变化，报道也很不一致，同一成熟度不同部位的烟叶，其烟碱含量随叶位升高而增加。韩锦峰（1990）认为，烟叶成熟过程中的黄色素（类胡萝卜素）含量下降速度慢于绿色素（叶绿素），这正是烟叶充分成熟，颜色好的重要原因。酚类物质与烟叶颜色和品质有关，上等烟叶含多酚物质多，次等烟叶含多酚化合物少。多酚含量随株龄和烟叶成熟度增加而增加，烟叶达到生理成熟后多酚物质积累开始下降。因此多酚物质积累达最大值时，表明烟叶已成熟，应及时采收。烟叶中石油醚提取物（例如脂肪、脂肪酸、精油、树脂、蜡、磷脂、固醇等），随烟叶的成熟而增加，达到最大值后又有所下降。烟叶的品质愈高，脂肪、挥发油、树脂、低级脂肪酸含量愈高。

饲料作物生长期蛋白质合成较强，随着生长发育进程的推移，粗纤维合成加强，蛋白质含量下降。因而于生长发育中期收割最为适宜，可兼顾品质和产量。

综上所述，不难看出，不同类型的作物，其产品的内在品质与不同生育阶段的物质代谢关系极为密切，要想获得高品质的产品，必须了解品质形成的规律。

第五节　作物品质的改良

作物品质的形成是由遗传因素和非遗传因素两个方面决定的。遗传因素是指决定品种特性的遗传方式和遗传特征，非遗传因素是指除了遗传因素意外的一切因素，例如生态环境条件、栽培措施、矿质养分等。显然，作物品质的改良必须从两个方面入手：①通过育种手段改善品质形成的遗传因素，培育高品质的新品种；②要根据环境因子对品质形成的影响，采取相应的调控措施，为优质产品的形成创造有利条件。

一、优质品种的选用

作物品质性状遗传规律的研究早已引起了人们的重视。例如有关稻米品质的遗传，已在核基因和细胞质水平上对垩白、直链淀粉含量、胶稠度、糊化温度、蛋白质含量等性状的遗传规律进行了大量的研究。在小麦、玉米、大豆等作物上，蛋白质含量和氨基酸组分、油分含量和脂肪酸组分等性状的遗传改良取得了显著进展，已育出一些高成分的品种，并且丰产性与普通品种相近。国内外对大量品种材料分析结果表明，作物种间、品种间其品质性状的差异较大，因而为生产上选用品质优良、产量高的品种提供了可能性。

禾谷类作物品质改良的重点，长期以来是围绕提高蛋白质及其必需氨基酸组分含量进行的。通过遗传改良，已选育出多种多样的、品质各异的品种为生产所用。例如小麦蛋白质含量，种间差异较大，野生一粒麦和栽培一粒麦含量最高，分别为18%～30%和16%～27%，含量最低的是圆锥小麦（9%～16%）和硬粒小麦（12%～16%）。美国农业部对世界各地12 613份普通小麦进行分析后发现，蛋白质含量变化在6.91%～20.0%，其中含量超过17%的有500多个材料。中国农业科学院作物品种资源研究所（1984）对572个生产品种的分析结果表明，蛋白质含量在8.07%～20.42%，春小麦高于冬小麦，地方品种高于育成品种；全国各地230多个推广品种，蛋白质含量高于17%的有17个，60%样本的蛋白质含量为10%～14%。对小麦蛋白质含量的遗传研究结果表明，小麦品种蛋白质含量具有相对稳定性，即蛋白质含量高的品种在相同环境条件下，大都能保持比一般品种高的蛋白质含量。蛋白质中赖氨酸所占的比例，一般随蛋白质含量的提高而下降，但以种子质量为基础计，它与蛋白质含量呈正相关关系，即提高籽粒蛋白质含量可以增加赖氨酸含量（李宗智，1986）。Vogel等（1973）发现，当籽粒中蛋白质含量超过15%时，蛋白质含量与其中赖氨酸所占比例的负相关关系消失。若以籽粒质量分数表示时，野生一粒小麦赖氨酸含量最高，其次是提莫菲维小麦，最低的是瓦维洛夫小麦。中国农业科学院分析的572个小麦生产品种的赖氨酸含量变化在0.28%～0.55%，春小麦高于冬小麦，地方品种高于育成品种。云南的春小麦品种“福利麦”（引自意大利）在籽粒含水量9.79%的情况下，赖氨酸含量为0.79%。小麦的烘烤品质很重要，与蛋白质和面筋含量及品质有关。在普通小麦中，强筋品种的蛋白质含量不应少于14%，1级湿面筋含量不应少于28%；中筋品种的蛋白质含量不少于11%，2级湿面筋含量不少于25%。

稻米的食用品质很注重米饭的色、香、味，包括口感，例如黏弹性、硬度、滋味等。一般认为，稻米中蛋白质含量对食味影响不显著，但蛋白质含量超过9%的品种，其食味品质较差。向远鸿（1990）经研究认为，蛋白质含量对食味有正向作用。稻米蛋白质主要组分为营养品质最好的谷蛋白，约占蛋白质总量的80%，提高籽粒蛋白质含量对提高营养品质十分重要。日本水稻品种“农林8号”的辐射突变系，含蛋白质高达16.3%。稻米中直链淀粉和支链淀粉含量对食味有较大影响，凡直链淀粉含量低的品种，食味都较佳。一般粘米（非糯米）的直链淀粉含量为15%～25%，支链淀粉含量为75%～85%；糯米的直链淀粉含量在2%以下，支链淀粉占98%～100%。陈能等（1997）的研究结果表明，粒形细长、直链淀粉含量较低的籼稻品种和稻米透明度高、直链淀粉含量低的粳稻品种，均有较好的食味品质。

玉米籽粒的生物价较低，主要是醇溶蛋白中缺乏赖氨酸和色氨酸。自美国普渡大学Mertz等（1964）重新发现控制蛋白质组成的基因奥帕克2（opaque-2，*o2*）之后，玉米蛋白质育种和品质遗传改良取得了显著成果。携带*o2*基因的突变体，蛋白质醇溶蛋白的比例下降，赖氨酸和色氨酸含量明显增加，相当于普通玉米的2倍。到1980年，美国、哥伦比亚、巴西等国已有一定数量的*o2*杂交玉米在市场上出售。中国农业科学院作物科学研究所育成的*o2*玉米单交种“中单206”，具有抗病、抗早衰、适应性广的特点，籽粒产量与“中单2号”相近，赖氨酸含量提高1倍左右。近年来育成的高蛋白、高赖氨酸品种，例如“鲁玉13”“新玉7号”“中单9409”“中单9410”等，其产量潜力在13 500 kg/hm^{2}左右。但是一般说来，*o2*玉米的产量仍比普通玉米同型种低，在生产上推广有一定局限性。玉米脂肪酸组成中，亚油酸占50%，油酸占30%以上，易引起油变质的亚麻酸仅占1%，因此玉米油营养价值高、食味好、耐储藏。普通玉米籽粒含油3.6%～6.5%，高油基因型含油7%～10%，高者可达20%。美国目前推广的高油杂交种“R806×B73”含油6.7%，比主栽品种“B73×Mo17”含油量高50%以上，而籽粒产量相近。苏联、南斯拉夫、民主德国曾分别育出含油量7.0%～9.8%的品种，例如“K-18722”“K-18728”“地群436”等。北京农业大学的研究确定了“IHOC80”“UH023”和“依阿华”为高油群体，其中IHO系含油量最高者高达8.4%，已育成的“高油1号”至“高油8号”，平均含油量8%～10%。“高油115”的籽粒产量可达12 000 kg/hm^{2}以上。

大豆蛋白质和油分含量，种间和品种间变化较大。我国栽培品种的蛋白质含量变化在34.70%～50.75%（徐豹等，1984）；籽粒含油量随种皮颜色不同变化在17.83%～19.58%，种皮黄色者籽粒含油量最高，种皮黑色和绿色的次之，褐色大豆含油量最低（吉林市农业科学研究所，1982）。大豆生产上，同时兼顾高产、高蛋白、高油分、氨基酸和脂肪酸组成合理是比较困难的。大豆品种改良目标，往往是根据用途，侧重于提高蛋白质含量或油分含量，或二者合计含量。高蛋白育种目标是使蛋白质含量提高到44%～46%，高油分育种目标定为含油量达到22%～23%，“双高”品种的蛋白质和油分含量合计应达到或超过63%。近年来，我国育成的高蛋白品种，南方大豆“鄂豆4号”蛋白质含量高达

45.98%～50.71%，油分含量为15.87%～17.63%；北方大豆"通农9号"蛋白质平均含量为46.41%，油分含量为18.26%；高油品种"黑农31"含油量达23.14%；兼用品种有"黑农32""吉林24""铁丰22"等，蛋白质和油分含量合计均在63%以上。在改良蛋白质和油分组成上，要求选育含硫氨基酸在3.5 g/16 g N以上，其中蛋氨酸含量在2 g/16 g N，亚麻酸含量在4%以下的品种，油菜油中亚麻酸含量在8%～9%，芥酸含量为17%～28%，油酸和亚油酸含量较其他食用油低。随着油菜品质育种的进展，国内外已选育出食用品质较好的低芥酸或无芥酸油菜品种。花生各品种类型内不同品种的蛋白质含量变化在16%～34%，脂肪含量的变幅为43.6%～63.1%。高粱品种间籽粒蛋白质含量和蛋白质的氨基酸组分也有很大差异，为高粱品质改良和专用品种的培育提供了遗传种质。

二、环境条件对作物品质的影响

作物在生长发育过程中，不断地与环境间进行物质和能量交换，作物体的生理生化过程以及任何一个受基因控制的品质性状的表达均受环境因素的影响。作物体内的化学成分，在最适的环境条件下，某种成分可能达最高值，而在不良环境条件下，可能下降到最低值，甚至失去经济价值。因此了解环境条件对品质形成的影响，对于高产优质栽培是十分必要的。

（一）环境条件对蛋白质的影响

禾谷类作物籽粒蛋白质含量有明显的地区差异性，其主要影响因素是气候条件和栽培条件。苏联作物研究所（ВИР）生物化学实验室（1923—1926）的研究证明，小麦籽粒中蛋白质含量由北向南和由西向东逐渐提高，在同一经度上由北向南每推进10°，籽粒中蛋白质平均提高4.5%；而在同一纬度上由西向东推进40°，蛋白质含量提高5.47%。从世界小麦产区看，北美洲、南澳大利亚、哈萨克斯坦小麦的蛋白质含量较高，并具有高面筋含量和优良的烘烤品质。其他禾谷类作物（例如大麦、玉米、水稻、黑麦等）的蛋白质形成规律也如此。据徐豹等（1984）测定，我国栽培大豆的蛋白质含量总趋势为南高北低，北纬32°以南为高蛋白区，一般含量在43.5%以上，其中北纬30°～31°为全国最高蛋白区，含量达44.6%。

1. 温度对蛋白质的影响 温度对禾谷类作物籽粒蛋白质含量的影响，主要是指土壤温度和气温。苏联加里宁（1981）用分段控温法研究气温对春小麦籽粒品质的影响，结果表明，在20～25 ℃下，蛋白质和湿面筋含量最高，尤其是在抽穗和蜡熟期间高温处理，蛋白质含量最高达22.7%，湿面筋含量达45.8%；而在15～20 ℃下籽粒产量较高，淀粉含量也较高，蛋白质和面筋含量偏低。美国Benzien等（1986）对气候因素与小麦蛋白质含量之间的关系进行了长达17年的研究，结果表明，小麦籽粒灌浆期（特别是其前4周）的平均气温与籽粒蛋白质含量关系密切，气温每升高1 ℃，蛋白质含量（N含量×5.7）提高0.399%。崔续昌（1987）对我国小麦的研究也证明，籽粒蛋白质含量与抽穗至成熟期间的平均气温呈显著正相关。我国小麦抽穗期间的平均气温是南低北高，自南向北平均气温每增加1 ℃，蛋白质含量提高0.44%。玉米、水稻、大豆等作物籽粒蛋白质含量均随气温的升高而增加。

2. 水分对蛋白质的影响 水分对作物籽粒中蛋白质含量的影响不尽相同。小麦、水稻、豆类、油料作物等籽粒蛋白质含量随降水量增加、土壤水分增多而减少。例如小麦开花后土壤水分不足时，籽粒产量降低，而蛋白质含量增加。秦发武（1989）的研究表明，土壤水分每增加 25 mm，小麦籽粒蛋白质含量下降 0.4%～0.6%。水稻、陆稻和水陆杂交种在旱田下栽培，其糙米蛋白质含量均比水田下栽培的高，可分别提高 25%、39%和 34%（平宏和，1971）。据分析，水分不足条件下，蛋白质含量提高可能与籽粒缩小有关。玉米和大豆的情况有所不同，玉米灌水处理，其籽粒蛋白质含量比干旱处理高 0.3%（不施氮）和 0.95%（施氮）（Wolf，1988），大豆籽粒蛋白质含量与生长发育期间的降水量呈正相关（胡明祥等，1990）。

3. 施肥对蛋白质的影响　施肥可以改善作物的营养条件，同时也影响产品的化学成分和品质。在麦类、水稻、玉米、大豆等作物上的许多研究表明，在各种养分中，氮对提高籽粒蛋白质含量的作用最为明显。白俄罗斯农业科学研究所在含有效磷和代换性钾少的生草灰化土上种植大麦，仅施磷钾肥时，产量明显提高，但籽粒蛋白质含量变化不大；而氮磷钾配合施用时，产量和蛋白质含量均明显增加，蛋白质总量提高近 1 倍。增施氮肥，不仅可以提高小麦的产量和籽粒蛋白质含量，而且面筋含量、籽粒透明度、出粉率和面包烘烤品质都有所提高。氮肥的施用量和施用时间不同，对蛋白质形成的影响也不同。一般追施氮肥量较少时，仅产量有一定提高，而蛋白质含量变化不大，当追施氮量较高时，蛋白质含量才明显增加。巴甫洛夫（1980）指出，在水分充足条件下，施氮量不超过 40.5 kg/hm^2 时，小麦籽粒蛋白质含量与对照相等或稍有下降；施氮量在 40.5～100.5 kg/hm^2 时，蛋白质和籽粒产量都随施氮量的增加而增加；施氮量在 100.5 kg/hm^2 时，籽粒产量最高；超过 100.5 kg/hm^2，籽粒产量开始随施氮量的增加而下降，而蛋白质含量仍在增加。据 Cox 等（1985）报道，春小麦在分蘖中期追氮 100.5 kg/hm^2，高蛋白品种的蛋白质含量比低蛋白品种有更明显的增长。小麦自播种至开花期，随着施氮时期的后延，氮肥对增加籽粒产量的作用变小，而对提高籽粒蛋白质含量的作用却越来越大（Cooper，1974；Strong，1982）。后期叶面喷施氮一般可提高蛋白质含量 2%～4%。关于施氮种类，多数研究认为，NH_4^+－N 比 NO_3^-－N 更有利于籽粒产量和蛋白质含量的提高。

施肥虽然可以提高禾谷类作物籽粒中的蛋白质含量，但是蛋白质的生物价却有所降低。特别是生长后期施氮时，籽粒合成大量的醇溶蛋白和碱溶蛋白，而含必需氨基酸却较少。据研究，当蛋白质含量提高 1%时，籽粒中赖氨酸含量，小麦平均减少 0.31%，大麦减少 0.16%，水稻和燕麦几乎没有变化，因为这两种作物的储藏蛋白质（谷蛋白和球蛋白）含必需氨基酸比醇溶蛋白多。磷肥有改善小麦面粉烘烤品质的作用，而对蛋白质含量的影响是间接的。

钾与氮代谢有关，施用适量钾肥有助于氮肥发挥作用。此外，硫能提高蛋白质含量，改善蛋白质的氨基酸组成。在含硫低的土壤上施硫，可使小麦籽粒中赖氨酸、蛋氨酸含量增加（Recalde，1981）。在缺硼和铜的土壤上施硼或铜，可以提高小麦蛋白质含量，改善烘烤品质（Igtidar 等，1984；Flynn 等，1987）。钼、硼、锌、铁等微量元素有提高大豆籽粒蛋白质含量的作用（Parker 等，1962；吴明才，1986；董玉琴等，1987）。

4. 病虫害对蛋白质的影响　病虫危害首先恶化蛋白质的品质，同时使产量和蛋白质含量下降。

（二）环境条件对油分含量的影响

不同的地理纬度和海拔高度，其综合气候因素不同，总的趋势是，高纬度和高海拔地区气温较低，雨水较少，日照较长，昼夜温差大，有利于油分的合成（丁振麟，1965；祖世亨，1983）。大豆地理播种试验表明，南种北引，有利于油分的提高（丁振麟，1965）。胡明祥等（1986）对纬度相近、海拔高度不同的8个地点的大豆籽粒进行测定，结果表明，大豆脂肪酸组成因海拔高度不同而变化，海拔高处软脂酸（棕榈酸）含量低，亚麻酸含量高。大豆播种期不同，植株生长发育和籽粒形成期间的温度、水分和光照条件各异，一般早播比晚播籽粒含油量高（王绶等，1984），春播比夏播或秋播的含油量高（胡明祥，1981；宋启建等，1990）；脂肪酸组成，春播的软脂酸、硬脂酸、亚油酸和亚麻酸含量较低，油酸含量较高。

油料作物种子中脂肪含量随地区、水分、温度条件的不同而有很大变化。例如向日葵、亚麻在北部地区种植，其籽粒脂肪及不饱和脂肪酸含量均比种植在南部地区的高。一般说来，油料作物在低温和水分充足的条件下，种子中积累脂肪多，碘价也高。温度对油菜种子中脂肪酸组成的影响有所不同，在15℃以上高温下发育成熟的种子，芥酸含量较低，油酸含量较高，而在低温下成熟的种子，芥酸含量较高，油酸含量较低。据浙江农业大学（1990）对低芥酸品种的研究，种子形成期间日平均温度同种子的芥酸和亚油酸含量呈负相关，同油酸含量呈正相关。芥酸含量1.5%以下的低芥酸油菜品种，种子形成期间温度临界值为日平均温度19℃。

肥料对油料作物种子脂肪含量和品质有明显影响，在氮素营养适中时，施用磷肥和钾肥可提高种子脂肪酸含量，降低饱和脂肪酸含量。氮肥用量高时，油分中饱和脂肪酸增加，不饱和脂肪酸减少，脂肪酸价提高，即游离脂肪酸含量增加，使油脂的品质变劣。高氮也会使油菜籽粒芥酸含量增加。

病虫危害会使籽粒含油量低，例如大豆感染斑点病时，籽粒含油量降低1.0%～1.5%；感染褐斑病时，籽粒含油量下降3.52%；一般对油的品质影响不大。

（三）环境条件对糖类形成的影响

糖类是禾谷类、糖料、薯芋类等作物产品的重要组成成分。主要的糖类化合物有淀粉、糖、纤维素等。

淀粉是葡聚糖的聚合物，是种子、块根或块茎的主要储藏物质。淀粉分为直链淀粉和支链淀粉。淀粉含量、组成成分及品质均受环境因素的影响。多数研究认为，水稻籽粒成熟期间的温度（无论是气温还是水温）与稻米直链淀粉含量呈负相关。在22～31℃的温度范围内，随着平均温度的升高，低直链淀粉品种的直链淀粉含量下降，但中等和高直链淀粉品种，直链淀粉含量未改变（Paul，1977）。水稻栽培在高温、干燥、少雨地区，稻谷工艺品质差，千粒重、透明度、整米率低，龟裂性大，淀粉含量较低，而蛋白质含量较高。

马铃薯是典型的淀粉积累作物，苏联的研究表明，马铃薯种植在较南地区，块茎中淀粉含量明显增加，由中纬度（北纬50°～60°）向高纬度（北纬60°～67°）每北移1°，淀粉含量平均降低0.5%。其原因是北部地区马铃薯生长期短，块茎未能完成淀粉积累过程，同时，低温和长昼减慢了淀粉的生物合成。在块茎形成期，降雨少或土壤水分降低至30%～40%时，块茎中淀粉含量有所增长，但产量却大大减少。施用钾肥和磷肥有利于块茎淀粉含量的提高；氮能引起淀粉含量的下降，但从提高块茎蛋白质生物学价值和饲用价值看，适当施用氮肥还是有意义的。马铃薯块茎的淀粉含量、淀粉粒大小和直链淀粉所占的比例均随成熟度和块茎大小的增加而增大，块茎越大成熟度越好，淀粉含量越多，品质也越好。在储藏态淀粉合成期间，任何逆境都会影响总淀粉量和块茎产量以及直链淀粉与支链淀粉的比例。

蔗糖糖源主要是甘蔗、甜菜等。甘蔗的生长和糖分积累随温度波动而变化，甘蔗生长前期 30 ℃的气温有利于茎伸长和光合作用的提高，后期较低的温度有利于糖的储存，但日温低于 17 ℃，光合效率迅速降低。从地理纬度看，甘蔗在南纬 18°左右和北纬 18°左右，蔗糖含量最高（Shaw，1953），这个纬度下的季节温度和日长变化利于蔗糖的形成。据陈远贻等（1984）的分析，四川甘蔗的蔗汁含糖量与 9 月份降水量呈显著负相关（$r=-0.832\,1$），并随 9—10 月日较差的增大及 9—11 月日照时数的增加而增加。肥料中，氮磷钾配合施用及增加钾肥含量均可提高蔗茎含糖量（庄学调，1984）。甘蔗生长期中叶部病害会降低植株生长量及蔗糖含量。

糖用甜菜块根含糖量随土壤含水量的降低而增加，但是土壤水分过低时，植株生长不良，产量降低；水分过多时，块根品质变坏。肥料对产量和品质都有良好的作用，特别是磷肥，可使块根含糖量提高到 15.7%，每公顷获得的糖增加 1 倍（Плешков，1987）。氮素过量时，糖用甜菜的工艺指标变差，糖蜜中糖的损失增加，白糖产量降低。在缺乏微量元素硼的土壤上施硼，有增加产量、改善工艺品质、提高糖分含量的作用。

（四）环境条件对纤维品质的影响

棉花纤维是种子纤维，麻类的纤维是韧皮纤维或结构纤维。

棉纤维的品质主要以等级（纤维色泽、杂质含量）、纤维长度和强度来衡量。棉花结铃期的气候条件及收获期对棉纤维的品质有影响，其中温度、有机营养、矿质营养及水分的影响最大。棉纤维的主要成分是葡萄糖缩水聚合而成的纤维素，其形成要求较高的温度。据研究，形成纤维素的最适温度为 25～30 ℃，低于 15 ℃时，棉纤维伸长和次生壁增厚都会停止，纤维素加厚部分因其小纤维束排列紊乱、质地疏松、空隙较多而易吸湿，强度差。开花迟的棉铃，在纤维细胞增厚期，已处在温度下降时段，次生壁的增厚受影响，纤维成熟度差，强力弱，细度高，品质差。

纤维素由光合产物糖转化而成，因此有机营养是形成棉纤维的物质基础。河南省农业科学院经济作物研究所（1998）进行的棉花果枝环割研究结果表明，遮光下棉纤维成熟度差，细度高，强力弱，断裂长度低，纤维品质下降。试验证明（Edworas，1978），氮磷钾三要素有增加棉纤维长度和强度，改善纤维细度，全面提高棉纤维品质的作用。对矿质元素与棉纤维发育关系的研究（河南省农业科学院经济作物研究所，1998）发现，棉纤维的发育成熟，需要各种矿质元素。缺素处理的纤维长度明显短于全营养液培养者，缺钙和缺氮处理的纤维最短。棉田增施有机肥作基肥，能显著提高皮棉产量和改善纤维品质。

棉纤维是由胚珠表皮细胞突起延伸而成的，在纤维细胞发生前，土壤水分充足，气温适宜时，棉籽上发生的纤维数多。纤维伸长期对水分十分敏感，当土壤水分低于田间最大持水量的 55%时，纤维长度一般缩短 2～3 mm。纤维细胞加厚期，若天气干旱而又不能及时供水，纤维细胞壁薄，品质差。

地膜覆盖和育苗移栽可以促进棉花早发早熟，提高纤维品质。生产上，任何延长有效结铃期的技术，例如选用熟期适宜的品种、适时播种和施肥等，使棉花的生理成熟期与收获期同步，既可增加产量，又可提高纤维品质。

各种麻类作物，例如亚麻、苎麻、黄麻、大麻等，要求湿润而温暖的气候条件，或在人工灌溉条件下栽培。譬如苎麻在我国亚热带雨水充沛地区及美国大西洋沿岸降水量为 1 000～1 250 mm 的肥沃地种植，亚麻和黄麻在印度、埃及的灌溉地或雨水充沛区域种植，纤维品质都极高。麻类作物生长期间水分供应充足，可促进形成品质优良的韧皮纤维，防止木质化。据研究，韧皮纤维作物整个生长期中，土壤含水量保持在田间最大持水量的80%～85%最为适宜。

（五）环境条件对特殊物质含量及品质的影响

烟草是喜温作物，特别是烟叶成熟时要求较高的温度，以昼夜平均温度 24～25 ℃，并能持续 30 d 左右为最佳。温度低于 20 ℃时，叶薄，烟碱含量低，味淡不成熟，不宜作卷烟原料；若温度过高，再加之干旱，蛋白质和烟碱含量过高，品质也差。

烟草生长季内，土壤水分含量高使烟叶烟碱含量降低，反之，则有利于烟碱的积累，产量降低，烟碱和柠檬酸含量减少，品质变劣。Vepraskas 等（1987）的研究表明，烟草生长前期降水少些，后期降水多一些对烟碱形成有利。Weybrew 等（1978）和 Ismai 等（1980）也证实了干旱年份烟叶中烟碱含量高，湿润年份烟碱含量低的结果。

营养元素中，不同施氮量对烟叶主要化学成分的影响非常明显（韩锦峰，1989，1990），烟叶中总氮含量、蛋白质含量、烟碱含量、钾含量随施氮量增加而提高，而总糖含量和还原糖含量随施氮量增加而降低。增加氮肥用量，烟叶总氨基酸含量也增加。从烟叶品质着眼，氮用量过多有不利影响。磷虽然不直接参与烟碱合成，但能加速烟碱合成之前的硝酸还原过程。钾对烟碱含量的影响与磷相反，施用钾肥使烟碱含量、总糖含量、还原糖含量降低（曹文藻，1992）。微量元素中，缺硼、钙、氯可以提高烟碱含量。

充足的光照及较长的光周期（16 h）均利于烟叶中烟碱的合成（Tso 等，1970）。Tso 等的研究还发现，生长在 16 h 光周期下的烟草比生长在 8 h 光周期下芸香苷浓度高。

种植密度对烟叶品质的影响也很显著。Weybrew 等（1974）的试验证明，随种植密度和留叶数增加，烟叶中烟碱含量和多酚含量降低，含糖量有所提高，品质降低。种植密度过稀时，烟叶中蛋白质和烟碱含量较高，品质也不良。

一般说来，经济作物的商品品质要求较高，对品质的要求甚至超过对产量的要求。

三、作物产量与品质的关系

作物产量和品质是作物栽培、遗传育种学科研究的核心问题，实现高产优质是作物遗传改良及环境和措施等调控的主要目标。作物产量及品质是在光合产物积累与分配的同一过程中形成的，因此产量与品质间有着不可分割的关系。不同作物，不同品种，其由遗传因素所决定的产量潜力和产品的理化性状有很大差异，再加上遗传因素与环境的互作，使产量与品质间的关系变得相当复杂。

从世界上人们的需求看，作物产品的数量和品质同等重要，而且对品质的要求越来越高。实际上，即使是以提高某些成分为目标，最终仍然是以提高产量或经济产量为目的。对大多数作物观察发现，一般高成分特别是蛋白质、脂肪、赖氨酸等的高含量很难与丰产性相结合。作物产品中的有机化合物都是由光合作用的最初产物葡萄糖进一步转化合成的。据 Sinclair 等研究（1975），不同的有机化合物和具有不同成分的作物籽粒的形成所需要的葡萄糖数量不用，形成淀粉、纤维素，与所利用的葡萄糖质量比为 0.83，即 1 g 葡萄糖可以转化形成 0.83 g 淀粉或纤维素；而形成蛋白质和脂肪，与所利用的葡萄糖质量比则分别为 0.40～0.62 和 0.33。水稻籽粒以淀粉为主要成分，而大豆籽粒是以蛋白质和脂肪为主要成分，这两种作物籽粒形成与所利用的葡萄糖质量比分别为 0.75 和 0.5。显然，在光合作用生产的葡萄糖相等时，籽粒中的化学成分以淀粉为主的作物，其产量必然高于那些以蛋白质和脂肪为主要成分的作物。换言之，若提高籽粒中蛋白质和脂肪含量，产量将会有所下降，除非进一步提高作物的光合效率，增强作物的物质生产能力。

禾谷类作物，例如小麦、水稻、玉米，其籽粒蛋白质含量与产量呈负相关，高赖氨酸玉米比普通同型种产量低。美国内布拉斯加大学研究了 9 个小麦品种产量与蛋白质含量的相关关系，发现有正相关，也有负相关，说明高产与低蛋白质含量不存在必然的内在联系，可以通过育种和栽培等措施，在提高产量的同时，改善品质，达到高产优质的目的（张玉军，1995）。近年来，产量和品质兼优品种的选育已取得很大进展。

如前所述，环境和栽培措施对作物产量和品质均有明显影响，一般认为，不利的环境条件往往会增加蛋白质含量，提高蛋白质含量的多数农艺措施往往导致产量降低（Ahmadi，1993）。但是产量与蛋白质含量间的关系不是直线关系，适宜的生态环境，合理的栽培措施，常常是既有利于提高产量，又有利于改善品质，例如合理施肥与合理灌水相结合。水稻的稻谷产量与稻米蛋白质含量多呈负相关，但也有二者呈正相关和不相关的情况。一般中产或低产情况下，随着环境和栽培条件的改善（例如增施氮肥），籽粒产量与蛋白质含量同时提高，二者呈正相关，至少二者不会呈负相关。当产量达到该品种的最高水平后，随施氮量增加，蛋白质含量继续增加，稻谷产量下降。国际水稻研究所（1973）提出了蛋白质阈值的概念，即指蛋白质含量的界限值，超过该界限值时，稻谷产量会随蛋白质含量的提高而下降（图 3-7）。小麦、玉米籽粒蛋白质含量随产量、施氮水平等的变化也呈现相同的规律。

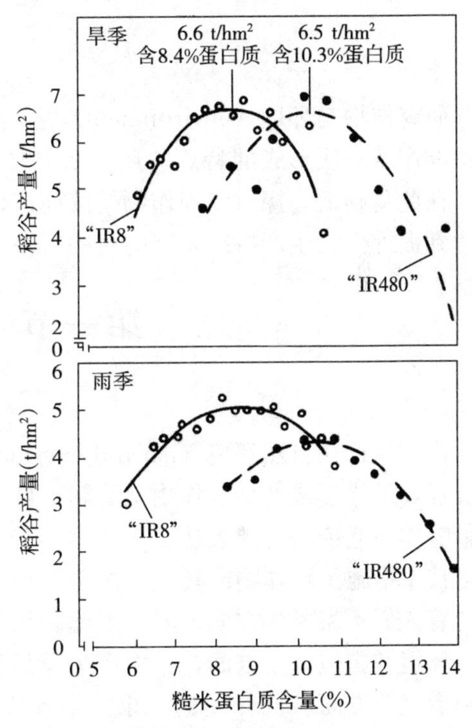

图 3-7　稻谷产量与糙米蛋白质含量的关系
（引自国际水稻研究所，1973）

不难看出，随着生物技术的发展，通过进一步扩大种质资源，改进育种方法，利用突变育种等技术，根据作物、品种的生态适应性，实行适地适种，调节不同生态条件下的栽培技术，创造遗传因素与非遗传因素互作的最适条件，是可以尽量削弱产量与品质间的负相关关系的。

复习思考题

1. 作物产量与产量构成因素间的关系如何？
2. 何为源、库、流？它们在作物产量形成中的作用是什么？
3. 如何提高作物的产量潜力？
4. 如何理解光能利用率为 5%？
5. 提高作物品质的途径有哪些？

第四章

作物与环境的关系

研究作物与环境（environment）之间的关系，不仅要了解作物的生长发育规律、作物产量和产品品质形成的特点，还要研究作物生长环境方面的特点，以及它们之间的相互关系。在此基础上，探讨实现作物持续高产、优质、高效的栽培理论和制定栽培技术措施，才能达到促进作物生产持续发展的目的。

第一节　作物的环境

一、自然环境

作物生长在自然环境（natural environment）之中，通过不断同化环境资源完成生长发育过程，最终形成产品。作物又受制于自然环境，自然环境影响着作物的生长发育过程，最终影响作物遗传潜力的表达。在作物生产过程中，生产管理者通过栽培技术措施干预作物或环境，协调作物与环境之间的关系，使作物向着人们所需要的方向发展。因此栽培作物的实践活动，包括作物、环境和措施 3 个方面，作物产量及品质的形成，正是作物、环境和措施 3 方面共同作用的结果。从现代系统论的观点看，环境、作物和措施三者互相联系，共同构成了作物栽培的农田生态系统（图 4-1）。

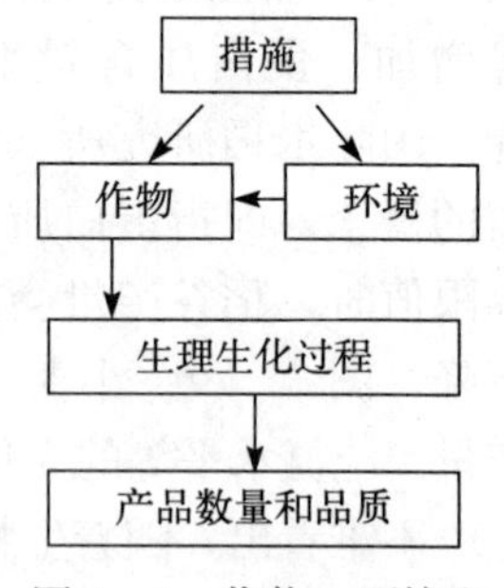

图 4-1　作物、环境和措施的关系

在农田作物栽培的生态系统中，环境是指作物生活空间的外界自然条件的总和，不仅包括对其有影响的种种自然环境条件，还包括生物有机体的影响和作用。

作物所需要的物质条件，依靠地球本身提供，而所需要的能量主要来自太阳辐射。有了物质和能量的供应，作物才能生产出有机物质，将能量持续不断地传递下去。因此太阳和地球是作物生长发育最根本的自然环境。

二、人工环境

广义的人工环境（artificial environment）是指生产者为作物正常生长发育所创造的环境；而人为的环境污染、干扰和破坏植物资源的现象，则是人工环境的负面表现。20 世纪 50—60 年代以来，环境受到人为的严重污染而发生了环境危机，自然环境质量降低。狭义的人工环境，是指在人工控制下的作物环境，例如作物的薄膜覆盖生产，可以提高土壤温度，减少土壤水分蒸发，促进作物生长发育，提前农业季节，获得丰收。我国北方蔬菜保护地栽培中的向阳温室，冬季生产番茄、黄瓜，即是行之有效的人工环境。在农田作物栽培系统中，通过栽培措施（例如施肥、灌溉、中耕除草）改善作物的环境条件，形成有利于作物生长发育的人工环境，在保护土地资源、水资源，防止养分流失，提高水分和养分利用率，防止环境污染的基础上，实现作物的高产、优质和高效，并促进农业可持续发展。

三、环境因素的生态学分析

（一）环境因素的分类

在环境中，包含着许多性质、强度不同的单一因素，对作物产生主要的或次要的、直接的或间接的、有利的或有害的生态作用。在研究作物与环境的关系中，可将因素划分为下列5类。

1. 气候因素 气候因素（climatic factor）包括光能、温度、空气、水分等。

2. 土壤因素 土壤因素（soil factor）包括土壤的有机物质和无机物质的物理性质、化学性质以及土壤生物和微生物等。

3. 地形因素 地形因素（topographic factor）包括地球表面的起伏、山岳、高原、平原、洼地、坡向、坡度等，影响作物的生长和分布。

4. 生物因素 生物因素（biotic factor）包括动物、植物、微生物的影响等。

5. 人为因素 人为因素（anthropic factor）包括主要指栽培措施，有些是直接作用于作物的，例如整枝、打杈、喷洒生长调节剂；而更多的则是用于改善作物的环境条件，例如耕作、施肥、灌水等。人为因素还包括环境污染的危害作用。

在上述5类因素中，人为因素通常是有意识、有目的的，可以对自然环境中的生态关系起促进或抑制、改造或建设的作用。所以人为因素对作物的影响较大。有的自然因素可以通过人为因素加以调控，促其有利于作物生长发育，例如测土配方施肥改善土壤养分状况。有的自然因素作用强大，非人为因素所能代替或改变，例如低温、干热风等。所以作物栽培学必须研究作物生长发育过程对环境因素的要求，以及这些环境因素对作物各器官建成的影响，以此为依据，联系生产实际，制定适宜的综合技术措施，直接用于指导生产实践。

（二）环境因素的生态学分析

在研究作物与环境因素的关系过程中，必须注意以下几个基本方面。

1. 环境因素的综合作用 生态环境是许多环境因素结合而成的，各个因素之间不是孤立的，而是互相联系、互相制约的。环境中任何一个因素的变化，都将引起其他因素不同程度地变化。例如土壤水分含量的变化，同时会影响土壤温度和土壤通气性的变化，还会引起土壤微生物群落的变化。因此环境对作物的生态作用，通常是各环境因素共同对作物起综合作用。

2. 主导因素 组成环境的因素都会影响作物的生长发育。但在一定条件下，其中必有一两个因素是起主导作用的，它的存在与否和数量的变化，会使作物的生长发育状况发生明显的变化，这种起主要作用的因素就是主导因素。例如作物春化阶段的低温、光周期现象中的日照长度、小麦灌浆期的干热风（气温30℃以上，大气相对湿度30%以下，风速3 m/s）造成早衰死亡、南方水稻秧苗3叶期后的低温造成秧苗冷害而引起烂根死苗等。

3. 环境因素的不可代替性和可调性　作物在生长发育过程中所需要的环境条件（诸如光、温度、水分、空气、无机盐类等因素）是同等重要而不可缺少的。缺少任何一种，都能引起作物生长发育受阻，甚至死亡；而且任何一个因素都不能由另一个因素来代替。另一方面，在一定情况下，某个因素数量上的不足，可以由其他因素的增加或加强而得到补偿，并仍然有可能获得相似的生态效应。譬如增加二氧化碳浓度，有补偿由于光照减弱所引起的光合速率降低的效应；增施有机肥、配方施用无机肥，可提高土壤肥力，并提高土壤水分利用效率，补偿土壤水分不足对作物生长发育的影响。

4. 环境因素作用的阶段性　每个环境因素，或彼此有关联的若干因素的组合，对同一作物的各个不同发育阶段所起的生态作用是不同的；作物一生中，所需要的环境因素也随着生长发育的推移而变化。例如低温，在小麦春化阶段中是必需条件，而在小麦的小花分化时期低温则会导致小花不孕，反而是有害的。

5. 环境因素的直接作用和间接作用　在对作物生长发育状况和作物分布进行分析时，应区别环境因子的直接作用和间接作用。譬如干热风、低温等对作物的影响属于直接作用。很多地理因素（例如地形起伏、坡向、坡度、海拔、经纬度等），通过改变光照、温度、降水量、风速、土壤性质等对作物发生影响，这是环境因素的间接作用。如前所述，人们所采取的栽培措施中有一些是直接作用于作物的，而更多的则是起间接作用的。

第二节　作物与光的关系

从作物栽培的角度来说，光照度、日照长度和光谱成分都与作物的生长有密切的关系，并对作物的产量和品质产生影响。

一、光对作物的生态作用及作物的生态适应

（一）光照度的作用

1. 光照度与作物生长　光照度（light intensity）对作物生长及形态建成有重要的作用。因为光是作物进行光合作用的能量来源，光合作用合成的有机物质是作物进行生长的物质基础。细胞的增大和分化，作物体积的增长、质量的增加都与光照度有密切的关系。光还能促进组织和器官的分化，制约器官的生长发育速度；植物体各器官和组织保持发育上的正常比例，也与一定的光照度有关。例如作物种植过密，行间或株间光照不足，由于植株顶端的趋光性，茎秆的节间会过分拉长，导致茎秆细弱而倒伏，这样一来，不但影响分蘖或分枝，而且影响群体内绿色器官的光合作用，造成减产。

2. 光照度与作物发育　光照度也影响作物的发育。作物花芽分化和形成即受光照度的制约。通常作物群体过大时，有机营养的同化量少，花芽的形成减少，已经形成的花芽也由于体内养分供应不足而发育不良或早期死亡。在开花期，光照减弱会引起结实不良或果实停止发育，甚至落花落果。例如棉花在开花、结铃期如遇长期阴雨天气，光照不足，影响糖类的制造与积累，就会造成较多的落花落铃。

3. 光照度与光合作用　光是光合作用中能量的来源。虽在正常条件下，自然光照度超过光合的需要，但在丰产栽培条件下，常常由于群体偏大而影响通风透光。中下部叶片常因光照不足而影响光合作用，并削弱个体的生长发育，这时光成为最主要的限制因子。如果不

能合理解决这个主要矛盾，产量就上不去。但是光太强也不一定有利。因为叶片光合对光照度的要求也有一定的范围，接近或超过高限（光饱和）就会造成浪费，可能还有其他不良影响，例如光抑制。所以生产上必须进行合理调节，才能提高光能利用率而获得高产。

作物对光照度的要求通常用光补偿点（light compensation point）和光饱和点（light saturation point）表示。在夜间，光照度为零，作物只有呼吸消耗，光合速率为负值。随着光照度的增大，二氧化碳（CO_2）的同化逐渐增加，在一定的光照度下，实际光合速率和呼吸速率达到平衡，表观光合速率等于零，此时的光照度即为光补偿点。随着光照度的进一步增大，光合速率也逐渐上升，当达到一定值之后，光合速率便再不受光照度的影响而趋于稳定，此时的光照度称为光饱和点（图 4－2）。光补偿点和光饱和点分别代表光合对光照度要求的低限与高限，也分别代表光合对于弱光和强光的利用能力，可作为作物需光特性的两个重要指标。根据这些指标可以衡量作物的需光量（图 4－3）。

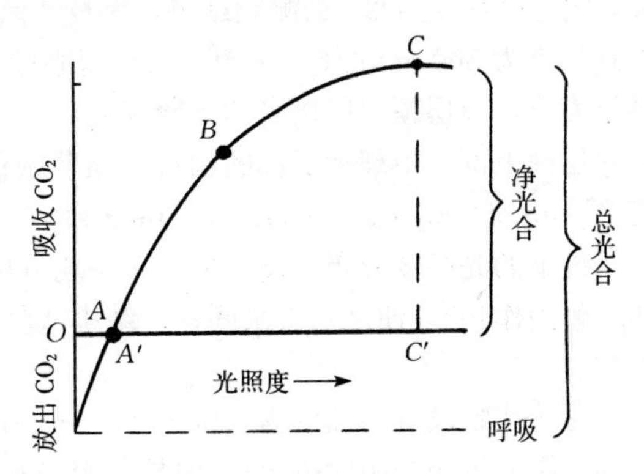

图 4－2　需光量曲线模式

A′. 光补偿点　C′. 光饱和点

（引自郑广华，1980）

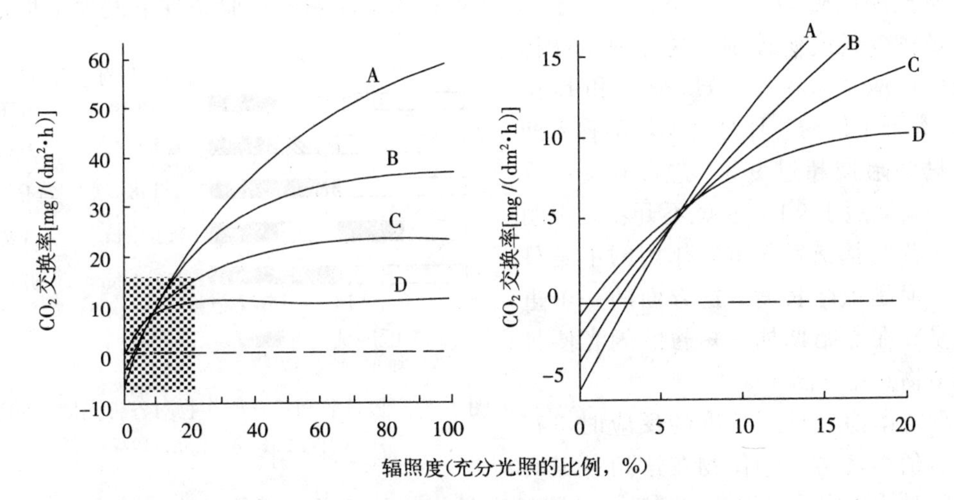

图 4－3　不同植物的理想的光响应曲线

（右图是左图中有阴影部分的放大图）

A. C_4 植物（例如玉米、高粱、甘蔗等）　B. 高效的 C_3 阳生植物（例如大豆、棉花、苜蓿）

C. 低效的 C_3 阳生植物（例如烟草等）　D. C_3 阴生植物（例如室内植物等）

（引自 F. P. Gardner 等，1985）

叶片的光补偿点和光饱和点随植物种类及其他种种因素而有很大差异。一般来说，光补偿点高的植物，其光饱和点往往也高。例如阳生植物的光补偿点和光饱和点均高于阴生植物，C_4 作物（例如玉米、高粱、甘蔗等）的光饱和点高于 C_3 作物（例如大豆、棉花、苜蓿等）（图 4-3）。大多数植物的光饱和点为 500～1 000 μmol/(m^2 · s)。

生产上，应注意调节群体结构，使作物冠层内有较充足的光照。夏季晴天的中午前后，作物冠层顶部所接受光照度远超过大多数作物的光饱和点，可是群体中部特别是下部的光照度却远远达不到光饱和点，密植群体的下部叶片所获得的光照度往往在光补偿点以下。举例来说，满为群等（2002）的测定结果，大豆“黑农 37”单叶的光饱和点为 1 146 μmol/(m^2・s)，光补偿点为 360 μmol/(m^2・s)。而林蔚刚等对同一大豆品种“黑农 37”群体条件下的测定结果表明，冠层顶部所接受的光照度为 2 000 μmol/(m^2・s)，远远超过光饱和点；但是开花期冠层内上部、中部和下部的相对光强分别仅为 12.5%、4.0%和 1.3%，即光照度分别只有 250 μmol/(m^2・s)、80 μmol/(m^2・s) 和 26 μmol/(m^2・s)，均低于光补偿点。可见，群体条件下的光照度分布比较复杂。有些地方根据大豆单叶光饱和点比较低这一事实，把它当作“耐阴作物”，使之与玉米间作，结果茎秆纤细，节间拉长，结荚稀少，足见其本性并不耐阴。

尽管作物没有阳性作物（heliophytic crop）和阴性作物（sciophytic crop）之分（植物中则有阳性植物和阴性植物），但是我们仍然可以根据作物对光照度的反应特点，采用适当的措施，提高产量和品质。例如在种植麻类作物时，要种得比较稠密，使株行间枝叶相互遮蔽，促使植株往高生长，抑制分枝。这样做有利于多收麻皮，提高品质。又如棉花甚为喜光，它周身结棉铃，要求群体上下均有充足的光照，因此植棉切莫过密，否则不但产量低，而且品质也劣。

（二）日照长度的作用

1. 光周期反应 Garner 和 Allard 于 1920 年在非常简陋的试验条件下发现了烟草和大豆开花受昼夜长度所控制。这种现象被称作光周期反应。1938 年，Hamner 和 Bonner 在研究野生植物苍耳时发现，不管光期多长，只要暗期超过 9 h，它就开花；反之，只要暗期短于 9 h，它就不开花。很明显，对于花原基诱发起重要作用的不是日照长度，而是黑暗长度。这方面的一个重要证据是，在黑暗期加一短暂的闪光便足以影响植物开花（图 4-4）。

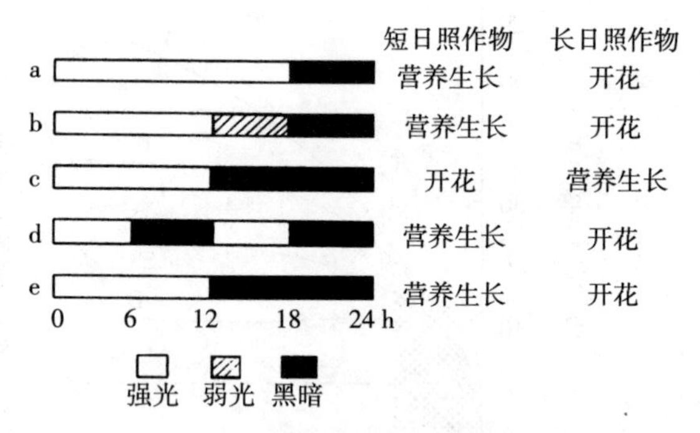

图 4-4 短日照和长日照作物对各种光周期的反应
（引自 P. F. Wareing，1977）

在理解作物对日照长度的反应时，有如下几点值得注意。①作物在达到一定的生理年龄时才能接受光周期的刺激。日照长度是作物从营养生长向生殖生长转化的必要条件，并非作物一生都要求这样的日照长度。例如糜子开花前需要 15 d 的短日照，小麦需要 17 d 的长日照，这个要求一经满足，一般在任何光周期下均能开花。②对长日照作物来说，绝非日照越长越好，对短日照作物亦然。以大豆为例，在 9～18 h 范围内，日照越短越能促进生殖器官的发育；但是每天日照短于 6 h 时，则营养生长和生殖生长都将受到抑制。③在光周期现象中，光照是主导因素，但其他外界条件也有一定的作用，并且会影响植物对光照的反应，其中温度的影响最为显著。温度不仅影响光周期通过的时间，而且可以改变植物对日照的要求。例如小麦的光照阶段在 4 ℃以下时不能通过，豌豆、黑麦等长日照作物在较低的夜温下失去对日照长度的敏感性而呈现出中间性植物的特征。短日照品种的烟草在 18 ℃

夜温下需要短日照才能开花，而当夜温降低到 13 ℃时，在 16～18 h 的长日照下也能开花。

2. 光周期反应在作物栽培上的应用

（1）纬度调节　在作物引种时应特别注意作物开花对光周期的要求。一般来说，短日照作物由南方（短日照、高温）向北方（长日照、低温）引种时，由于北方生长季节内日照时数比南方长，气温比南方低，往往出现营养生长期延长，开花结实推迟的现象。例如当把华南的短日照作物红麻移到华北种植时，由于生长季节的日照比原产地长，茎叶一般生长茂盛，却不能结实。要想使红麻在华北开花、结实和就地留种，必须在出苗后连续进行 40 d 左右的 10 h 短日照处理。短日照作物由北方向南方引种，则往往出现营养生长期缩短、开花结实提前的现象。人们常常利用短日照作物的这种反应，将北方作物品种引到南方，用于夏季播种，争取一茬收成。例如在黑龙江省当地生育期 110 d 的大豆品种，引到辽宁省麦收后夏播，其生育期可缩短为 80 d 左右。

（2）播期调节　在作物栽培实践中，根据作物品种的光周期反应确定播种期是常有的事。例如短日照作物水稻，从春到夏分期播种，结果播期越晚，抽穗越快。晚熟品种“老来青”在武昌种植，不同播种期，从播种至抽穗所需日数不同，3 月 15 日播种的需 164 d，4 月 25 日播种的需 124 d，6 月 25 日播种的需 93 d，7 月 25 日播种的只需 77 d。在水稻双季栽培时，早熟、中熟和晚熟品种都可以作晚（后）季稻（但生育期长短不同）。因为晚季具有它们共同需要的高温和短日照条件。但晚熟品种不能作早（前）季稻，因为早季不具有晚熟品种幼穗分化所必需的短日照条件。即使提早播种也不能提早在早季抽穗、成熟，不合乎双季栽培的要求。冬性强的甘蓝型油菜可以早播，在秋季高温、短日照下不会早抽薹、开花，而有利于保证足够的营养生长期和及早成熟；而春性强的白菜型、芥菜型品种播种就应较迟，否则会过早现蕾、开花，遭受冬季和早春冷害而增加无效花蕾和无效角果数。

适宜在春季播种的玉米、高粱、谷子、大豆等短日照作物，如因种种原因而推迟播种时，应注意晚播后植物生长发育加快植株矮小的特点，适当增大种植密度，亦可获得丰收。除了纬度调节和播期调节以外，随着温室栽培的发展，利用人工延长或缩短光照时间的办法也可以调节作物的光周期反应。

（3）光周期反应与作物品质　研究表明，作物的品质受光周期的影响。韩天富和王金陵（1997）在人工控制条件下研究了开花后光照长度对大豆化学品质的影响及开花后各发育阶段长度与大豆化学品质的相关性。结果证明，光照长度对大豆的蛋白质、脂肪及脂肪酸组分都有明显的影响。开花后延长光照，可使蛋白质含量下降，脂肪含量上升，油酸、软脂酸占脂肪酸的比例下降，亚油酸、亚麻酸和硬脂酸比例上升。同时看出，在较长的光照长度下，大豆开花后各生育阶段延长。这为优质品种生育期结构的设计和优质栽培提供了重要依据。

（三）光谱成分对作物的作用

作物生长在田间，其冠层顶部接受的是完全光谱。光谱中的不同成分对作物生长发育和生理功能的影响是不一样的。在光合作用中，作物并不能利用光谱中所有波长的光能，只是可见光区（390～760 nm）的大部分光能被绿色植物所吸收，用于光合生产，所以通常把这部分辐射称为光合有效辐射。光合有效辐射占太阳总辐射量的 40%～50%。荷兰一个研究植物的委员会（1951）把太阳辐射对植物的效应，按波长划分为 8 个光谱带，各个光谱带对植物的影响大不相同（表 4-1）。

表 4-1　植物对于不同波长辐射的反应

（引自牛文元，1981）

波长范围（μm）	植物的反应
1. >1.0	对植物无效
2. 1.0～0.72	引起植物的伸长效应，有光周期反应
3. 0.72～0.61	为植物中叶绿素所吸收，具有光周期反应
4. 0.61～0.51	植物无什么特别意义的响应
5. 0.51～0.40	为强烈的叶绿素吸收带
6. 0.40～0.31	具有矮化植物与增厚叶片的作用
7. 0.31～0.28	对植物具有损毁作用
8. <0.28	对植物具有致死作用

表 4-1 中，>0.72 μm 的大致相当于远红光，0.71～0.61 μm 的为红光、橙光，0.61～0.51 μm 的为绿光，0.51～0.40 μm 的为蓝光、紫光。

除表中列举的生理作用以外，业已证明，红光有利于糖类的合成，蓝光则对蛋白质合成有利。紫外线照射对果实成熟起良好作用，并能增加果实的含糖量。史宏志和韩锦峰（1999）用烤烟品种“NC89”研究了光质对烟叶生长、碳氮代谢和品质的影响。结果表明，增加红光比例对叶面积的增大有一定的促进作用，净光合速率增加，叶片总碳含量和还原糖含量增高，总氮含量和蛋白质含量下降，碳代谢增强，C/N 明显增加；增加蓝光比例对叶片生长具有一定的抑制效应，但可使叶片加厚，净光合速率降低，叶片总氮含量、蛋白质含量和氨基酸含量提高，氮代谢增强，C/N 降低。余让才和潘瑞炽（1996）研究了蓝光对水稻幼苗光合作用的影响。结果表明，与白光处理相比，蓝光处理水稻幼苗的总叶绿素含量、叶绿体光合磷酸化及光合速率下降。蓝光处理降低水稻幼苗光合速率的原因，除蓝光诱导叶绿素合成的效率较低及叶绿体光合磷酸化速率降低外，可能还与蓝光促进了水稻幼苗的光呼吸有关。

高山、高原上栽培的作物，由于接受青、蓝、紫等短波光和紫外线较多，一般植株矮，茎叶富含花青素，色泽较深。韩发等（1987）在研究青藏高原地区的光质对高原春小麦生长发育、光合速率和干物质含量的影响后指出，丰富的蓝紫光是高原春小麦屡创高产纪录的重要生态因素之一。

作物总是以群体栽培的，阳光照射在群体上，经过上层叶片的选择吸收，透射到中下部的辐射以远红光和绿光偏多，在单作群体中，各层叶片的光合效率和产品品质是有差别的。在高矮作物间作的复合群体中，矮秆作物所接受光线的光谱成分与高秆作物也是不同的。

根据不同的光谱成分对作物生育有不同的影响，通过有色薄膜改变光质以调控作物、蔬菜的生长，一般都能起到增加产量、改善品质的效果。例如用浅蓝色薄膜育秧与用无色薄膜相比，前者秧苗及根系都较粗壮，插后成活快，分蘖早而多，生长茁壮，叶色浓绿，鲜物质量和干物质量都增加，这是因为浅蓝色的薄膜可以大量透过光合作用所需要的 380～760 nm 波长的光，因而有利于作物的光合和代谢过程。

二、作物的光合性能

所谓光合性能（photosynthetic performance）就是指光合系统的生产性能，它是决定作物光能利用率高低及获得产量的关键。光合性能包括光合面积（photosynthetic area）、光合能力（photosynthetic capacity）、光合时间（photosynthetic duration）、光合产物的消耗（photosynthate consumption）和光合产物的分配利用（photosynthate partitioning）这 5 个方面。一般凡是光合面积适当大，光合能力较强，光合时间较长，光合产物消耗较少，分配利用较合理就能获得较高的产量。一切增产措施，归根到底，主要是通过改善光合性能而起作用的。

（一）作物光合性能的要素

1. 光合面积　光合面积即绿色面积，主要是叶面积。在一般情况下，这是光合性能中与产量关系最密切、变化最大而同时又是最易控制的一个方面。许多增产措施，包括合理密植和合理肥水技术之所以能显著增产，主要在于适当地扩大了光合面积。在讨论光合面积时，应该从它的组成、大小、分布与动态几方面进行分析。

（1）光合面积的组成　光合面积主要是叶面积，但有些作物，其他绿色面积所占比例很大，有的光合能力也较强，不应忽视。例如烟草叶面积占 90%以上；棉花的苞叶及铃占 12%以上，茎占 10%左右，比例也不小；小麦抽穗后叶只占 1/3 左右，茎、鞘及穗占 24%，光合能力也较强，越到后期，叶的比例越小。因此必须充分考虑对这些器官的利用。

（2）光合面积的大小　在群体条件下，叶面积的大小以叶面积指数表示。现有资料表明，一般作物的最大叶面积指数在 2.5 以下时，它与产量呈明显的正比，即产量随叶面积指数的增加成比例提高；当最大叶面积指数增大到 4～5 或以上时，则产量与叶面积指数呈二次曲线关系。不同作物的最大叶面积指数与作物种类及生态环境有关。例如高产条件下，最大叶面积指数，棉花的在 3～5，大豆为 5～6，小麦为 6～7，水稻为 7～8。叶面积大小可以通过肥、水、光加以调节。一般氮肥和水分较多而光照较弱时，叶片通常较薄而大。

（3）光合面积的分布　为了缓和叶面积过大与株间光照之间的矛盾，需要考虑叶的空间分布与角度，这就是有关株型的问题。一般上层叶片应比较挺立，以便减轻对下部的遮光；而下部叶片宜近于水平，以便充分吸收从上面透进来的弱光，紧凑型玉米就具有这样的株型。株型紧凑，在适当增加密度的情况下，群体内仍通风透光良好，有利于增加生物产量和经济产量。

（4）光合面积的动态　为了使作物一生中经常有足够的光合面积，以充分吸收利用光能，前期群体叶面积应较快扩大，后期则需防止过早衰老枯黄。一二年生的作物，苗期生长较慢且时间较长，前期叶面积过小，造成光能利用上的很大损失。要改变这种局面，可用间作、套种的方法，用种肥、苗肥等办法促进前期生长。但在丰产田中，苗期叶面积发展过快过大，中后期易于郁闭，这是值得注意的。

2. 光合能力　光合能力的强弱一般以光合速率和光合生产率为指标。光合速率通常用单位叶面积在单位时间内同化二氧化碳的数量来表示，即 mg CO_2/(dm^2 · h)，或μmol CO_2/(m^2 · s)、μmol CO_2/(dm^2 · h)。光合生产率亦称净同化率，通常用每平方米叶面积在较长时间内（1 昼夜或 1 周）增加干物质的量表示，例如 g/(m^2 · d)。干物质生产主要依靠光合作用这个事实往往会导致一种似是而非的逻辑推理，似乎净同化率提高了，产量必然也提高。其实这种理解是不全面的。实质上，净同化率是一定时间内植株总干物质的积累量被该时段内叶面积的平均值所除得的商。这个商在低密度下和叶面积指数小时是比较高的，当密度增加和叶面积指数增大时，干物质生产相应提高，这是理所当然的，但此时若进行测定，这个商却往往是低的。因此只有在种植密度或叶面积指数相同的情况下，测定净同化率，其高低才有可比性。关于这一点，初学者常常是不易理解，却又必须理解。

3. 光合时间 当其他条件相同时，适当延长光合时间，会增加光合产物，对增产有利。光合时间主要决定于一天中光照时间的长短、昼夜比例和生育期的长短。温室进行补充光照，人工延长光照时间，能使作物增产。条件许可时，适当选用生长期较长的晚熟品种，一般都能增产。早播、早栽、套种以及夏玉米和棉花育苗移栽等，也是延长光合时间达到增产目的的有效途径。从作物本身考虑，光合时间与叶片寿命及一天中有效光合时数有关。生育后期叶片早衰，光合时间减少，对产量影响很大。早衰对经济产量的影响比对生物产量的影响更大，因为储藏养料的积累，主要在生长后期，马铃薯块茎中的储藏养料几乎全是在最后二十多天中积累起来的。水稻、小麦籽粒中的干物质积累，主要也是在抽穗之后。所以生产上应当特别重视维持后期的光合能力，防止早衰。

4. 光合产物的消耗 呼吸消耗是光合性能中唯一与产量呈负相关的因素，应尽量减少。由于呼吸消耗有机物（主要是糖类），而且无时不在进行，所以消耗量相当大。据计算，一昼夜作物全株的呼吸消耗占光合生产的20%～30%。在光合作用不能顺利进行时，呼吸消耗相对增大。呼吸虽然消耗有机物，但在氧化分解过程中，却能把有机物中储存的能量转入腺苷三磷酸（ATP）中，再用到物质合成、转化、植株生长、运动等各种耗能的生命活动中去。此外，在呼吸分解过程中，所产生的具有高度生理活性的中间产物（主要是许多有机酸）又是合成许多重要有机物（包括蛋白质、核酸）的原料。由此看来，呼吸消耗不仅是不可避免的，而且也是必要的。但呼吸过强，消耗过多，则对生产不利。减少呼吸消耗的主要手段是调节温度勿使其过高，避免干旱，建立合理的群体结构，改善田间小气候等。

5. 光合产物的分配利用 光合产物在营养器官和籽粒之间的分配一般用谷草比或收获指数来表示。收获指数的大小是由灌浆期间同化产物向穗部运转的数量决定的，但运转量取决于作物的生产力、光合速率、呼吸速率以及输导组织运输效率。收获时如果叶鞘和茎秆中储存大量的淀粉等糖类，就意味着光合产物的运转能力或籽粒储存能力是有限的。以水稻为例，在雨季、高氮、高密度或高温条件下，生育期长而穗衰老速度较快的品种，光合产物运转效率较差。叶片氮含量超过2.5%，温度低于17 ℃，就会削弱光合产物运转。高温引起呼吸作用加强，会消耗更多同化物，降低叶面积指数，缩短灌浆期，进而影响运转率的提高。灌浆期间若遇多云天气，光合作用受到影响，因此花前积累在营养器官的糖类就会有效运转，以利于水稻灌浆。光合作用强的品种运转效率不一定强，例如传统的高秆品种光合作用较强，但光合产物运转率却较低。

总的看来，光合性能的各个方面，均有其特殊的作用，也都有增产潜力可挖，所以都应予以重视。但是各个方面既相对独立，又密切相关。光合面积必须与光合能力、光合时间结合起来考虑，才能正确判断是否有利于增产。单纯地追求增大光合面积，可能带来事与愿违的后果。在当前的生产实践中，一般大田生产应以适当扩大光合面积为主，防止后期早衰，适当延长光合时间；而丰产栽培田则应注重提高光合能力和改善光合产物的分配。

（二）作物光合能力的环境影响因素

1. 光对光合能力的影响 光照度对光合能力的影响很大，虽然在正常条件下，自然光照度超过光合作用的需要，但在丰产栽培条件下，常常由于群体偏大而影响通风透光。中下部叶片常因光照不足而影响光合作用。在生产上必须对光照度进行合理调节，以便提高光能利用率而获得高产。作物群体的光补偿点和光饱和点都比单叶高，这是因为各个体的相互遮光，且呼吸消耗比例增大的缘故。在密度较高时，中下部叶片常常较早枯黄，主要与光照接近补偿点而无法维持营养有关。为了提高光能利用率和适应密植高产的需要，希望能提高作物植株上部或外围叶片的光饱和点及光饱和时的光合速率，而降低下部或内部叶片的光补偿点，为此，除选用适当的品种外，适宜的温度、光照、充足的二氧化碳和肥水，能在一定程度上提高光饱和点及光饱和的光照度，降低光补偿点。

生产上还应根据作物的需光特性采用合理的种植方式和适当的行向，改善受光条件，提高光能利用率。高矮作物间作，或加大行距、缩小株距等，都能有效地改善光照条件。

2. 二氧化碳对光合能力的影响　光合所需的二氧化碳主要由叶从空气中吸收。空气中二氧化碳浓度按体积计算，一般为0.03%左右，不能满足作物进行强盛光合所需。当二氧化碳浓度降到一定限度时，叶片进行光合所吸收的二氧化碳和呼吸作用释放的二氧化碳相等，这个浓度称为二氧化碳补偿点。二氧化碳浓度大于这个限度，光合直线上升，这时直线的斜率反映了RUBP羧化酶量的多少与酶活性的大小，被称为羧化效率。当二氧化碳浓度达到一定范围后光合增强渐缓，最后达到另一个限度，光合不随二氧化碳的增加而增强，甚至减弱，这个限度的二氧化碳浓度称为二氧化碳饱和点。当达到二氧化碳饱和点时，光合速率达到最大，这时的光合速率反映了光合电子传递和光合磷酸化的活性，被称为光合能力（图4-5）。研究指出，小麦、亚麻、甘蔗等作物的二氧化碳饱和点为0.05%～0.15%；甜菜、紫花苜蓿、马铃薯等作物的二氧化碳浓度在正常浓度的4～5倍范围内，光合作用强度大体上能成比例地增强。对大多数作物来说，二氧化碳浓度增高至0.3%时已超过饱和点，浓度更高时则易发生毒害。

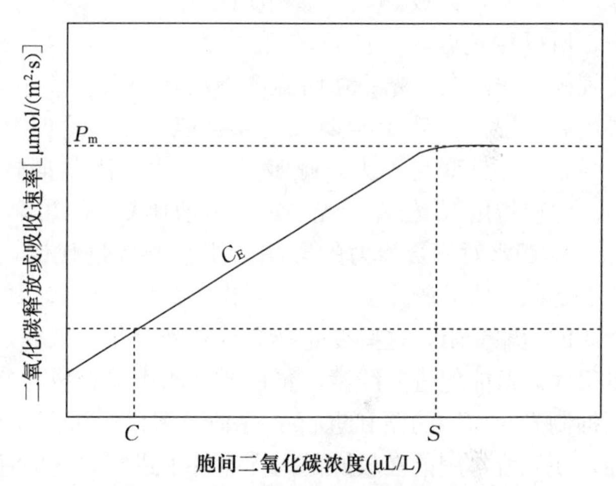

图4-5　叶片光合速率对胞间二氧化碳浓度的响应

C. 二氧化碳补偿点　*S*. 二氧化碳饱和点

C_E. 斜率表示羧化效率　P_m. 最大光合速率

（引自王忠等，1999）

每公顷生长茂盛的作物，如果顺利进行光合作用，每天要从空气中吸收约600 kg二氧化碳，即相当于其上100 m以内空间的全部二氧化碳量。在迅速进行光合作用时，作物株间二氧化碳浓度可降至0.02%，个别叶片附近可低至0.01%。在光照和肥水充足、温度适宜而光合作用旺盛期间，二氧化碳的亏缺常是光合作用的主要限制因子。如能人工补充二氧化碳，就可大大促进光合作用，提高产量。此法目前主要用于温室。大田作物增施二氧化碳有一定困难，但是增施有机肥料和适当灌溉，结合补充适量氮磷钾肥料，对促进土壤呼吸，补充二氧化碳有很大意义。

3. 温度对光合能力的影响　大多数温带作物能进行光合作用的最低温度为0～2 ℃，在10～35 ℃范围内可以正常进行光合作用，而最适温在25 ℃左右，温度过高时光合作用会开始下降。这是因为在高温下呼吸大为增强，酶加速钝化，叶绿体受到破坏，净光合迅速降低。石培礼等（2004）的研究表明，西藏高原小麦的单叶表观光合量子产额在15～35 ℃的范围内，随温度升高而显著降低。中国科学院上海植物生理研究所的研究证明，小麦在上海和青海两地区，光合作用最适温度均在20～28 ℃，超过这个范围，光合作用明显下降。他们的资料还表明，小麦在抽穗到成熟阶段光合能力的变化与温度有很大关系。上海地区的小麦，光合速率由于受高温影响，在开花后即迅速降低，到成熟期光合作用已很小，所以粒重较轻，产量较低。青海省气候特殊，白天光照强而温度不高，昼夜温差较大，叶功能期长，光合能力强，光合日变化不大，呼吸消耗较少，灌浆期较长，所以籽粒较重，产量也高（图 4-6）。但应指出 C_4 植株的光合适温一般比 C_3 植物高，在 30～40 ℃。

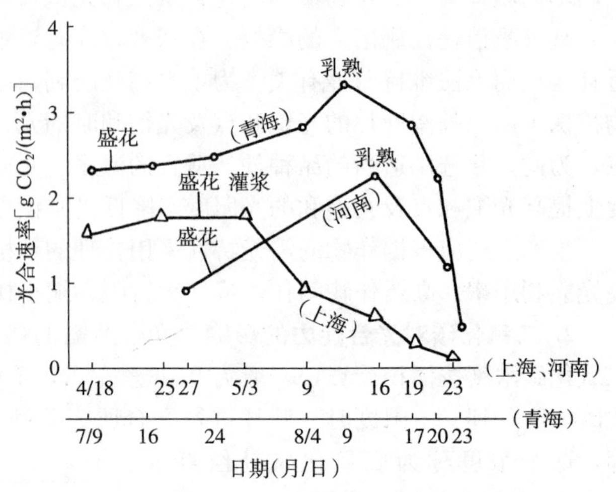

图 4-6　温度对小麦生育后期光合的影响

（引自郑广华，1984）

4. 肥水对光合能力的影响　肥水能促进代谢，提高光合能力，因为叶肉细胞脱水时，会引起原生质的胶体变性，二氧化碳扩散过程和酶的活动都受抑制，呼吸和水解过程加强，物质的运输受阻，这些变化都会导致光合作用减弱。肥料中各种矿质元素对光合能力的影响也很大，氮能促进叶绿素、蛋白质及脂类的合成，并使光合产物及时被利用，以免堆积过多而抑制光合作用的顺利进行；磷是许多代谢过程不可缺少的；钾主要影响原生质的胶体特性，使光合作用能在较好的内在条件下进行，同时还能促进光合产物的运输、转化及酶的活动；镁是叶绿素的成分和酶的活化剂。以上元素缺乏都会影响光合作用。肥水充足可延长光合时间，防止光合“午休”，有利于光合产物的积累，还能促进光合产物向产品器官输送。

第三节　作物与温度的关系

作物的生长发育要求一定的热量，而用于表示热量的是温度。温度的规律性或节奏性变化和极端温度的出现，都对作物有极大的影响。

一、温度对作物的生态作用

（一）温度的节奏性变化与作物生产

我国大部分地区有明显的一年四季之分。“凡农之道，候之为宝”（《吕氏春秋·审时篇》）。我国农业生产上常用的二十四节七十二候都是说气候条件的节奏性变化。根据季节安排农事，不违农时，是作物生产的根本原则之一。

作物生长发育与温度变化的同步现象称为温周期（thermoperiod）。现以温度日夜周期性变化加以说明。日夜变温对作物生长有很大的影响。1994 年，荷兰人 F. W. Went 的研究证明，白天 26.5 ℃、夜间 17 ℃，对番茄生长最为有利。这是因为白天温度较高，有利于光合作用，夜间温度较低，可减少呼吸消耗。日本的资料证实，水稻以白天 24～26 ℃、夜间 14～16 ℃为灌浆最适温度。H. T. Нилевская（1982）的试验结果表明，白天 20 ℃、夜间 17 ℃是小麦穗中小穗形成的最理想条件。苏梯之（1981）对青海香日德农场产量为 11 250 kg/hm^2 的春小麦高产的生理特性分析表明，除了光饱和点高，光合作用不存在“午休”现象，每日的光合作用时间较长（约 12 h）以外，灌浆期昼夜温差大（13～14 ℃），日间气温适中（最高平均气温 22～23 ℃），呼吸速率日间不高，夜间甚低（昼夜相差约 2 倍），灌浆期长达 55～60 d（黄淮冬麦区仅为 30～35 d），这些特点显然有利于干物质积累。B. A. Мцленко（1962）对小麦的研究表明，小麦籽粒中蛋白质含量与昼夜温差呈显著正相关（r=0.85），即昼夜温差越大，籽粒蛋白质含量越高。

（二）作物的播性与春化处理

众所周知，小麦、豌豆、油菜等作物有春播类型和秋播类型之分。《氾胜之书》中就有冬小麦和春小麦的记载：“夏至后七十日种宿麦（冬小麦）”，“冬解冻，耕和土，种旋麦（春小麦）”。春小麦于秋季播种时，不能越冬；强冬性的冬小麦于春季播种时，虽能长茎叶却不能抽穗结实。可是，当冬小麦种子在播前接受一段时期的低温处理后，就能在春播后正常抽穗、开花和结实。这是因为某些作物在某个生长发育阶段中，需要经低温的刺激，才能从营养生长转到生殖生长。这种需要低温刺激才能开花的过程，称为春化（yarovization 或 vernalization）；需要低温的这个发育阶段，称为春化发育阶段。我国华北一带农民在必要的时候，采用罐埋法进行冬小麦春化处理。在冬至到小寒之间，把麦种放在井中浸泡一夜后催芽，当有 30%左右的种子萌动时，即放入罐内，然后埋入 33～100 cm 深的土中，在低温（0～3 ℃）条件下，放置 40～50 d。这些经过春化处理的种子在春天播种，出苗整齐，生长健壮，正常抽穗结实。除了对种子进行春化之外，麦类发芽生长到一定程度后，植株通过低温也能引起春化。这种春化称为植株春化。

原华北农业科学研究所、华东农业科学研究所和中国农业科学院曾分别对我国小麦品种的春化反应特点进行过研究，把我国的小麦品种分为冬性、半冬性和春性 3 种类型，它们春化所要求的温度和时间如下：冬性的 0～3 ℃，30～50 d；半冬性的 0～7 ℃，15～35 d；春性的 0～12 ℃，5～15 d。

在大田作物中，一年生冬性禾谷类作物（例如小麦、黑麦）、油菜、多数二年生作物（例如甜菜）和某些多年生牧草等，在一年中要求有一定时间的低温。喜温作物（例如水稻、玉米、高粱、大豆、棉花等）则没有这种要求。

（三）作物的基本温度

作物维持生命的温度范围比较宽，生长的温度范围窄一些，而发育的温度范围则更狭窄（图 4－7）。

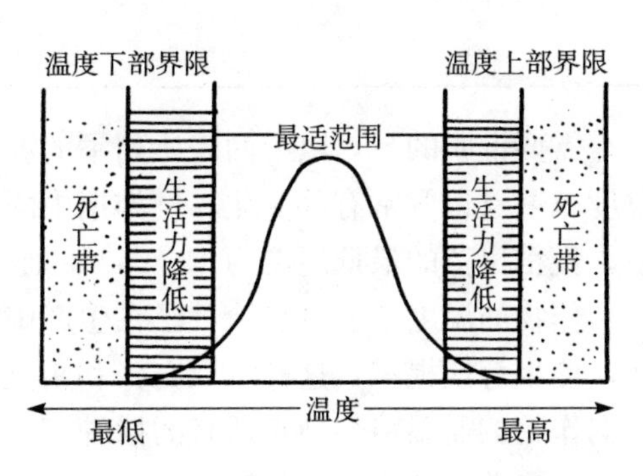

图 4－7　作物对温度的适应范围
（引自 Ф. Дрё，1976）

作物在生长过程中，对温度的要求有最低点、最适点和最高点之分，称为温度三基点（cardinal temperatures），据 Sachs（1887）的试验，玉米种子萌发和幼苗生长的温度三基点分别是 9 ℃、34 ℃和 46 ℃。表 4－2 是一些重要作物的温度三基点。在最适点温度范围内，作物生长发育得最好，当温度处于最低点或达到最高点时，作物尚能忍受，但生命力降低；如果温度在最低点以下或最高点以上，则作物开始受到伤害，甚至死亡。

表 4-2 一些重要作物生理活动的温度三基点

（引自 Haberlandt，1890）

作物名称	基本温度（℃）		
	最低温度	最适温度	最高温度
小麦	3.0～4.5	25	30～32
黑麦	1～2	25	30
大麦	3.0～4.5	20	28～30
燕麦	4～5	25	30
玉米	8～10	32～35	40～44
水稻	10～12	30～32	36～38
牧草	3～4	26	30
烟草	13～14	28	35
甜菜	4～5	15～23	28～30
紫花苜蓿	1	30	37
豌豆	1～2	30	35
扁豆	4～5	30	36

作物不同生育时期所要求的温度三基点也不相同。总的来说，种子萌发的温度三基点常低于营养器官生长的温度三基点，后者又低于生殖器官发育的温度三基点。作物在开花期对温度最为敏感。现将几种作物开花期对温度的要求列于表 4-3。

表 4-3 几种作物开花期的温度三基点

作物	基本温度（℃）		
	最低温度	最适温度	最高温度
油菜	5	14～18	30
小麦	10	20	32
大豆	13	25～28	29
水稻	13～15	25～30	40～45
玉米	18	25～28	38
花生	16	25～28	40～41
棉花	18～20	25～30	35

需要说明的是，以上两表所列举的温度都不是绝对的。当供试品种、试验条件改变时，温度三基点也常常有些变化。例如据中国农业科学院和国家气象局联合试验的结果，在恒温下，粳稻出苗的最低温度为 12 ℃，而籼稻则为 14 ℃。

作物的温度三基点理论，已在生产中得到广泛应用。水稻地膜保温育秧；棉花的育苗移栽，使生育期提早，这样可以充分利用夏季的热量资源，增加伏前桃、伏桃比例等。再如，根据作物的需温特性确定适宜的播种期；旱地春玉米草纤维覆盖（钟兆站，1988）、地膜穴播小麦覆盖（李守谦，1998）、小麦秸秆覆盖麦田（周凌云，1996）、麦秸覆盖旱地棉田（李春勃，1995）、套种玉米覆膜（李桂芳，1995）等研究，其增产原理均在于调节了土壤温度，保蓄了土壤水分，有利于作物的生长发育。

(四) 地温与作物根系生长

大多数作物，在最适温度以下，随着地温的上升，根部、地上部的生长量也增加。由于地上部所需求的温度比根部高，所以在 10～35 ℃的范围内，温度越高，地上部生育越快，根冠比越小。作物具有适宜的根冠比，才能根深叶茂，生长健壮。

一般根的生长取决于地温。在冷凉的春秋季，根系生长活跃，夏天的生长量则较小。在种植冬小麦的地区，早春小麦返青期“划锄”能够提高地温，促进根系生长发育。作物的根即使在 20 ℃以下也能很好延伸，特别是深层的根。在低温下，根呈白色，多汁，粗大，分支减少，皮层也生存较久；反之，在高温下，呈褐色，汁液少，细小而分支多，木栓化程度大，皮层破坏较早。与地上部相比，根系对高温的抵抗能力更弱。

根据青木（1953）的研究结果，各种作物根系伸长的适温，水稻为 32～35 ℃，小麦为 20 ℃，玉米为 24 ℃，大豆为 22～27 ℃，菜豆为 22～26 ℃。对以块根为收获器官的甘薯来说，适宜的地温非常重要。据研究，当 10 cm 土层平均温度在 21.3～29.7 ℃的范围内，地温越高，块根形成越快，数目也越多，块根膨大的适温为 22～23 ℃，在昼夜温差较大时更为有利，因为白天温度高能增加光合产物，夜间温度较低能降低呼吸消耗。地温低于 20 ℃或高于 30 ℃，块根膨大均较慢。

(五) 温度与干物质积累

作物干物质积累与光合作用和呼吸作用有很大的关系，而温度对光合作用和呼吸作用的影响是不同的。

据 Verduin 等（1944）对玉米、松岛等（1958）对水稻、村田等（1960）对大豆等作物的测定结果，在自然条件下（光饱和点以上的光照度、二氧化碳浓度为 0.03%），在作物能够生长发育的温度范围内（在 14～37 ℃），作物的光合作用几乎不受温度的影响，即温度系数 $Q_{10}=1$。温度系数 Q_{10} 是从 Van't Hoff 定律引出的，即在一定的温度范围内，温度每增加10 ℃，生化反应的速率按一定的比例相增长。

与光合作用不同，呼吸作用非常容易受到温度的影响。呼吸作用的温度系数因作物种类而有很大的差异（表 4-4）。由表 4-4 可以看出，在可生长发育的温度范围内，各种作物的呼吸消耗有随温度上升而增大的趋势，呼吸系数 Q_{10} 多在 2 左右。

表 4-4　温度与作物呼吸作用的关系

作物	测定温度范围（℃）	温度系数（Q_{10}）	测定者
水稻	22～32	2.00	武田（1960）
水稻	15～40	1.87	山田（1955）
大豆	10～30	2.00	福井等（1965）
小麦	10～40	1.35	村田、猪山（1963）
大麦	10～40	1.50	村田、猪山（1963）
甘薯	20～25	2.00	津野和藤濑（1965）
马铃薯	10～24	2.20	Platenius（1942）
甜菜	20～35	1.80	伊藤（1965）
红三叶草	15～30	1.84	武田等（1964）

由于温度对光合作用和呼吸作用的影响并不相同，因此在许多情况下，表示物质生产效能的光合作用（P）与呼吸作用（R）之比（即 P/R）有随温度升高而降低的趋势。为了提高干物质的积累量，就要增加群体的光合作用，与此同时，必然地又会增高呼吸量，这是一个很大的矛盾。例如在水稻和小麦生产中，适当增大群体可增加单位面积的干物质积累量，但群体过大，又会恶化群体内的小环境，温度升高，二氧化碳量减少，所以建立合理的群体结构，使群体内通风透光，既注重提高光合作用的总积累，又尽量减少因温度升高而导致的呼吸消耗，有利于提高产量。

（六）积温与作物生产

作物群体干物质积累与积温之间存在着很高的正相关。换句话说，积温越高，干物质积累越多。当然，各种作物对积温的反应也并不一致。据内岛（1975）的资料，当积温大于100 ℃时，几种作物的干物质积累率，水稻为 66.5 g/(m^2·100 ℃)，大豆为 49.9 g/(m^2·100 ℃)，玉米为 87.8 g/(m^2·100 ℃)，甜菜为 116.0 g/(m^2·100 ℃)。

由此可见，在这几种作物中，甜菜每 100 ℃的群体干物质积累速率是最高的，相当于大豆的 2 倍。不同作物的生育期可能大致相近，而最终产量却相差很大，其重要原因之一在于此。

作物需要在一定的温度才能开始生长发育，同时，作物也需要有一定的温度总量才能完成其生命周期。通常把作物整个生育期或某个发育阶段内高于一定温度以上的昼夜温度总和，称为某作物或作物某发育阶段的积温（accumulated temperature）。积温可分为有效积温（effective or available accumulated temperature）和活动积温（active accumulated temperature）两种。作物不同发育时期中有效生长的温度下限称为生物学最低温度，在某个发育时期中或全生育期中高于生物学最低温度的温度称为活动温度。活动温度与生物学最低温度之差称为有效温度。例如冬小麦幼苗期的生物学最低温度为 3.0 ℃，而某天的平均温度为 8.5 ℃，因 8.5 ℃高于 3.0 ℃，所以这一天的 8.5 ℃就是活动温度，而 8.5－3.0＝5.5（℃），就是这一天的有效温度。活动积温是作物全生长期内或某一发育时期内活动温度的总和。有效积温是作物全生长期或某一发育时期内有效温度之总和。不同作物（品种）在整个生育期内要求有不同的温度总和。小麦、马铃薯（早熟）等需要热量较少，需要有效积温（≥10 ℃，下同）为 1 000～1 600 ℃；春播禾谷类作物、向日葵等要求热量略多些，需要有效积温 1 500～2 100 ℃；玉米、棉花等要求热量更多，需有效积温 2 000～4 000 ℃。一般是起源和栽培于高纬度、低温地区的作物需要积温总量少，起源和栽培于低纬度、高温地区的作物需要积温的总量多。再如，≥10 ℃的积温，哈尔滨是 3 000 ℃，北京为 4 200 ℃，济南为 5 000 ℃，武汉为 5 300 ℃。根据作物生长期内需要积温的总和，再结合当地的温度条件，就可以有目的地调种、引种，合理搭配品种，以有效利用当地生长期或者提高复种指数。

对于作物生产来说，积温具有重要的意义。可以根据积温来制定农业气候区划，合理安排作物。一个地区的栽培制度和复种指数，在很大程度上受当地的热量资源的制约，而积温是表示热量资源既简单又有效的方法，比年平均温度等温度指标更可靠。例如黑龙江省是世界上同纬度最冷的地区，但又是种植水稻纬度最北的地区。原因是：黑龙江省属大陆性气候，在作物生长季节内热量比较丰富。北纬 45°45′的哈尔滨年平均温度是 3.5 ℃，比北纬 51°的伦敦低 6 ℃以上，但 10 ℃以上的有效积温，哈尔滨却比伦敦多 500 ℃以上。所以英国只能种植麦类、马铃薯和甜菜，而黑龙江省不仅可以种水稻，而且产量也不低。棉花要求

≥10 ℃的积温，早熟品种为 3 000～3 300 ℃，中熟品种为 3 400～3 600 ℃，晚熟品种为 3 700～4 000 ℃。

如果事先了解某作物品种所需要的积温，就可以根据当地气温情况确定安全播种期（safe sowing date），根据植株的长势和气温预报资料，估计作物的生长发育速度和各生育时期到来的时间。从更宏观的角度来说，还可以根据作物所需要的积温和当地长期气温预报资料，对当年作物产量进行预测，确定是属于丰产年、平产年还是歉产年。

二、极端温度对作物的危害及作物的抗性

（一）低温对作物的危害及作物的抗性

1. 作物的抗寒能力　作物生长发育过程中，常会遇到低温的影响。当低温逐渐到来时，作物体内会发生一系列生理生化变化，新陈代谢速率降低，适应性增强，生命活动得以继续进行。可是，当作物还没有获得对寒冷的适应性准备（即所谓锻炼），或温度低于作物所能忍耐的限度时，将会受到严重的伤害，甚至死亡。

作物忍耐低温的能力，因作物种类和生长发育状况而异。例如在 0.5～5.0 ℃温度中，水稻、棉花、花生等 34～36 h 便可死亡，玉米、高粱等则受害较轻，大豆、番茄、黑麦等不会受害。冬小麦越冬期间在－20 ℃左右的气温中，不致受冻；但拔节期在－2～－3 ℃的低温中，便可冻死。在同一植株上，器官间耐寒能力的差异表现为：花芽最不耐寒，其次是叶片、腋芽、嫩茎等，分蘖节比叶片耐寒性强。

除冬季低温影响作物生存、生长外，晚秋出现的早霜和开春后的晚霜，对作物生长的影响也很大。早霜会使甘薯、棉花等晚秋作物受冻或提前死亡，影响产量和品质。晚霜或倒春寒会使早春作物的幼苗和越冬作物（例如小麦、油菜等）冻伤，造成减产。

2. 冻害、冷害与霜害

（1）冻害　冻害（freeze injury）是指植物体冷却至冰点以下，引起组织结冰而造成伤害或死亡。冻害发生的主要原因是细胞间隙结冰。当气温逐渐降低到冰点以下时，细胞间隙中水分首先结冰（因细胞间隙中水溶液的溶质比细胞质的浓度低）；细胞间隙中水分结冰后，水气分压降低，引起细胞内水分继续外渗，扩大冰晶。有人在测定低温和小麦组织内结冰的关系时发现，当温度为－13 ℃时，有 62%的水结成冰，在－14 ℃时为 64%，－17 ℃时为 67%，－19 ℃时为 70%。即在一定范围内，温度越低，结冰越多，细胞脱水的情况也越严重。处于这种状态的细胞，是否会死亡？这要看结冰的程度和作物抗寒能力的强弱。如果细胞间隙的冰晶继续扩大，便对细胞产生一种机械挤压的力量；加上细胞严重脱水，原生质浓度愈来愈大，内部有毒物质（例如酸、酚类等）浓度提高，结果使原生质发生变性，细胞遭受伤害。此外，这类细胞的死活也取决于解冻过程，如果细胞间隙结冰后，温度缓慢回升，冰晶融化的水分能被细胞重新吸收，细胞尚可恢复正常；若温度突然升高，解冻太快，冰晶融化后的水分没有来得及被细胞吸收就蒸发掉，容易造成作物组织因缺水而枯萎。华北一带的农民在小麦受到霜冻时，用灌水的方法防止解冻后麦苗干枯。解冻太快使作物受害的另一个原因是，由于细胞壁首先吸水膨胀，原生质吸水滞后。在这种情况下，原生质受到细胞壁向外膨胀时的拉力，被撕裂而受伤死亡。特别是气温反复变化所引起的多次冻结和融化，对细胞的伤害更大。一般在细胞中自由水含量少，束缚水含量高时，抗寒性较强。

当气温突然下降，细胞内水分来不及渗透到细胞间隙，也可能在细胞内直接结冰，使原生质结构遭到破坏，致细胞死亡。

（2）冷害　作物遇到零度以上低温，生命活动受到损伤或死亡的现象，称为冷害（chilling injury）。作物受害当时症状可能并不明显，经过一段时间，才出现伤害或死亡。死亡前叶绿素破坏，叶片变黄枯萎。根据中国科学院植物生理研究所在南方种植橡胶树的试验结果，造成冷害的原因是，在低温、昼夜温差大及土壤干燥的情况下，根系吸水力降低，蒸腾减弱，水分平衡被破坏；植株因失水过多，出现芽枯、顶枯或茎枯等伤害，导致死亡。棉花苗期遇到低温，叶片萎蔫下垂，是由水分代谢失调所致。因此冷害是由于低温下水分代谢失调，破坏了酶促反应的平衡，扰乱了正常的物质代谢，使植株受害，也有人认为是由于酶促作用的水解反应加强，新陈代谢破坏，原生质变性，透性加大所致。

（3）霜害　由于霜的出现而使植物受害，称为霜害（frost injury）（又称为白霜）。温度下降到零度或零度以下时，如果空气干燥，在降温过程中水汽仍达不到饱和，就不会形成霜，但这时的低温仍能使作物受害，这种无霜仍能使作物受害的天气称为黑霜。所以黑霜实际上就是冻害天气。黑霜对作物的危害比白霜更大。因形成白霜的夜晚空气中水汽的含量比较丰富，水汽有大气逆辐射效应，能阻拦地面的有效辐射，减少地面散热；同时水汽凝结时要放出凝结热，能缓和气温继续下降。黑霜出现的夜晚，空气干燥，地面辐射强烈，降温强度大，作物受害更重。所以霜害实际上不是霜本身对作物的伤害，而是伴随霜而来的低温冻害，所以可以归在冻害的范畴。

3. 作物对低温的生态适应与抗寒性锻炼　作物长期受低温影响后，能产生种种生理生化适应，其中主要的是原生质特性的改变。在低温下，一方面是细胞中水分的减少，细胞汁液浓度增加；另一方面是由于淀粉的水解，使细胞液内糖类逐渐积累。同时由于气温降低，作物生长减慢，糖类等物质的消耗减少，这就提高了细胞液的渗透压，减少细胞向细胞间隙脱水。细胞内糖类、脂肪、色素等物质的增加，又降低了冰点，结果使作物有效地防止了原生质萎缩和蛋白质凝固。正因为作物的抗寒性是以细胞液的浓度高低及细胞内水分的多少为转移，因此在低温来临前，作物就要有充分的时间减少水分，并蓄积上述物质。如果低温逐渐来临，作物能够逐步适应；而突然来临的低温对作物却是特别有害的。

作物抗低温能力的强弱，主要决定于作物体内含物的性质和含量。作物体内可溶性糖类、自由氨基酸，以及属于细胞重要成分的磷酸盐、硝酸盐、蔗糖酶、抗坏血酸、高能磷酸化合物和核酸的含量多少，是与作物的抗性呈正相关的。因此凡是能诱发增加上述物质的一切措施，都能增强作物的抗寒性。例如合理施用磷钾肥能增加细胞汁液的浓度，降低冰点，提高抗寒性。

秋播作物在冬前气温逐渐下降时，体内发生抗寒的生理生化变化过程，称为抗寒锻炼。抗寒锻炼过程包括两个方面的变化：①在晴朗的秋天，光线较强，气温尚高，光合仍能旺盛进行，合成大量有机物质；秋季昼夜温差逐渐增大，作物呼吸消耗降低，有利于糖的积累；气温逐渐下降时淀粉水解成糖。这些变化均可使细胞内保护物质增多。②在气温逐渐下降时，作物生理活动减弱，原生质内亲水胶体增加，束缚水含量提高，自由水减少。这些变化都有利于抗寒力增强。所以秋播作物在晴朗而少雨的年份，比阴湿多雨的年份更能得到较好的锻炼。作物在完成抗寒锻炼以前，或者由于天气转暖抗寒锻炼效应消失以后，如遇低温，伤害较重。

4. 抗寒的农业措施　采用抗寒的农业措施，主要从提高作物自身抗寒性和防止不利因素对作物影响两个方面入手。

（1）栽培管理措施　秋播作物、强冬性品种应适时早播，利用秋季天气晴朗、温度较高等有利条件，培育稳健生长的壮苗，促进根系发育，积累较多的营养物质，增强抗寒能力，使其安全越冬。春性较强的品种，不可播种太早，因为早播不仅过早通过春化阶段而使抗寒力降低，而且冬前生长过旺，糖类消耗大、抗寒性也降低。此外，适宜的播种深度、施用有机肥、磷钾肥等，都可增强作物抗寒性。早春气候变化较为剧烈，当冬小麦返青后，抗寒锻炼效应消失，如遇晚霜，容易受冻，针对这种情况，可采取熏烟、灌水等措施。

（2）改善田间气候　育苗时采用温室、温床、阳畦、塑料薄膜、土壤保温剂等均可克服低温的不利因素，提早播期。此外，设置风屏、覆盖等，可改变田间小气候，避免低温侵害。稻秧在寒流来临时，可采用灌水防冻护秧；气温回升后，呼吸耗氧增多，又要注意排水。

（二）高温对作物的危害及作物的抗性

1. 高温对作物的危害作用　当温度超过最适温度范围后，再继续上升，也会对作物产生危害，使作物生长发育受阻，特别是在作物开花结实期最易遭受高温的危害。据观测结果，水稻抽穗开花期遇高温（35～41 ℃）时，供试品种花粉活力、花粉萌发率和结实率都急剧下降，花粉活力降低是高温导致结实率大幅度降低的主要生理原因（汤日圣等，2006）。高温对稻米品质也有显著影响。高温导致糙米率特别是精米率下降，垩白发生率提高（程方民等，1998）。小麦灌浆期温度超过 30 ℃后粒重和产量降低，同时对烘焙品质产生不利影响（李永庚等，2003）。高温危害既包括使蛋白质变性、膜脂液化等直接伤害，也包括作物的光合作用和呼吸作用失衡，呼吸作用超过了光合作用，造成代谢性饥饿，乙醛、乙醇、游离氨（NH_3）等有毒物质积累，蛋白质破坏等。当温度达到 40 ℃时，马铃薯的同化作用就等于零，而呼吸速率却随温度上升而持续增强。作物若长期处于这种状态下，就会死亡。高温还能促进蒸腾作用，破坏水分平衡，使植物萎蔫干枯。同时，高温能促使叶片过早衰老，造成高温逼熟。

2. 作物对高温的适应　作物对高温的生理适应与作物的原产地有很大关系。同一种作物的不同发育阶段，抗高温能力也不同。作物休眠期最能忍受高温，生长期抗性很弱，随着作物的生长，抗性逐渐增强。这是由于随着根系的生长和输导系统的完善，使叶片能得到充足的水分，通过蒸腾而降低作物体温。但在开花授粉受精期对高温最为敏感，是高温的临界期，禾谷类作物的灌浆期如受到高温的影响，灌浆速度就会加快，灌浆期缩短导致粒重下降。

作物对高温的生理适应有下列几个方面：①细胞内糖或盐的浓度增加，含水量降低，使细胞内原生质浓度增加，原生质抗凝结的能力增强。②生长在高温强光下的作物大多具有旺盛的蒸腾作用，由于蒸腾而使作物的体温比气温低，因而可减轻或避免高温对作物的伤害。但是当气温升到 40 ℃以上时，气孔关闭，则植物失去蒸腾散热的能力，这时最易受害。③在高于正常生长温度 5 ℃以上时，体内大部分蛋白质的合成和 mRNA 的转录被抑制，同时诱导合成一些新的蛋白质，这种现象称为热激反应。生物体受高温刺激后合成大量热激蛋白，可使植物表现出较好的抗热性。

要减弱高温的有害影响，除了可采用耐热品种外，还可以改善环境中的温度条件，例如营造防护林带，增加灌溉，调节小气候，以减轻高温的伤害。此外，还可以通过调整播期等措施，把作物对高温最敏感的时期（开花受精期）与该地区的高温期错开，这称为避害。喷洒 $CaCl_2$、$ZnSO_4$、KH_2PO_4 等可增强生物膜的热稳定性；施用生长素、激动素等生理活性物质，也能减轻高温造成的损伤。

三、温度对作物分布的影响

由于温度能影响作物的生长发育，因而能制约作物的分布。同时，由于作物长期生活在一定的温度范围内，在生长发育的过程中，需要有一定的温度和适应了一定的温度变幅，所以也形成了温度的作物生态类型。

各种作物对温度的要求与它们的起源地有一定的关系。习惯上把作物分为耐寒作物和喜温作物。黑麦、小麦、大麦、燕麦、豌豆、蚕豆、油菜、亚麻等作物生长发育的适温较低，在2～3 ℃时也能生长发育，幼苗期能忍耐－5～－6 ℃的低温，它们属于耐寒作物。大豆、玉米、高粱、谷子、水稻、甘薯、荞麦、花生、芝麻、棉花、黄麻、红麻等作物生长发育的适温较高，一般要在 10 ℃以上才能生长发育，幼苗期温度下降到－1 ℃左右，即造成危害，这些作物属于喜温作物。Ventskevich（1958）按各种作物在不同生育时期的耐寒程度，将其划分为表 4－5 所示的 5 种类型。

表 4－5　作物不同生育时期的耐寒能力

耐寒程度	作物名称	对作物有害的低温（℃）		
		发芽期	开花期	结实期
最耐寒	春小麦	－9～－10	－1～－2	－2～－4
	燕麦	－8～－9	－1～－2	－2～－4
	大麦	－7～－8	－1～－12	－2～－4
	豌豆	－7～－8	2～－3	－3～－4
耐寒	向日葵	－5～－6	－2～－3	－2～－3
	亚麻	－5～－7	－2～－3	－2～－4
	甜菜	－6～－7	－2～－3	—
	胡萝卜	－6～－7	—	—
中度耐寒	甘蓝	－5～－7	－2～－3	－6～－9
	大豆	－3～－4	－2～－3	－2～－3
	谷子	－3～－4	－1～－2	－2～－3
低度耐寒	玉米	－2～－3	－1～－2	－2～－3
	谷子	－2～－3	－1～－2	－2～－3
	苏丹草	－2～－3	－1～－2	－2～－3
	高粱	－2～－3	－1～－2	－2～－3
	马铃薯	－2～－3	—	－1～－2

（续）

耐寒程度	作物名称	对作物有害的低温（℃）		
		发芽期	开花期	结实期
不耐寒	荞麦	−1～−2	−1～−2	−0.5～−2.0
	蓖麻	−1.0～−1.5	0.5～−1.0	−2
	棉花	−1～−2	−1～−2	−2～−3
	水稻	−0.5～−1.0	−0.5～−1.0	−0.5～−1.0
	芝麻	−0.5～−1.0	−0.5～−1.0	—
	花生	−0.5～−1.0	—	—
	黄瓜	0～−1	—	—
	番茄	0～−1	0～−1	0～−1
	烟草	0～−1	0～−1	0～−1

作物的耐寒程度不同，其适宜播种期也不同。以北方为例，耐寒作物在早春即可播种，越冬耐寒作物则在秋季播种；喜温作物一般在晚春播种，或者播种早些，但要采用保温措施（例如水稻、甘薯等需先育苗，而后移栽）。需要指出的是，高粱也不耐寒，其播期也在晚春。

作物分布虽然主要受温度的影响，但是也与降水等气候因素相关联。例如小麦喜冷凉，可秋播，也可春播，能利用晚秋、冬季或早春其他喜温作物所不能利用的光热资源，所以主要分布在北半球欧亚大陆和北美洲。水稻生长期间要求较多的热量和水分，主要分布在东南亚和南亚雨水多、温度高的热带和亚热带一些国家和地区。甘薯喜温，主要分布在热带亚热带地区，在我国则主要分布在长城以南地区。马铃薯喜冷凉气候，主要分布在高寒地区，例如黑龙江、内蒙古、陕西、甘肃、宁夏、青海、西藏等地。棉花生长期虽然需要充足的热量和降水量，但在成熟吐絮期，需要晴朗而较干燥的气候，我国棉花主要分布在黄河及长江中下游地区。新疆地区光照条件好，在有灌溉的地方，就有棉花分布，已成为我国的重要棉花产区。黄麻是喜温作物，要求无霜期 200 d 以上、>15 ℃积温 4 500 ℃、降水量 800 mm 以上的地区，世界生产黄麻最多的国家是孟加拉国和印度，我国黄麻主要分布在长江以南地区。亚麻喜冷凉，生育期短，多分布在无霜期短和纬度较高的地区，例如黑龙江、内蒙古等地。

第四节 作物与水的关系

水是作物各组织器官的主要组成成分，又是很多物质的溶剂，它能维持细胞和组织的膨压，使作物器官处于直立状态，以利于各种代谢的正常进行；水还是光合作用制造有机物的原料。此外，由于水有较大的热容量，当温度剧烈变动时，能缓和原生质的温度变化，以保护原生质免受伤害。所以水是作物生存的重要因子。

水分经由土壤到达植株根表皮，进入根系后通过植株茎秆到达叶片，再通过气孔扩散到大气层，最后参与大气湍流交换，形成一个统一、动态、相互反馈的连续系统，即土壤-作物-大气连续体（soil plant atmosphere continuum，SPAC）。对于作物生产来说，水的收支平衡是高产的前提条件之一。水通过不同形态、数量和持续时间 3 方面的变化对作物起作用。不同形态的水是指水的三态（固态、液态和气态），数量是指降水量的多少和大气湿度的高低，持续时间是指降水、干旱、淹水等的持续时间。上述 3 方面对作物的生长发育和生理生化活动产生重要的生态作用，进而影响产品的数量和品质。由于各种作物长期生活在不同的水分条件下，对水分的需要量是不同的，同种作物在不同发育阶段以及在不同的生长季节，需水量也不一样。作物对水分的需要量可以根据蒸腾系数（transpiration coefficient）（作物每形成每克干物质所需要消耗的水分克数）的大小来估算。C_3 植物的蒸腾系数大于 C_4 植物，为 400～900，C_4 植物一般为 250～400。作物和水的这种供求关系还受环境中其他生态因子（例如温度等）的影响。在农业生产中，根据作物的需水量，采取合理灌排措施，调节作物与水分的关系，以满足作物对水分的需求，是夺取高产优质高效的重要条件。

一、水对作物的生态作用及作物的生态适应性

（一）作物对水的反应

作物种子萌发时需要一定的土壤水分，因为水能使种皮软化，氧气易透入，使呼吸加强；同时水能使种子中凝胶状态的原生质向溶胶状态转变，使生理活性增强，促使种子萌发。土壤水分含量的多少，直接影响作物根系的生长。在过分潮湿的土壤中，作物根系不发达，生长缓慢，分布于浅层；土壤干燥时，作物根系下扎，伸展至深层。水分低于作物需要量时，作物萎蔫，生长停滞，以至枯萎。水分高于作物需要量时，根系缺氧，甚至窒息而最后死亡。只有土壤水分适宜，根系吸水和叶片蒸腾才能处于平衡状态。

在大田作物中，除了水稻要求有一定的水层，属于湿生性作物（hydrophytic crop）外；多数作物要求水湿条件适中，属中生性作物（mesophytic crop）。中生性作物的根系和输导系统比湿生性作物发达，以此来满足植株对水分的要求。中生性作物没有完整的通气组织，不能长期在积水、缺氧的土壤中生长。图 4－8 是水稻和小麦根解剖结构的比较。

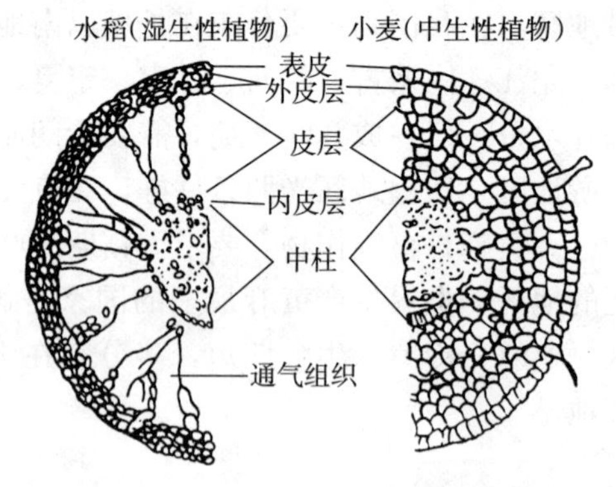

图 4－8　水稻根和小麦根的结构

（引自山崎，1961）

中生性作物中，有的对土壤水分要求较高，有的要求较低。豆类作物、马铃薯等的最适土壤含水量相当于田间持水量的 70%～80%，禾谷类作物为 60%～70%。土壤含水量低于最适值时，光合作用降低。各种作物光合作用开始降低时的土壤含水量（占田间持水量的比例），水稻为 57%，大豆为 45%，大麦为 41%，花生为 32%（猪山等，1961）。

（二）作物的水分平衡

在正常的情况下，作物一方面蒸腾失水，一方面又不断地从土壤中吸收水分；这样就在作物生命活动中形成了吸水与失水的连续运动过程。一般把作物吸水和失水的动态关系称为

水分平衡。只有当吸水、输导和蒸腾 3 方面的比例适当时，才能维持良好的水分平衡。当水分供应不能满足作物蒸腾的需要时，平衡变为负值。而水分亏缺的结果是气孔开度变小，蒸腾减弱。这样一来，又使平衡得以暂时恢复和维持。所以作物体内的水分经常处于正负值之间的动态平衡中。这种动态平衡关系是植物的水分调节机制和环境中各生态因子间相互调节、相互制约的结果。

作物吸收和散失水分是相互联系的矛盾统一过程。当失水小于吸水时，可能出现吐水现象。在阴雨连绵的情况下，作物体内水分达到饱和状态，这种状况对于作物生长不利，容易造成作物的徒长而倒伏，产量降低。当蒸腾大于吸收时，作物体内出现水分亏缺，组织内含水量下降，叶片萎蔫下垂，呈现萎蔫状态，体内各种代谢活动（例如光合作用、呼吸作用、有机物合成、矿质的吸收与转化）等都受到影响，作物的生长受到抑制。只有作物吸水与失水维持动态平衡（即失水与吸水相等）时，作物才能进行旺盛的生命活动。

（三）作物水分利用效率

面对水资源日益紧张的严峻形势，提高水分利用效率是作物生产得以持续稳定发展的关键。水分利用效率（water utilization efficiency）包括灌溉水利用效率、降水利用效率和作物水分利用效率 3 个方面。其中，作物水分利用效率的概念在生理学和生态学上的表述方法不尽相同。生理学意义上的水分利用效率，是指作物吸收单位质量水分所形成的光合产物质量，常用叶片水分利用效率表示。它取决于光合速率与蒸腾速率的比值。生态学或者农学上，一般采用作物消耗单位水量所制造的干物质量来表征作物的水分利用效率。常用作物的经济产量作为计算依据以达到更接近作物生产实际的目的。其单位是 kg/m^3 或 $kg/(mm \cdot hm^2)$。这里所说的消耗水量包括植株蒸腾和株间蒸发在内的全部水量。作物用水总量可以用简单的方法进行估算，即等于播种时土壤储水量减去收获时土壤储水量加上生长发育期间降水量和灌水量。针对用水量，作物的水分生态利用效率可分为 3 种：①作物耗水量，即蒸散量，这是通常所指的水分利用效率，也可以称为蒸散效率；②灌溉水量，得到的是灌溉水利用效率，它对确定最佳灌溉定额必不可少，在节水灌溉中意义重大；③天然降水量，以其计算获得的降水利用效率，是旱地节水农业中的重要指标。

作物的水分利用效率一方面由产量高低决定，另一方面也决定于水分投入的多少。因此在作物生产中只有在充分挖掘作物产量潜力的同时减少水分的投入，即进行节水灌溉，才能提高水分利用效率。当前，黄土丘陵区旱地的水分利用率一般约为 5 $kg/(mm \cdot hm^2)$，高者可达 11 $kg/(mm \cdot hm^2)$；华北水浇地一般为 12 $kg/(mm \cdot hm^2)$，高者可达 16 $kg/(mm \cdot hm^2)$；而在地中海地区，高者可达 19 $kg/(mm \cdot hm^2)$。由此可见，提高水分利用效率的潜力很大。农业节水包括工程节水、农艺节水和生物节水 3 条途径。农艺节水措施主要包括选育种植抗旱高产优良品种、使用农田保墒技术（覆盖、少免耕、镇压、耙耱、中耕除草等）、地力培肥技术、水肥耦合技术、化学制剂保水节水、建立适宜的种植制度、节水灌溉制度与灌溉模式（优化灌溉、调亏灌溉、非充分灌溉、局部灌溉、控制性根系交替灌溉）等。

二、旱涝对作物的危害及作物的抗性

（一）干旱对作物的危害及作物的抗性

1. 旱害　环境中水分低到不足以满足作物正常生命活动的需要时，便出现干旱

(drought)。作物遇到的干旱有大气干旱（atmospheric drought）和土壤干旱（soil water deficit）两类。大气干旱是空气过于干燥，相对湿度低到20%以下；或因大气干旱伴随高温，土壤中虽有一定水分，但因蒸腾强烈，造成体内水分平衡被破坏，使作物生长近乎停止，产量降低。土壤干旱是指土壤中缺乏作物可利用的有效水分，对作物危害极大。土壤水分严重亏缺影响作物产量和品质的形成，其影响程度取决于土壤水分胁迫（water stress）的程度和持续时间的长短。水分胁迫严重、持续时间长，对作物造成的伤害大，减产严重；反之，对产量影响就轻。作物不同生育阶段水分胁迫对产量构成因素影响不同。以禾谷类作物为例，前期水分胁迫通过影响分蘖和成穗来影响穗数，中期水分胁迫通过影响穗分化过程来影响粒数，后期水分胁迫通过影响籽粒建成与充实来影响粒重。我国北方地区时有旱象发生。春旱（3—5月）影响冬小麦拔节、抽穗、开花及春播作物的播种或出苗；伏旱易引起棉花蕾铃脱落，造成玉米“晒花”；小麦生长后期如遇干热风危害，常常“青干”。水分不足同时也会影响作物产品的品质。在水分不足的情况下，油料作物种子含油率降低，碘价变小，即饱和脂肪酸多而使油质变劣。麦类作物的淀粉含量与油料作物的含油率有相似的变化规律，而蛋白质含量却与此相反，呈上升趋势。

干旱引起作物死亡的原因有：①代谢作用紊乱。干旱时，气孔关闭，蒸腾降低，在一定程度上虽有暂时延缓干旱危害的效应，但因呼吸（无效呼吸）增强，光合作用减弱，物质合成减少；特别是酶促反应协调破坏，而导致作物死亡。②干旱时细胞脱水变形，原生质受到机械伤害而死亡。生长中器官的细胞失水时，体积显著缩小，细胞壁收缩并形成许多皱褶，对原生质产生一种挤压的力量，使原生质受到伤害；当脱水的细胞又突然吸水时，细胞壁首先吸水并向外膨胀，原生质吸水较慢，所以突然向外膨胀的细胞壁会把紧贴着壁的细胞质撕破。③干旱缺水，蒸腾减弱，植株不能降温；当体温超过一定限度后，原生质发生凝聚变性，结构破坏，引起死亡。

2. 作物抗旱性的特点 一般栽培作物属于中生性植物。由于生长期间常受到干旱威胁，因此也具有一定的旱生结构：形成庞大的根系或深入土壤深层；干旱时由于运动细胞先失水，体积缩小而使小叶卷曲（玉米）；原生质黏性和弹性较高等。作物种类不同，抗旱性也有差异，例如糜子（黍、稷）、谷子、高粱等抗旱性较强，甘薯、小麦次之，棉花、甜菜则较差。同种作物的不同品种，抗旱能力也有区别，例如山东省小麦品种的抗旱能力“鲁麦19”＞“鲁麦21”＞“鲁麦20”。从栽培的角度来说，抗旱的作物（品种）不但在干旱期间能够生存，更重要的是能够形成较高的产量。即要求作物在缺水条件下，能够维持正常或接近正常的代谢水平。为此，抗旱的作物（品种）应具备如下几个特点。

（1）原生质黏性和弹性要大 原生质黏性大时，束缚水含量高，自由水数量少，干旱时失水少，高温下不易变性。原生质弹性大，不论脱水时细胞壁发生皱褶还是吸水时细胞壁再度膨胀，原生质都不至于遭到太大的破坏，且能较快地恢复原状。

（2）有良好的形态结构 一般地说，根系较深的作物，耐旱能力较强。例如根深入土层1.4～1.7 m的高粱比根深1.4～1.5 m的玉米抗旱，主根长3 m左右的棉花比主根长2 m的蓖麻抗旱。叶片上细胞小，气孔多，输导组织发达，茸毛多，角质化程度高或蜡质层厚，均比较抗旱。

（3）有良好的生理机能 耐旱性强的作物，受到缺水影响时，物质分解和合成的比例改变较小，物质合成仍然占优势；光合作用和呼吸作用的比率不改变或很少改变；体内蛋白质氮和非蛋白质氮保持在一定比例，使蛋白质含量不减少，非蛋白质氮增加；淀粉储存正常，而不过分分解为可溶性糖。此外，缺水时气孔不会完全关闭，仍能继续进行光合作用等。

3. 有限水分亏缺下作物的补偿效应

补偿生长是生物界普遍存在的一种现象。干旱时作物的生长减缓或停止，但复水后短期内生长速率会迅速增加，并超过一直不受旱的作物，表现出生长的补偿效应（compensation effect）。这是由于生长对干旱的敏感性要远大于光合作用和呼吸作用，适度缺水时生长的驱动力膨压下降引起生长停止，而此时光合作用并未受到明显影响（图 4－9）。当复水时作物生长的驱动力恢复，光合作用也迅速恢复，加之以前积累的光合产物为生长提供了多于对照的物质基础，因而表现出这种明显的补偿效应。某些作物在生长发育的早期经受适度的干旱，还可以增强后期对干旱的抵抗能力，而且这种有限水分亏缺下的补偿效应不仅仅表现在作物的生长上，各种生理反应也往往表现出补偿效应（表 4－6）。

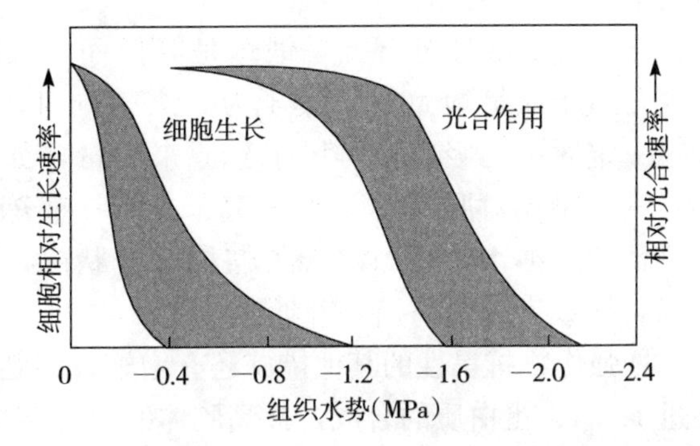

图 4－9　组织水势下降对细胞生长和光合作用的影响

（阴影部分表示，不同种植物对水势变化反应的不同范围。图中结果显示，细胞生长对水势下降的反应比光合作用的反应更为敏感）

表 4－6　适度干旱下作物产生的补偿效应

生理反应方面	水分利用方面	生长和产量方面
高水热下保持低渗透势		
气孔调节能力增强	蒸腾速率迅速恢复	新生叶片加速生长
细胞持水能力增大	总耗水量下降	上部叶面积增大、根冠比增大
叶绿素含量增加	作物水分利用效率提高	日干物质增长率加快
保护酶活性增强	灌溉水利用效率显著增高	千粒重增加（粒数减少）
光合速率提高	根系吸水速率加快	经济系数提高
物质运输加快		最终产量不减或略升、略降
再度受旱时膜伤害出现推迟		

可见，水分亏缺并不总是对植物生长不利，作物生长前期经历一定程度的水分亏缺可以促进根群向深层伸展，建立庞大深层根系，有利于后期吸收利用深层土壤水分；有利于建立良好的植株群体结构，例如谷类作物易形成上部叶片短、下部节间短，根系深的株型和小个体、大群体、高光效、低耗水的群体，光照分布均匀，光截获率较高，单株和群体光合产量较高，整个群体光合速率/蒸腾速率比值高，水分生产效率高；改善源库关系，增大穗容量，提高粒叶比，提高收获指数。因此通过科学合理的农艺措施，可以实现产量与水分利用效率的协同提高。调亏灌溉、控制性根系交替灌溉就是在上述理论指导下建立的节水灌溉模式。

4. 抗旱锻炼　我国农民很早以前就有对小麦、花生、玉米、棉花、烟草等作物进行蹲苗以提高抗旱能力的经验。所谓蹲苗（hardening of seedlings），就是在作物苗期减少水分供应，使之经受适度缺水的锻炼，促使根系发达下扎，根冠比增大，叶绿素含量增多，光合作用旺盛，干物质积累加快。经过锻炼的作物如再次遇上干旱，植株保水能力增强，抗旱能力显著增强。

通过种子处理进行抗旱锻炼是简便而有效的方法。其做法是播种前用一定量水（如小麦为风干质量的40%，糜子为30%，向日葵为60%），分3次拌入种子，每次加水后，经过一定时间的吸收，再风干到原来质量，如此反复进行3次，然后播种。在干旱条件下，其产量比对照提高10%～30%。抗旱锻炼之所以能增产，是因为这样做提高了原生质黏性和束缚水含量，改善了植株水分状况，提高了酶的活性，苗期生长良好，抗旱性增强，导致产量提高。

增强作物抗旱性的其他措施还有增施磷钾肥，以提高植株的抗旱性。因为磷肥和钾肥能促进RNA、蛋白质的合成，提高胶体的水合度；改善作物的糖类代谢，增加原生质的含水量，提高作物的抗旱能力，促进作物根系发育，提高作物吸收能力。氮肥过多或不足都不利于抗旱，过多则枝叶徒长，蒸腾失水大，植株体内含氮量高，使细胞透水性增大，容易脱水；氮肥过少则根系发育差，植株瘦弱，抗旱能力弱。多施厩肥能增加土壤中腐殖质含量，有利于增强土壤持水能力。

（二）涝害及作物的抗涝性

1. 涝害对作物的影响 水分过多对作物的不利影响称为涝害（waterlogging）。水分过多一般有两层含义：①指土壤含水量（soil water content）超过了田间最大持水量（field capacity），土壤水分处于饱和状态，根系完全生长在沼泽化的泥浆中，这种涝害也称为湿害（wet damage）；②指水分不仅充满土壤，而且田间地面积水，作物的局部或整株被淹没，这才是涝害。湿害和涝害使作物处于缺氧的环境，严重影响作物的生长发育，直接影响产量和产品品质。

（1）涝害缺氧对作物形态与生长的损害 涝害缺氧时，植株生长矮小，叶片黄化，根尖变黑，叶柄偏上生长。淹水对种子萌发的抑制尤为明显，水稻种子淹没于水中时，萌发不正常，胚芽鞘伸长，不长根，叶片黄化，有时仅仅有胚芽鞘伸长，其他器官不发生。缺氧对亚细胞结构也发生深刻的影响，例如水稻根细胞在缺氧时线粒体发育不良。

（2）涝害缺氧对代谢的损害 淹水情况下，缺氧对光合作用可能产生抑制作用，这可能是由于水影响了二氧化碳扩散，也可能是因为出现了间接的限制，譬如大豆在土壤淹水条件下，光合作用本身改变虽不大，但光合产物向外输出受阻，因光合产物积累而光合速率降低。缺氧对呼吸作用的影响，主要是限制有氧呼吸，促进无氧呼吸，例如小麦与黑麦在淹水时糖酵解作用加强，无氧呼吸产物积累。

（3）涝害引起营养失调 经水涝的植株常发生营养失调，主要原因在于：①由于缺氧降低了根对离子吸收活性；②由于缺氧和嫌气性微生物活动会产生大量二氧化碳和还原性有毒物质，例如硫化氢、甲烷、氧化亚铁等，这些物质的积累能阻碍根系呼吸和养分的释放，使根系中毒、腐烂，以至引起作物死亡。

土壤水分过多还会影响作物的品质，例如烟叶中尼古丁和柠檬酸的含量都降低，品质变劣。

2. 作物的抗涝性 作物对水分过多的适应能力称为抗涝性。不同作物抗涝性不同。陆生喜湿作物中芋头比甘薯抗涝。旱生作物中，油菜比马铃薯、番茄抗涝，荞麦比胡萝卜、紫云英抗涝。水稻中，籼稻比糯稻抗涝，糯稻又比粳稻抗涝。同种作物不同生育时期的抗涝程度也不同。在水稻一生中以幼穗形成期到孕穗中期易受涝害，其次是开花期，其他生育时期受害较轻。孕穗期是花粉母细胞及胚囊母细胞减数分裂期，如果稻苗地上部淹水，就可破坏花粉母细胞发育，造成颖花与枝梗退化，形成大量的空瘪籽粒。

作物抗涝性的强弱决定于对氧的适应能力。如果具有发达的通气系统，地上部吸收的氧气可通过细胞间空隙系统输送到根或者缺氧气部位。

作物的湿害和涝害主要是地下水位过高和耕层水分过多造成的。因此防御湿害和涝害的重点在于治水，首先要因地制宜地搞好农田排灌设施建设，加速排除地面水，降低地下水位，减少耕层滞水，保证土壤水气协调，以利于作物正常生长和发育。同时，采取开沟、增施有机肥料、田间松土通气等综合措施，也能有效地改善水、肥、气、热状况，增强作物的耐湿抗涝能力。

三、水污染对作物产量和品质的影响

（一）水体污染对作物的危害

由于人类的生活或其他活动产生的废水和废物，未经处理或未很好地处理便进入水体，其含量超过了水体的自然净化能力，导致水的质量下降，从而降低水的使用价值，这种现象称为水体污染（water pollution）。污染源按照分布和排放特征分为点污染源（point pollution source）（工矿废水、生活污水等）和面污染源（nonpoint pollution source）两类。面污染源又称为非点污染源。农业非点污染主要是农业生产活动中，农田中的土粒、氮素、磷素、农药以及其他有机物质或无机污染物质，在灌溉或高强度降水过程中，通过农田地表径流和地下渗漏，使大量污染物质进入水体，污染水质。污水中往往含有毒或剧毒的化合物（例如氰化物、氟化物、硝基化合物、酸）及汞、镉、铬等重金属，还含有某些发酵性的有机物和亚硫酸盐、硫化物等无机物。这些有机物质和无机物质都能消耗水中的溶解氧，致使水中生物因缺氧而窒息死亡；有的物质还直接毒害作物，影响其生长发育、产量和品质，重者影响人体的健康。近年来，因氮肥超量和不合理施用导致土壤硝态氮淋溶增加，进而污染地下水和饮用水的问题日益引起重视。硝态氮虽然是作物必需的矿质养分，但对人畜却有害。随饮用水和食品摄入人体内过量的硝酸盐可直接引起婴儿发绀症。此外，摄入人体内的硝酸盐在口腔、肠道、胃中酶的作用下，极易还原成亚硝酸盐。而这些亚硝酸盐可与体内的代谢中间产物胺类化合物和氨基酸进一步化合形成强致癌的亚硝基化合物。医学研究表明，饮用水中硝酸盐含量超过 90 mg/L 时，将会危及人类的健康。而国际上通常将饮用水中硝酸盐含量的最大允许量限定在 50 mg/L。进一步深入了解土壤-作物-水循环的相关知识，按需减量施肥、适期施肥、降低灌溉定额可有效控制氮素淋失。

1. 污染物临界浓度　有毒物质如果数量极少，对于作物不会产生太大毒害，但当这些有毒物质在植株体内的含量超过一定浓度时，就会对作物产生毒害作用。例如当铬（六价铬、三价铬）在污水中浓度达 1 mg/L 时，就能抑制小麦的生长；种子萌发时对铬的浓度更为敏感，即使 0.1 mg/L 浓度也能使种子蛋白质变性，并强烈抑制种子对水分的吸收。因此 1 mg/L和 0.1 mg/L 铬可以分别作为小麦生长和种子萌发的临界浓度。

超出临界浓度后，随有毒物浓度增高，作物受害逐渐加重。例如六价铬对水稻生长的影响如表 4－7 所示。

表 4-7　六价铬对水稻生长的影响

（引自中国农业科学院农业生物研究所，1975）

浓度（mg/L）	毒害作用
5	苗期，生长正常
10	苗期，根短而粗，生长稍受抑制
25	苗期，植株矮小，叶片狭窄，色枯黄，无分蘖，叶鞘黑褐色，溃烂，严重抑制生长
12.05～29.77	植株矮小，叶片枯黄，叶鞘黑色，溃烂，根短而细，根毛极少，茎基部肿大，没有分蘖
53.10～57.35	叶片枯黄，叶鞘黑色，腐烂，严重抑制生长

2. 水体污染对作物产量和品质的影响　城市污水含有较多的氮、磷、钾营养元素，有的还含有钙、镁、铁、锰、铜、锌等多种微量元素。所以用城市污水灌溉的地区可能获得增产效果，据石家庄市环境监测中心研究（1998），合理灌溉污水可增加土壤有机质和氮素含量。

工矿废水的成分非常复杂，除含有酸、碱、盐类、酚、氰、砷、汞、铬、铅、硫化物、油类和有机化合物外，也含有对作物有益的氮、磷、钾和某些微量元素。用工矿废水灌溉农田，依其含有毒物质的种类和多少，对作物产量和品质可能产生不同的影响。例如据山西省农业环境保护监测站（1999）报道，太原市利用污水灌溉 30 年的实践证明，污水灌灌确实能提高作物产量，当然也有少数因污水灌溉造成减产的事件发生。但是无论是玉米、水稻，还是蔬菜（番茄），污水灌溉作物中的铅、镉、汞、砷的积累量普遍高于清水灌溉。同时，污水灌溉区地下水已受到不同程度的污染，浅层地下水污染明显重于深层地下水。中国科学院应用生态研究所（1989）曾对沈阳市张士灌区镉污染进行研究，揭示了污染物镉从污染源→污染水体→张士灌区农田生态系统→人体的生态循环规律。结果表明，该市冶炼厂含镉污水进入灌区，造成灌区土壤中镉大量积累，致使灌区生产出来的大豆、向日葵、水稻、玉米、蔬菜含镉量严重超标，例如 9 种蔬菜平均含镉为 0.76 mg/kg，比对照高 5.6 倍。镉污染对人体是十分有害的。

（二）关于污水灌溉问题

北方干旱半干旱地区利用城市污水灌溉农田，是缓解水资源紧张状况的有效途径之一。有研究表明，利用城市污水灌溉不仅节约水资源，而且污水还是一种有机复合肥料，可培肥土壤，降低成本。但是正如前面所说，污水灌溉会使污水中的有害物质在土壤中积累而造成土壤污染，作物吸收后造成粮食、蔬菜等不同程度污染。因此研究污水灌溉对农田环境质量的影响，污水经科学处理之后再供农业利用，对改善和保护农业生态环境及农业可持续发展的作用，具有重要意义。

城市污水处理，可推行污水处理厂与氧化塘、土地处理系统相结合的办法。建二级污水处理厂需较大投资，而污水土地处理是实现污水资源化，促进污水农业利用的主要途径。它是利用土壤及水中的微生物、藻类和植物根系统对污水进行处理，同时利用污水的水肥资源促进作物生长，并使之增产的一种工程设施，一般由一级处理设施、氧化塘、储存塘（库）、农田灌溉系统等部分组成。污水经适当预处理后，再进入农田灌溉系统，既可节约水资源，又不至于造成农产品污染。

第五节　作物与空气的关系

一、空气成分及其对作物的生态作用

空气的成分非常复杂，在标准状态（0℃、101.325 kPa，干燥）下，按体积计算，氮约占78%，氧约占21%，氩、氦、氖、氢、氪、氙、甲烷、臭氧、氧化氮等约占0.94%，二氧化碳约占0.032%。在这些气体成分中，以二氧化碳与作物的关系最密切。它是光合作用的主要原料。

（一）二氧化碳对作物的生态作用

1. 田间二氧化碳浓度的变化和作物的二氧化碳平衡　绿色植物和某些微生物通过光合作用固定空气中的二氧化碳，同时又通过呼吸作用和分解作用向空气中释放二氧化碳。

一年之内，在田间有作物生长的季节，由于光合作用固定二氧化碳，使空气中的二氧化碳浓度较低，而非生长季节，二氧化碳浓度较高。

在一天之内，作物群体内二氧化碳浓度有明显的规律性变化。夜间，群体内二氧化碳浓度较高，这是由于在此期间二氧化碳有补充而无消耗的缘故。清晨日出之后，光合作用逐渐加强，二氧化碳浓度逐渐下降；接近中午，光合作用旺盛，二氧化碳浓度降至最低值；傍晚日落后，光合作用停止，二氧化碳浓度又复上升。图4-10是大豆群体内二氧化碳浓度的日变化。

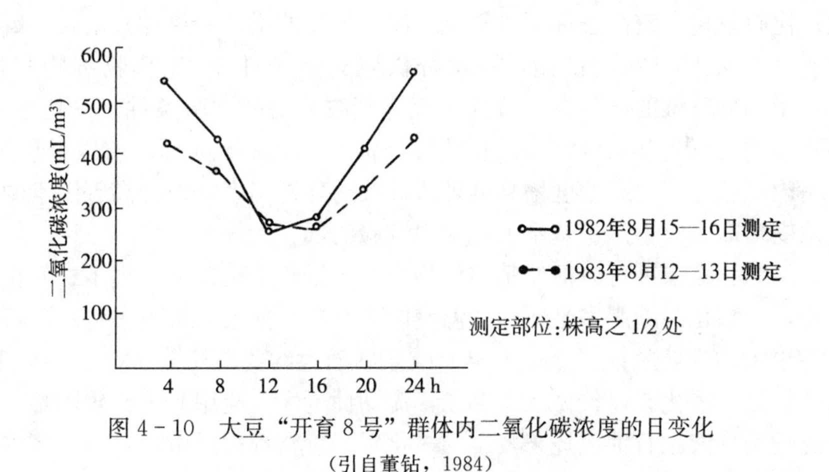

图4-10　大豆“开育8号”群体内二氧化碳浓度的日变化

（引自董钻，1984）

需要指出的是，作物进行光合作用所需要的二氧化碳不但来自群体以上空间，而且也来自群体下部，其中包括土壤表面枯枝落叶分解、土壤中活着的根和微生物呼吸、已死的根系和有机质腐烂等释放出来的二氧化碳。据Montelth等（1964）估计，群体下部供应的二氧化碳约占供应总量的20%，这是一个不可忽视的数字。图4-11示出晴天玉米田间群体内的二氧化碳浓度变化及运动方向，在迅速进行光合作用时，作物株间二氧化碳浓度可降至0.02%，可见在光照和肥水充足、温度适宜而光合旺盛期间，二氧化碳亏缺常是光合作用的主要限制因子。

图4-11同时示出了二氧化碳的垂直分布，在作物群体内部，接近地面的二氧化碳浓度通常是比较高的。在一天之中，夜间，越接近地表面，二氧化碳浓度越高。白天，由于光合

作用消耗，群体上部和中部的二氧化碳浓度较低，下部稍高。作物群体上层光照充足，但二氧化碳浓度较低，下层的二氧化碳浓度较高，光照却又较弱，各自都成了光合作用的限制因子。这便是在作物生产上要十分重视通风透光的原因所在。

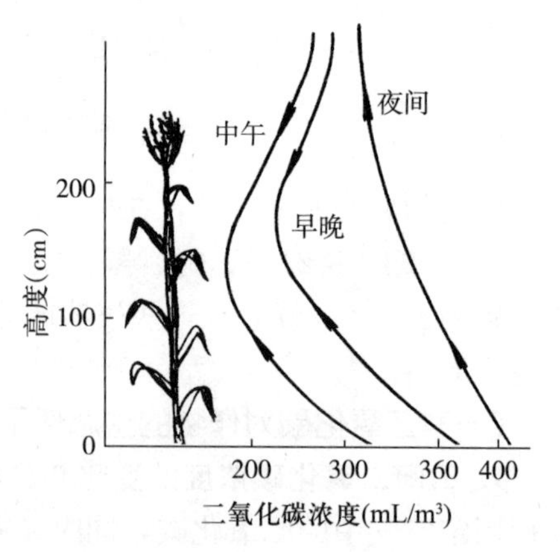

图 4-11　晴天玉米田间一天中二氧化碳浓度变化

（箭头示二氧化碳运动方向）

作物在生产过程中，需要吸收消耗群体内部和群体周围的二氧化碳，而补充二氧化碳则主要依靠空气湍流和气体扩散。我国农民在 2 000 多年前就已经懂得，种庄稼要"正其行，通其风"（《吕氏春秋·辨土篇》），今天我们常说"通风透光"，就其实质而言是一样的。"通风"主要指通二氧化碳。

2. 二氧化碳浓度与作物产量　二氧化碳是光合作用的原料，因此提高二氧化碳浓度会促进光合作用，尤其是对 C_3 作物的作用更为明显。开放式二氧化碳浓度增高试验（FACE）中，当水分和氮素都供应充足时，小麦、棉花等 C_3 作物的光合速率提高 25%～45%；在氮素供应不足时，光合速率增幅要小一些。C_4 作物高粱叶片的光合速率只增加 9%。但当发生水分胁迫时，高粱叶片的光合速率增加 23%左右，这可能与二氧化碳浓度增高导致水分利用率提高有关。这与高二氧化碳浓度下气孔导度降低引起的蒸腾减少有关。比较发现，室内条件下二氧化碳浓度提高的增产效果与开放式二氧化碳浓度增高试验结果有明显差异。室内试验，在水分供应充足条件下 C_4 作物谷物产量平均增加 26%。棉花种子和棉纤维的产量在开放式二氧化碳浓度增高试验条件下平均增加了 40%和 54%，开顶式室内二氧化碳浓度增高试验结果分别是 113%和 60%。由以上事例可以看出，由于排除了室内试验二氧化碳浓度增高处理所导致的环境温度额外升高等因素的影响，开放式二氧化碳浓度增高试验中产量基本上比室内试验的低。

由于提高二氧化碳浓度可以促使某些作物增加产量，于是也就出现了二氧化碳施肥的问题。迄今为止，二氧化碳施肥多半还是在温室中或在塑料薄膜保护下进行的。目前推广二氧化碳施肥还有很大的难处。首先，每生产 1 kg 干物质大约要消耗 1.5 kg 二氧化碳，用量大，体积更大，特别是二氧化碳以气体状态存在，流动性也大，应用起来比较困难。其次，不论是利用干冰还是利用液化石油燃烧来发生二氧化碳，价格都很昂贵，难以推广。比较现实的提高二氧化碳浓度的措施是增施有机肥来增加土壤中好气性细菌的数量，增强其活力，释放出更多的二氧化碳。

据报道，到 21 世纪下半叶，大气中二氧化碳浓度还将增加 1 倍。有的专家估计，空气中二氧化碳含量的升高将促进作物增产，从而缓和世界上粮食短缺的状况。但是已经观察到，当某些作物长期处于高浓度二氧化碳下时，光合速率的增加会逐渐下降，最终接近甚至低于普通大气二氧化碳浓度下生长的对照水平，这被称为植物光合作用对高浓度二氧化碳的适应或下调。二氧化碳浓度升高也可能导致农作物产品品质降低。因为在高浓度二氧化碳的情况下，用更少的氮肥即可生产出与现在等量的农产品，作物所吸收的碳素将增加，而吸收的氮素则减少，体内 C/N 比值增高，蛋白质含量下降，因而作物品质下降。试验结果显示，在二氧化碳浓度倍增条件下，大豆氨基酸和蛋白含量分别下降 2.3% 和 0.83%，冬小麦籽粒粗蛋白和赖氨酸含量分别下降12.8%和4%。

（二）关于共生固氮

豆科作物通过与它们共生的根瘤菌固定并利用空气中的氮素。关于豆类作物在一生中固氮数量的报道很多。据 H.J.Evans 等（1977）综合的资料，每年固氮量，大豆为 47～97 kg/hm²，三叶草为 104～160 kg/hm²，苜蓿为 128～600 kg/hm²，羽扇豆为 150～196 kg/hm²。吉林省农业科学院土壤肥料研究所的测定结果表明，在3种不同土壤上每年大豆根瘤菌共生固氮量，黑土为122.5～129.5 kg/hm²，白浆土为95.04～158.6 kg/hm²，淡黑钙土为68.5～163.4 kg/hm²。同一种豆类作物固氮数量相差如此悬殊的原因主要在于：①共生固氮菌株不同，固氮活性各异；②栽培条件特别是肥水供应不一；③豆类作物自身长势强弱不同。

需要说明的是，根瘤菌所固定的氮只占豆类作物需氮总量的1/4～1/2，并不能完全满足要求。在轮作中安排豆类作物对于缓和土壤肥力的减退有一定的好处；但是除了绿肥能够增强肥力外，其他豆类作物并没有养地作用。以籽粒为收获器官的豆类作物从土壤中带走的氮素远比它们遗留给土壤的要多。

生物固氮是一个耗能过程。根瘤菌在固氮过程中，每活化1 mol 氮，直至合成为氨，大约需消耗615 kJ 能量。这些能量来源于豆类作物的光合产物糖类。有人对大豆做过估计，根瘤菌所消耗的能量相当于大豆光合产物的12%～14%。

环境因子的限制一直是豆科植物根瘤菌共生固氮体系没有在农业生产中充分发挥作用的重要原因之一。在栽培措施中，加强光照、稀植、单作、施有机肥，都有助于根瘤菌固氮；相反，遮阴、与高秆作物间作、密植、施无机肥，都抑制根瘤菌固氮。

二、大气环境对作物生产的影响

（一）温室效应

大气层中的某些微量气体组分能使太阳的短波辐射透过，加热地面，而地面增温后所释放出的热辐射，却被这些组分吸收，使大气增温，这种现象称为温室效应。温室效应主要由大气中的二氧化碳（CO_2）、甲烷（CH_4）、一氧化二氮（N_2O）、氯氟烃（chloro-fluoro-carbon，CFC）等温室气体含量增加引起。其中，氯氟烃主要来自工业的排放，甲烷来自稻田、自然湿地、天然气的开采、煤矿等，土壤中频繁进行的硝化和反硝化过程导致了一氧化二氮的生成和释放。全球变暖是全人类十分关注的大事，它对作物生产的影响可能表现在以下几个方面。

1. 温室效应对作物布局和复种指数的影响　由于预计未来平均气温在两极附近的增长幅度大于赤道地区，因此气候带移动在较高纬度地区更明显。那些因热量不足而致分布区域受限的作物种类，其分布北界（北半球）会大幅北移，山地分布上界也会上移，结果中纬度和高纬度地区的作物布局将会发生较大变化。据研究，当年平均温度增加1 ℃时，我国≥10 ℃积温的持续日数平均可延长15 d 左右，作物种植区将北移，例如冬小麦的安全种植北界将由目前的长城一线北移到沈阳—张家口—包头—乌鲁木齐一线。气候变暖还将使我国作物种植制度发生较大的变化，复种指数将提高。据计算，到2050年，气候变暖将使大部分目前一年二熟制地区被不同组合的一年三熟制取代，一年三熟制的北界将北移500 km之多，从长江流域移至黄河流域；一年二熟制地区将北移至目前一年一熟制地区的中部，一年一熟制地区的面积将减少23.11%。气候变暖后，我国主要作物品种的布局也将发生变化。华北目前推广的冬小麦品种（强冬性），因冬季无法经历足够的寒冷期以满足春化作用对低温的要求，将不得不被其他类型的冬小麦品种（例如半冬性品种）所取代。比较耐高温的水稻品种将在南方占主导地位，而且还将逐渐向北方稻区扩展。东北地区玉米的早熟品种逐渐被中晚熟品种取代。

2. 温室效应对作物生长发育的影响 地表蒸散量和作物蒸腾耗水因温度升高而大幅度上升，但同期降水并不一定相应增加，结果农作物生长发育期间的水分胁迫将会变得更加严峻。温室效应新增加的热量和二氧化碳资源，受生长季水分匮乏制约，很难得到正面效应。温度升高，特别是夏季温度的剧升，势必使高温日数明显增多，直接导致高温危害。温度升高使得作物全年生长期延长，对具有无限生长习性或多年生作物以及越冬作物（小麦、油菜等）有利，而对生育期短的栽培作物来说是不利的，因为温度高会使作物的发育速度加快，生育期缩短，生物量减少，从而可能会抵消全年生长期延长的效果。

3. 温室效应对气候灾害的影响 气候变暖对作物生产的最主要影响很可能是极端气候条件，例如干旱、炎热、洪涝、风暴、龙卷风、冰雹、冷害、霜冻等的发生频率提高。研究认为，气候变暖会使热带风暴增加，从而对低纬度地区，尤其是海岸带的农业有重大影响。有人认为，气温升高，持续炎热，会影响作物生产，尤其是在热带、亚热带地区更为突出。例如发生在冬小麦主产区的干热风可能使小麦大幅度减产。

4. 温室效应对土壤肥力和肥效的影响 在较暖的气候条件下，土壤微生物对有机质的分解将加快，长此以往将造成地力下降。肥效对环境温度的变化十分敏感，尤其是氮肥。温度每增高1℃，能被植物直接吸收利用的速效氮释放量将增加约4%，释放期将缩短3.6 d。因此要想保持原有肥效，每次的施肥量将增加4%左右。这样不仅使生产成本增加，而且对土壤和环境也不利。

5. 温室效应导致大气中二氧化碳浓度增加 据联合国环境规划署（UNEP）预测，如果大气中二氧化碳含量继续增长，作物和野草的产量均可增加，虽然作物产量增加了，但是栽培植物与野生植物之间的竞争将加剧，杂草防治更加艰巨。

6. 温室效应对病虫害的影响 由温室效应导致的气温和降水量的变化，会进一步影响各种作物病虫害的发生、分布、发育、存活、行为、迁移、生殖、种类动态，危害作物的程度加剧。

总而言之，全球气候变暖，不但危害农业生产，而且危及人类生存。必须引起足够的重视，并千方百计地加以遏制。

（二）二氧化硫、氟化物和氮氧化物

二氧化硫、氟化物和氮氧化物是大气污染的主要气体成分。在我国，80%的二氧化硫、65%的氮氧化物来自电厂、工业窑炉等燃煤过程，氟化物则主要来自磷肥厂、玻璃厂和砖瓦生产。大气污染可造成各种直接或间接的影响。

二氧化硫和氟化物的长期或急性暴露，可引起作物叶片气孔阻力和K^+渗出量增加，光合作用、蒸腾作用和叶绿素含量降低，呼吸速率升高，使作物叶片出现焦斑，植株生长缓慢，产量降低。大气中氟化物含量过高，还会对蚕桑业产生严重的危害。

氮氧化物排放引起的大气中氮氧化物过高可导致某些植物群落的变化。在英格兰北部和威尔士的试验研究证实，沉降在泥炭沼泽上的氮沉积物抑制了泥炭藓的生长，而泥

炭藓是泥炭沼泽上植物的优势种群。在某些地方，当二氧化硫排出物减少时，氮氧化物还是酸雨中的组成成分。低层大气中，氮氧化物在形成对植物具有毒害作用的臭氧方面亦起着重要作用。

（三）臭氧

臭氧是二氧化氮（NO_2）在太阳光下的分解产物与空气中分子态氧反应的产物。大气本身存在臭氧，近地面中浓度为0.01～0.02 μL/L，对植物无害，但由于近地面几十年来大气中二氧化氮浓度的增加，导致了臭氧浓度的增加，这种高浓度的臭氧成了伤害植物的主要气态污染物之一。据估计，美国作物总产量的2%～4%损失于空气污染，相当于10亿～20亿美元的损失，其中由臭氧和其他氧化剂造成的占90%。大气中臭氧对作物的伤害是：增强作物细胞膜透性并导致离子外渗，钝化某些酶并使光合作用碳还原率降低，改变代谢途径，刺激乙烯的产生，促进体内蛋白质的水解，干扰蛋白质合成，从而引起作物生长缓慢，提早衰老，产量降低。有研究表明，臭氧浓度增加与作物减产率呈正相关。另外，当臭氧和大气中的二氧化硫（SO_2）或二氧化氮或酸雨同时存在时，更增强其对作物的不良影响。

（四）酸雨

酸雨（大气酸沉降）是指pH<5.6的大气酸性化学组分通过降水的气象过程进入陆地、水体的现象。严格地说，酸雨包括雨、雾、雪、尘等形式。因降雨是降水的主要形式，所以通常狭义地称作酸雨。酸雨的形成主要是煤和石油燃烧后，产生大量的硫氧化物（SO_x，主要是SO_2）和氮氧化物（NO_x，主要是NO和NO_2）所造成的。氮氧化物进入大气中之后可转化成含HNO_3、NH_4^+、NO_3^-的气溶胶；而二氧化硫（SO_2）可经催化或光化学氧化转化为三氧化硫（SO_3），进而生成硫酸（H_2SO_4）雾或硫酸盐［例如（NH_4）$_2SO_4$］，形成气溶胶。这些气溶胶随气流的运载、汇集，最后随降水而降落到陆地和水体。

研究表明，我国pH<5.6的降水面积已由1985年的1.75×10^6 km^{2}扩大到1996年约3.84×10^6 km^2，约占全国陆地总面积的40%，我国是继北欧和北美之后出现的第二大酸雨区。pH<5.6降水区也自长江以南地区大幅度地向西、向北扩展。

酸雨使作物受到双重危害。酸雨在落地前首先影响叶片，落地后则影响作物根部。试验表明，酸雨可加速破坏叶面蜡质，淋失叶片养分，破坏作物的呼吸、代谢，引起叶片坏死，并诱发病理变化。对处于生殖生长中的作物，酸雨则会影响种子的萌发率，缩短花粉的寿命，减弱繁殖能力，从而影响产品产量和品质。酸雨还会降低作物的抗病能力，诱发病原菌对作物的感染，抑制豆科作物根瘤菌生长和固氮作用。

酸雨对土壤的影响和危害在于：①酸雨进入土壤后，破坏土壤的缓冲物质（例如$CaCO_3$等），使其逐渐地消耗掉，随后将土壤中的盐基离子淋洗出土体，使土壤逐步酸化。②酸雨使土壤中原有的对植物无害的有机盐经H^+作用释放出游离的活性铝，当土壤中活性铝的浓度达10～20 μg/g时，即可损害作物的根系。③酸雨使土壤盐基离子大量淋失，而Ca^{2+}、Mg^{2+}、K^+大量损失，易造成土壤贫瘠化、退化，导致作物发生缺素症。④酸雨促使土壤中有毒元素，特别是某些微量重金属元素（例如Mn^{2+}、Pb^{2+}等）活化。⑤酸雨影响土壤的生物学特性，由于酸雨降低土壤的pH，使嗜中性和碱性固氮菌的活动和氨化细菌的生长受到抑制，导致微生物区系和数量发生变化，从而进一步影响与微生物活动有密切关系的氮、磷、硫等元素在土壤生态系统中的转化和循环。

第六节 作物与土壤的关系

一、土壤对作物的生态作用

（一）土壤物理性质与作物的生态关系

1. 土壤质地和结构 土壤的基本物理性质是指土壤质地（soil texture）、土壤结构（soil structure）、土壤容重（soil apparent density）、土壤孔隙度（soil porosity）等。其中土壤的质地和结构性质，并由此而引起的土壤水分、土壤空气和土壤热量的变化规律，对作物的根系和作物的营养状况可能产生明显的影响。按照土壤质地，一般可以把土壤分为3类9级：砂土类（sandy soil）（包括粗砂土和细砂土）、壤土类（loam soil）（包括砂壤土、轻壤土、中壤土和重壤土）、黏土类（clay soil）（包括轻黏土、中黏土和重黏土）。由于土壤质地对水分的渗入和移动速度、持水量、通气性、土壤温度、土壤吸收能力、土壤微生物活动等各种物理性质、化学性质和生物学性质都有很大影响，因而又直接影响作物的生长和分布。

砂质土粒间孔隙较大，大都为非毛管孔隙，土壤结持性差，松散性和透水性好，但不保水保肥，是一种抗旱和抗风能力弱的土壤。同时砂性土通气性好，有机质分解快，养分也不易保蓄。在这种土壤上生长的作物，常常呈前期猛长似疯，后期脱肥早衰现象。但砂性土热容量小，增温快，降温也快，昼夜温差大，有利于糖类的积累，对块根、块茎类作物的产品器官形成有利。砂性土易耕作，适耕期长，只要有墒播种，出苗整齐。在砂性土上施肥，宜勤施少施，这样可以防止作物早衰。

壤质土砂粒和黏粒含量比例适中，毛管孔隙与非毛管孔隙比例适当，保水供水性能和保肥供肥性能均很好；耐旱耐涝，适耕期长，耕性良好，既发小苗也发老苗，适于种植各种作物，是耕地中的“当家地”和高产田。

黏质土黏粒含量比较高，毛管孔隙比例大，通透性差；吸附作用强，保肥性好，作物前期不易“拿苗”，但后期无脱肥现象，如果施肥太迟，往往因供肥缓慢造成后期生长过旺而推迟成熟，影响作物产量和品质。黏质土不耐旱也不耐涝，适耕期短，湿犁成片，耙时成线，耕作困难，整地质量差。黏质土出苗率低，应提高播种质量。

土壤结构是指土壤固相颗粒的排列形式、孔隙度以及团聚体的大小、多少及其稳定度。这些都能影响土壤中固、液、气三相的比例，进而影响土壤供应水分、养分的能力，影响通气和热量状况以及根系在土壤中的穿透情况。土壤中水、肥、气、热的协调，主要决定于土壤结构。土壤结构通常分为微团粒结构（直径＜0.25 mm）、团粒结构（直径为0.25～10 mm）、块状结构、核状结构、柱状结构、片状结构等。具有团粒结构的土壤结构和理化性质良好，由于团粒内部的毛细管孔隙可保持水分，而团粒之间的非毛细管孔隙则充满空气，能统一土壤中水和空气的矛盾。再者，由于团粒内部经常充满水分，缺乏空气，是嫌气微生物活动的场所，有机质分解慢，有利于有机质的积累；而团粒之间则常充满空气，有机质易分解转化为能被作物吸收利用的有效养分，这样可统一保肥和供肥的矛盾。此外，由于团粒结构的土壤水分较稳定，水的比热容大，土温也就相对稳定。因此团粒结构的土壤，其水、肥、气、热的状况是处于最好的相互协调状态，为作物的生长发育提供了良好的生活条件，有利于根系活动和吸收水分养分。

2. 土壤水分 土壤水分主要来自降雨、降雪和灌水；如果地下水位较高，地下水也可上升补充土壤水分。土壤水分在作物生长中的重要意义自不待言。土壤水分参与土壤中的物质转化过程，例如矿质养分的溶解和转化、有机物的分解与合成等。土壤水分本身或通过土壤空气和土壤温度可影响养分的生物转化、矿化、氧化与还原等，因而与土壤养分的有效性有很大的关系。土壤水分还能调节土壤温度，对于防高温和防霜冻有一定作用。所以控制和改善土壤的水分状况，例如提高土壤蓄水保墒能力、进行合理灌溉等，是提高作物产量的重要措施。

3. 土壤空气 土壤空气的组成，80%是氮，20%是氧和二氧化碳等。由于土壤中生物（包括微生物、动物和作物根系）的呼吸作用和有机物的分解，要求土壤中保持一定的氧气含量，一般为土壤空气的10%～12%。土壤空气中的二氧化碳以气体扩散和交换的方式进入近地的空气层，供作物光合作用所用。排水良好的土壤中含二氧化碳量在0.1%左右，二氧化碳积累过多会影响根系生长和种子发芽。土壤通气性还影响土壤微生物的种类、数量和活动，并进而影响作物的营养状况。

4. 土壤温度 一般说来，土壤温度比气温高，以年平均温度而言，一般土壤温度比气温高2～3℃左右，夏季明显，冬季相差较小。土壤温度影响作物的发芽，同一作物在不同的生育时期对土壤温度的要求也不同，土壤温度影响根系的生长、呼吸和吸收能力。对于大多数作物来说，在10～35℃的范围内，随着土壤温度的增高，生长加快。土壤温度过高或过低都影响根系的吸收能力。过低的土壤温度使土壤供水能力减弱，增加水的黏滞性，减弱原生质对水分的透性，同时降低代谢和呼吸强度，从而使吸水能力减弱。土壤温度过高可促使根系过早成熟，根部木质化程度增加，从而缩小根系的吸收面积，减弱吸水能力。同时，土壤温度还制约各种盐类的溶解速度、土壤气体交换和水分的蒸发、各种土壤微生物的活动以及土壤有机物质的分解速度和养分的转化，进而影响作物的生长。

（二）土壤化学性质与作物的生态关系

1. 作物与土壤酸碱度 各种作物对土壤酸碱度（pH）都有一定的要求（表4-8）。多数作物适宜在中性土壤上生长，典型的嗜酸性作物或嗜碱性作物是没有的。不过，有些作物及品种比较耐酸，另一些则比较耐碱。可以在酸性土壤上生长的作物有荞麦、甘薯、烟草、花生等，能够忍耐轻度盐碱的作物有甜菜、高粱、棉花、向日葵、紫花苜蓿等。紫花苜蓿被称为盐碱土的先锋作物。种植水稻也是改良盐碱地的一项措施。

表4-8 各种作物适宜生长的土壤pH范围

作　物	pH范围	作　物	pH范围
水稻	6.0～7.5	苕子	6.0～7.0
小麦	6.0～7.5	紫花苜蓿	6.0～8.0
大麦	6.0～7.5	紫云英	5.5～7.0
玉米	6.0～7.0	棉花	6.0～8.0
高粱	6.0～8.0	黄麻	6.0～7.0
荞麦	5.0～6.0	花生	5.0～6.0
甘薯	5.0～6.0	向日葵	6.0～8.0
马铃薯	5.0～6.0	油菜	6.0～7.0
大豆	6.0～7.0	甜菜	6.0～8.0
豌豆	6.0～8.0	甘蔗	6.0～8.0
蚕豆	6.0～8.0	烟草	5.0～6.0

2. 作物与土壤养分 作物生长和形成产量需要有完全营养的保证。不过，从施肥和作物对营养元素反应的角度，常常把作物分作喜氮作物、喜磷作物和喜钾作物 3 大类。

（1）喜氮作物 水稻、小麦、玉米、高粱属于这一类，它们对氮肥反应敏感。据 B. Gilland（1985）估算，这类作物每生产 1 000 kg 籽粒的平均吸氮量为 21 kg。因此平均每生产 48 kg 籽粒，植株就需吸收 1 kg 氮（约 2/3 的氮是生产籽粒蛋白质，剩余部分生产茎、叶和根的蛋白质）。

美国的 Wilcox 根据粮食作物的产量与其所含氮素之间的关系，在 20 世纪 40 年代提出了一个推算产量的公式，即：生物产量（kg/hm^2）$=24\times15/n$，式中，n 是生物产量的平均含氮量。以水稻为例，稻谷含氮量大约是 1.5%，稻草含氮量大约是 0.5%，如果谷∶草＝1∶1，则平均含氮量为 1%，代入上式，水稻的生物产量$=24\times15/0.01=36\ 000\ kg/hm^2$。再以谷草之比为 1∶1 折算，每公顷稻谷最高产量应达到 18 000 kg。

（2）喜磷作物 油菜、大豆、花生、蚕豆、荞麦等属于这一类。这些作物施磷后，一般增产比较显著。北方的土壤普遍缺磷，南方的红壤和黄壤贫磷，施磷增产效果良好。

（3）喜钾作物 糖料作物、淀粉作物和纤维作物（例如甜菜、甘蔗、烟草、棉花、薯类、麻类等）属于这一类，向日葵也属于喜钾作物。施用钾肥对这些作物的产量和品质都有良好的作用。

以上划分的方法只有相对的意义，其实在作物生产上，缺乏任何一种营养元素都势必造成减产。

作物通过光合作用合成含有碳、氢、氧的糖类，又通过吸收作用积累氮、磷、钾、钙、镁、硫、铁、氯、锰、锌、硼、铜、钼等无机元素，共同建成作物的植株。作物收获时体内所含有的无机元素数量，即它们的养分需要量，也称为养分带出量。在这方面，国内外已经进行过许多测定。由于品种不同，土壤肥力不同，产量水平和经济系数不同，各种作物的养分需要量并不是固定不变的。这里应说明的是，作物的养分需要量是指作物主产品和副产品的养分含量，可以通过化学分析求得。不同作物不同品种的养分需要量主要决定于产量的高低和植株各个器官在生物产量之中所占的比例（器官平衡），因为不同器官的氮、磷、钾含量有很大的差别。不同作物对微量元素的需要量不同，水稻需硅较多，被称作硅酸盐作物；油菜对硼反应敏感；豆科和茄科作物则需要较多的钙。

在土壤全磷含量高而有效磷普遍缺乏的情况下，通过发掘作物的自身潜力，减少土壤对磷酸盐的固定、吸附，活化土壤无效磷，以提高磷素的利用效率，对于提高粮食产量、降低生产成本和保护生态环境有重要的作用。从植物营养学的角度，养分效率是指生长介质中单位养分产出的生物产量或经济产量。单位养分产量又可在两种条件下来描述：①生长介质中养分供应充足时，养分效率主要决定于植物的生物产量或经济产量；②在生长介质中养分不足时，养分效率决定于植物从介质中吸取养分的能力及在体内相对低的养分浓度下，保持正常代谢的能力。前者指吸收能力，可用总吸收量表示；后者指生理利用率，通常称为利用率，用植物体内单位养分量生产的生物产量或经济产量表示。植物营养高效型（nutrient-efficient plant type）通常是指该基因型在养分低于正常供应的介质中能生产出高于标准基因型的生物产量或经济产量。由于磷素营养的普遍"遗传学缺乏"，植物活化及吸收土壤磷的能力显然是磷高效基因型的最重要特征。因此与对照比较，如果一个基因型能从土壤中吸收更多的磷并能高效地利用所吸收的磷产生生物产量及经济产量，该基因型就是磷高效基因型。研究表明，不同作物或相同作物不同基因型（品种）对磷素的吸收和利用效率差异较大。pH 变化和根系分泌物可使土壤中的磷活化，提高磷素的有效性。例如豆科作物固氮可造成根际酸化，导致根际 pH 下降，因此在碱性土壤中，豆科作物可较好地利用碱性土壤中的磷。E. Hoffland（1989）的研究表明，油菜在缺磷胁迫下根尖能分泌有机酸，以增强土壤中磷酸盐的溶解度，提高土壤磷的有效性。研究表明，植物磷素利用效率的遗传控制是相当复杂的，具有数量遗传的性质，受多基因控制，又存在明显的基因互作。目前，许多高亲和磷转运子基因已被克隆，磷向地上部转运和磷吸收负反馈调节的控制基因也已被发现，对于根系分泌有机酸和酸性磷酸酶基因的控制也有了一定的了解。例如 R. S. Reiter 等（1991）利用限制性片段长度多态性（RFLP）技术研究了玉米抵抗低磷胁迫的分子机制，发现有 6 个限制性片段长度多态性标记位点与玉米抗低磷胁迫的表现型有显著相关性。吴平等（2000）则以水稻相对分蘖力、相对生物量、相对磷吸收量及相对磷利用率为参数在第 12 号染色体上定位了耐低磷的主效基因位点 *PHO*，基因效应分析显示具有较高磷吸收能力是水稻耐低磷胁迫的主要机制。这些研究为作物在低磷下有效利用磷基因的克隆及开展基因工程奠定了一定的基础。

3. 作物与土壤有机质　土壤有机质（organic matter）是土壤的重要组成成分，它与土壤的发生演变、肥力水平和许多属性都有密切关系。有机质是各种作物所需养分的源泉，它能直接或间接地供给作物生长所需的氮、磷、钾、钙、镁、硫和各种微量元素，有机质可促进土壤团粒结构的形成，能改善土壤的物理性质和化学性质，影响和制约土壤结构的形成及通气性、渗透性、缓冲性、交换性和保水保肥性能，而这些性能的优劣与土壤肥力水平的高低是一致的。山东省 2005 年和 2006 年小麦公顷产量 9 000～10 500 kg 的高产纪录，都是在土壤耕层有机质含量为 1.20%以上的地块上创造的。所以土壤有机质含量和性质是评价土壤肥力（soil fertility）的重要指标。对农田来说，土壤培肥的中心环节就是保持和提高土壤有机质含量，培肥的重要手段就是增施各种有机肥、秸秆还田和种植绿肥。土壤培肥是保持农业可持续发展的根本条件。

（三）土壤生物学性质与作物的生态关系

土壤生物学性质是土壤动植物和微生物活动所造成的一种生物化学特性和生物物理学特性。这个特性与作物营养也有十分密切的关系。土壤微生物直接参与土壤中的物质转化，分解动植物残体，使土壤有机质矿质化和腐殖质化。含氮的有机物质（例如蛋白质等），在微生物的蛋白水解酶的作用下，逐步降解为氨基酸（水解过程）；氨基酸又在氨化细菌等微生物的作用下，分解为 NH_3 或铵化合物（氨化过程）。旺盛的氨化作用是决定土壤氮素供应的一个重要因素，所形成的 NH_3 溶于水成为 NH_4^+，可被植物利用；NH_3 或铵盐在通气良好的情况下，被亚硝化细菌和硝化细菌氧化为亚硝酸盐类和硝酸盐类（硝化作用），供给作物氮素营养。亚硝酸盐类和硝酸盐类若进入地表水或地下水，又会造成水体污染，产生负面效应。

此外，微生物的分泌物和微生物对有机质的分解产物二氧化碳、有机酸等，还可直接对岩石矿物进行分解；硅酸盐菌能分解土壤里的硅酸盐，并分离出高等植物所能吸收的钾；磷细菌、钾细菌能分别分解出磷灰石和长石中的磷和钾。这些细菌的活动也加快了钾、磷、钙等元素从土壤矿物中溶解出来的速度。可见土壤微生物对土壤肥力和作物营养起着极为重要的作用。

(四) 土壤耕层理化性质与作物生长

土壤耕层是指耕作措施经常作用的土层，也是作物根系分布的主要层次。耕层土壤的理化性质和养分状况直接影响作物根系的伸展和植株的生长发育，最终影响作物的产量和品质。以孙占祥为首的东北地区旱地耕作制度关键技术研究项目组分别在黑龙江省的白浆土、吉林省的黑土、辽宁省的棕壤和褐土 4 种土类上，通过 8 年、18 年、9 年和 12 年的定位试验，对玉米田耕层土壤物理化学性质和养分指标进行了系统的研究和分析，最终提出了上述 4 种土类高产耕层指标参数，为制定合理耕作栽培提供了科学依据。例如玉米高产田的耕层物理和养分指标参数见表 4-9。

表 4-9 玉米田高产耕层土壤物理和养分指标参数

(引自孙占祥等，2016)

土壤物理指标	耕层厚度 (cm)	犁底层厚度 (cm)	容重 (g/cm^3)	有效耕层土壤质量 ($\times 10^6$ kg/hm^2)	土壤三相比 (固：液：气)
白浆土参数	20～25	5～10	1.10～1.35	2.20～3.38	2：1：1
黑土参数	22～32	8～10	1.20～1.30	2.60～3.50	2：1：1
棕壤参数	20～30	5～8	1.25～1.30	2.50～3.90	2：1：1
褐土参数	22～35	5～10	1.10～1.30	2.86～4.55	2：1：1
土壤养分指标	**有机质含量 (g/kg)**	**速效氮含量 (mg/kg)**	**速效磷含量 (mg/kg)**	**速效钾含量 (mg/kg)**	**pH**
白浆土参数	20～30	200～230	40～60	120～150	5.8～6.3
黑土参数	23～31	150～200	50～100	150～280	5.0～7.5
棕壤参数	20～30	150～230	40～110	160～260	6.5～7.0
褐土参数	10～20	150～180	30～60	150～200	7.5～8.0

注：白浆土玉米产量大于 10 500 kg/hm^2，黑土玉米产量大于 13 500 kg/hm^2，棕壤玉米产量大于 10 500 kg/hm^2，褐土玉米产量大于 12 000 kg/hm^2。

二、土壤污染与作物

(一) 土壤污染对作物产量和品质的影响

土壤作为生态环境的重要部分，不仅直接受到污染物的污染，而且也是水污染和大气污染的受害者，土壤污染物按成分可分为无机污染物和有机污染物。无机污染物包括镉、铬、汞、镍、铅、锌等重金属，砷、硫等非金属，氮、磷等的无机盐及酸碱物质，还包括放射性物质等。有机污染物包括三氯乙醛、酚、石油、氰化物等有机毒物，耗氧有机污染物，病原微生物以及农药等。

土壤重金属污染物的来源主要是城市工业排出的废水、废气、废渣。含有重金属的工业废水、生活污水经过排污口排入到灌区和河流，并用来灌溉农田，会导致重金属进入土壤并积累起来。我国的镉污染比较普遍，涉及 12 个省份；其次是汞、锌、铬等。我国土壤镉的背景值为 0.01～1.80 mg/kg，平均为 0.163 mg/kg；土壤锌的背景值为 3～709 mg/kg，中值为 100 mg/kg。而受污染的土壤中镉、锌含量成倍增高，例如上海重金属污染区土壤镉的含量已达 3～5 mg/kg；沈阳张士污灌区附近 330 hm^2 农田含镉量达 5～7 mg/kg；锌污染区土壤锌含量可达 1 000 mg/kg，最高可达 1 500 mg/kg。

随着农药、化肥的大量施用，农业自身污染问题也逐渐暴露出来。例如有机氯农药六六六、滴滴涕（DDT）等高残毒杀虫剂，含汞农药赛力散、西力生等和含铅、汞等高毒性重金属的农药，以及某些特异性除草剂，对土壤和作物的污染极为严重。农药通过农产品在食物链中逐级浓缩和积累，最终危害人类。

土壤中的有毒物质能直接影响作物的生长，使作物生长发育受阻，作物的光合作用和蒸腾作用下降，产量减少，产品品质变劣。中国科学院长沙农业现代化研究所（1997）对湖南省农田镉污染的情况进行过调查，结果表明在各种冶炼厂的废气飘尘污染区，镉是最主要的污染元素之一，在各类镉污染农田中有 5%～10%的面积减产严重。据中国科学院沈阳应用生态研究所（1998）进行的不同作物对重金属复合污染物吸收特性的研究，对镉、铅、铜、锌、砷元素来说，作物种类不同，对重金属吸收、积累的特性也不尽一致，小麦、大豆籽粒吸收重金属的量较多，水稻根系吸收较多，玉米茎叶吸收较多，这些在作物不同部位中的重金属通过人或牲畜的食物链均可进入人体，产生慢性中毒。如果长期大量摄入镉会影响钙和磷的代谢，引起肾、骨和肝的病变，诱发骨质疏松、骨软化和肾结石疾病。

农业生产中氮素施用量大幅度增加，特别是为了片面追求蔬菜高产，过量施用氮肥，结果造成硝酸盐在蔬菜可食部分的大量积累。天津市土壤肥料研究所（1997）对天津市郊蔬菜污染状况的检测结果表明，大白菜、萝卜、芹菜和小白菜 4 种蔬菜 36 个样品中，硝酸盐检出率为 100%，最高超标 17.6 倍。据研究，进入人体的硝酸盐可被微生物还原成有毒的亚硝酸盐，亚硝酸盐可能与次级胺结合成强致癌物亚硝酸胺，从而诱发食道癌、胃癌、肝癌等。

（二）土壤污染的治理方法

日益严重的土壤污染，不仅影响作物的生长发育及其产品的数量和品质，而且通过食物链影响人体健康。近年来，国内外治理土壤污染，按处理方式分为工程措施、生物措施、农业措施和改良剂措施 4 类。工程措施是指用物理（机械）、物理化学原理治理污染土壤，常见的有客土、换土、去表土、翻土、隔离法、清洗法、热处理和电化学法（用电化学方法净化土壤中的重金属及部分有机污染物）。生物措施是利用某些特定的动物、植物和微生物较快地吸走或降解土壤中的污染物质，达到净化土壤的目的。施用改良剂、抑制剂等的作用是降低土壤污染物的水溶性、扩散性和生物有效性，从而降低它们进入植物体、微生物体和水体的能力，减轻对生态环境的危害。农业措施包括增施有机肥提高土壤环境容量，增加土壤胶体对重金属和农药的吸附能力；控制土壤水分，调节土壤氧化还原状况以及硫离子含量，降低污染物危害；选择合适形态的化肥，减少重金属对作物体的污染；选择抗污染的作物品种。研究表明，菠菜、小麦、大豆吸镉量多，而玉米、水稻吸镉量少。在中轻度重金属污染的土壤上，不种叶菜、块根类蔬菜而改种瓜果类蔬菜或果树等，能有效地降低农产品的重金属含量。在轻度污染的土壤上，选用早熟品种，可减少污染物在作物体内的积累量。同一种作物不同品种对污染物的吸收积累也不同，我国华南地区种植的水稻、豆角（菜豆）、油菜不同品种对镉的吸收积累也有明显差异。因此可以筛选出在食用部位积累污染物少的品种，用于进一步选育抗污染品种，或直接种植在中轻度污染的土壤上。改变栽培制度或将农用地改为非农业用地，将中轻度污染区作为良种基地繁育种子或改种非食用植物，例如花卉、苗木、棉花、桑麻类等，都是土壤污染综合治理的有效方法。

第七节　化感作用

化感作用的英文 allelopathy 源自希腊语，由 allelon（相互）和 pathos（忍受痛苦）两个词根组成。它所表达的是，植物之间通过分泌物所产生的化学相互作用。allelopathy 一词较早被译作对等感染、相生相克、互感作用等，直至 1992 年，国家自然科学名词审定委员会公布该词的中文译名为化感作用。

我国农民早已发现，谷子、大豆、烟草等作物不宜连作，将芝麻秸秆埋在土中可以抑制竹子蔓延，“芝麻叶上泻下的雨露最苦，草木治之必萎”（陈眉公著《致富奇书》），等等。这些案例表明，植物的分泌物、腐解物对下茬作物及周边作物是有影响的。

首次提出化感作用这个概念的是奥地利植物学家 H. 莫里什（Molish）。1937 年他发现成熟的苹果分泌的气体（乙烯）对豌豆芽等的生长起抑制作用，还能促使含羞草叶片脱落等。1955 年，德国学者 G. 格留麦尔（Grümmer）出版了《高等植物间的相互影响——对等感染》一书，作者把由一种植物分泌出来，对另一种植物的生长发育产生影响的物质称为考林（Koline）。书中引用了一幅白鲜（*Dictamnus*）果实分泌的挥发油可以被点燃的照片，直观地证实了分泌物的存在（图 4－12）。

图 4－12　白鲜（*Dictamnus*）分泌物的挥发油被点燃
（引自 G. Grümmer，1955）

格留麦尔还列举了一种植物的分泌物对另一种植物产生影响的实例。比如蓍（*Achillea millefolium*）的特殊分泌物对英国燕麦（*Lolium perenne*）生长不利。在盆栽试验中，即使为数不多的大麦苗也可强烈地抑制与之同时播种的三叶草的生长；同样，几株燕麦草便能使同盆中生长的三叶草的产量降低 30%。需要指出的是，试验盆中的水分和养分供应始终是非常充足的，因此可以排除二作物对水分、养分竞争的作用。

1956 年，乌克兰学者 C. И. 切尔诺布里文科（Чернобривенко）的专著《植物分泌物的生物学作用和间作中的种间相互关系》问世。作者在书中报道了历时 6 年研究小麦、菜豆和鹰嘴豆 3 种作物对其他 30 种作物影响的田间试验结果。以菜豆与玉米 6∶6 间作为例，玉米生长受到菜豆的抑制，且距离菜豆越近，玉米的株高越矮。

1962 和 1963 年，董钻在《中国农业科学》和《生物学通报》上分别发表了《农作物群落中不可忽视的生态因子》和《植物分泌物的生物学作用》两篇论文。在前一篇论文中，作者列举实例论述了在作物间种、混作和轮作、连作的作物选择搭配上都必须把分泌物的作用作为重要的生态因子予以重视。在后一篇论文中，作者列举了因分泌物的化感作用，亚麻、大豆、豌豆、甜菜等作物不可连作；大豆与大麻、菜豆与玉米、豌豆与鹰嘴豆不宜间作或混播。同时，作者还公布了他本人所进行的田间试验结果：蓖麻单作时，其根系在土壤中是正常分布的，即主根向下，侧根向四周伸展；而与鹰嘴豆间作的蓖麻，其整个根系避开鹰嘴豆，向另一侧偏转生长（图 4－13）。这一结果有力地证实了根系分泌物的强烈作用。

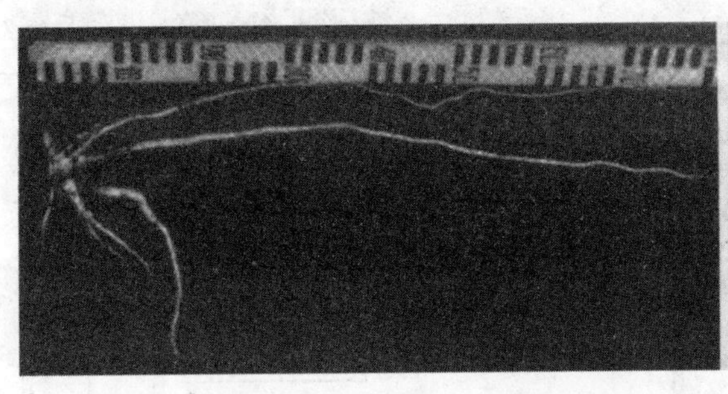
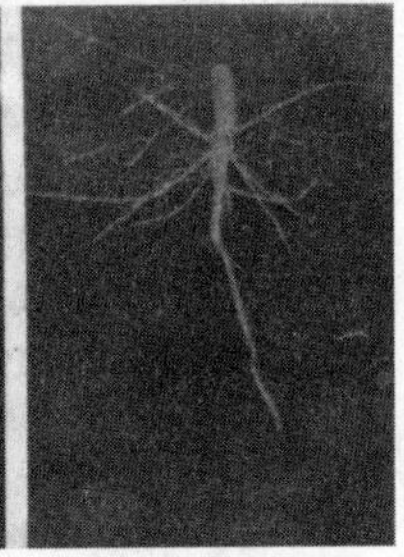

图 4-13　蓖麻的根系

左图．避开鹰嘴豆向一侧偏转的根系　右图．正常生长的根系

（引自董钻，1963）

20 世纪 80 年代之后，我国农学家对植物化感作用的研究越来越多。2001 年由孔垂华、胡飞编著的《植物化感（相生相克）作用及其应用》出版。书中对作物化感作用、化感物质、应用潜力等论述颇为详尽，涉及的对象几乎包括所有大田作物和蔬菜，在此仅举数例。高粱残茬分解后产生的物质对燕麦、小麦种子萌发和幼苗生长有抑制作用；混种水培试验显示，甘薯的根分泌物对花生的生长发育有明显的抑制作用，植株总干物质量下降 27%，荚果减产 50%。

还应指出的是，一种作物不单单可以通过化感作用对另一种作物发生直接作用，而且还可能通过抑制或刺激某些微生物（真菌、细菌、放线菌、病毒等）、昆虫，间接地影响毗邻生长的或下茬种植的另一种作物。例如在油菜和棉花田间种植大蒜，大蒜分泌的蒜素能抑制油菜菌核病和驱逐棉花蚜虫。花生极易遭受叶斑病和锈病的危害，有经验的农民将楝树叶放在花生田间，利用楝树叶淋溶的化感物质，可以有效地控制叶斑病和锈病的传播。枯萎病和黄矮病是土壤传播的两种病害，有试验结果表明，薄荷及其残株对上述病的病菌有抑制作用。

植物分泌物的成分是多种多样，相当复杂的，测定起来也非常困难。迄今已知的化感物质中主要的是酚类和类萜两类。小麦、黑麦、玉米等显示化感作用的物质是羟基肟酸，这种根系分泌物能使杂草的生物量减少 76%～93%。

作物生长期间向体外释放气态或液态的化感物质，可能对其周围的别种作物或杂草产生作用；收获后遗留的田间的残茬腐烂后所产生的物质也可能对后作带来或抑制或刺激的作用。因此在筹划作物种植方案时，应当把这种化感作用当作生态因子之一加以斟酌，克服其不利的影响，利用其有利的作用。

第八节　在处理作物与环境关系中应注意的问题

随着人口的增长和社会需求的增加，作物生产过程中，人类对自然的索取越来越多，环境的负担越来越重。因此当前世界各国对“资源节约”“环境友好”十分重视。赵明等（2016）在“全国青年作物栽培与生理学术研讨会”上作了作物生产系统“三协同”发言。其主要内容在于协调气候与作物、土壤与作物、作物个体与群体的关系（图 4-14）。

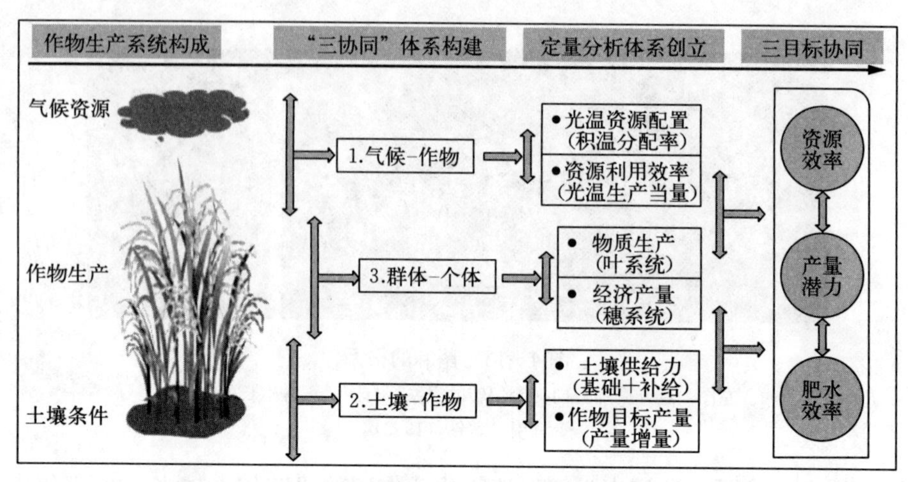

图 4-14　作物"三协同"体系构成

（引自赵明，2016）

在"气候-作物"关系中，要调节作物生长季内光热资源的利用，实现光热的高效利用；在"土壤-作物"关系中，要通过改善土壤状况和合理施肥灌水，满足作物对养分和水分的需求；而在作物"群体-个体"关系中，则要通过种植密度和植株配置方式的调配，挖掘作物生产潜力。

在作物生产过程中，作物与周围环境发生密切而复杂的关系，各种生态因子同时对作物产生影响，正确认识和恰当处理这些因子对掌握作物生长发育和产量形成的作用规律是至关重要的。

还在 1843 年，J. Liebig 就提出了最小养分律（law of minimum）。这个定律说的是，作物生长要求多种多样的养分，当土壤中某种养分缺乏或不足时，作物的生长发育和产量形成便受这种养分数量的制约。只有当这种养分数量增加后，作物的生长发育才会改善，产量才能提高。这个定律也称为短板原理，即：木桶能装下水的多少，取决于木桶中最短的那块木板的高度。简而言之，要想提高作物的产量，首先应当找出影响产量提高的那个最欠缺的因素，解决了这个因素，问题便迎刃而解了。

1915 年，V. E. Shelford 又指出，当某个因素过多（或超量）时，也会限制作物的产量，比如水过多同样影响作物的生长发育和产量形成，导致产量下降。

1905 年，F. F. Blackman 创立了限制因子原则。这一原则指出，在影响作物生长发育的诸多生态因子中，总是可以确定出一个在当时当地对某作物起关键作用的一个因子——限制因子。限制因子包括光、温、水、空气，也可能是化学物质。由于限制因子之间的相互作用，限制因子不止一个。譬如高温多伴随着干旱，水分过多常常伴随着土壤空气缺乏。在生产中，发现了限制因子，采取措施加以调剂，可以极大地提高产量。

复习思考题

1. 叙述作物、环境、措施三者之间的关系。
2. 叙述环境因素的分类和环境因素的特点。

3. 分别叙述光照度、日照长度和光谱成分对作物的生态作用。

4. 如何计算光能利用率的理论值和作物产量的高限？分析目前光能利用率低的原因。

5. 光合性能包括哪5个方面？如何调节光合性能获得作物高产高效？

6. 何谓作物的温度三基点？如何利用温度三基点理论采取栽培措施提高作物产量？

7. 何谓有效积温和活动积温？叙述积温在作物生产中的意义。

8. 叙述作物冻害、寒害、霜害的概念及其对作物伤害的生理原因。如何防止低温对作物的伤害？

9. 叙述高温对作物伤害的生理原因。如何防止和减轻作物的高温伤害？

10. 叙述水分对作物生长发育、产量和品质的影响。

11. 何谓作物的水分平衡？以育苗移栽为例说明作物栽培中如何维持作物的水分平衡。

12. 叙述干旱对作物的危害和作物抗旱性的特点。

13. 叙述涝害对作物的影响和作物的抗涝特点。

14. 叙述水体污染对作物的危害和治理污水的方法。

15. 叙述田间二氧化碳浓度变化规律和二氧化碳浓度与作物产量的关系。

16. 叙述土壤物理性质、化学性质和生物学性质与作物的生态关系。

第五章

作物栽培制度与技术措施

第一节　作物栽培制度

作物栽培制度（crop production system）是一个地区或生产单位的作物构成（crop composition）、配置（allocation）、熟制（cropping system）和种植方式（planting pattern）的总称。其内容包括作物布局（crop layout）、轮作（rotation）、连作（continuous cropping）、间作（row intercropping）、套作（relay intercropping）、带状种植（strip cropping）、复种（sequential cropping）等。

合理的栽培制度应该是体现当地自然条件、社会经济条件和生产条件的农作物种植的优化方案。合理的栽培制度应当有利于充分利用自然资源和社会经济资源；有利于保护资源，培肥地力，维护农田生态平衡；有利于协调种植业内部各种作物之间的关系，达到各种作物全面持续增产；同时还应当满足国家、地方和农户的农产品需求，提高劳动生产率和经济效益，增加农民收入。

合理的栽培制度还应构建用地养地相结合的耕作制度（farming system）。我国生态类型多样、南北差异大，各地要因地制宜建立耕地轮作制度，促进可持续发展。东北冷凉区，发展粮豆轮作、粮饲轮作等生态友好型耕作制度。东北农牧交错区，发展节水、耐旱、抗逆性强等作物和牧草，减少水土流失。西北风沙干旱区，依据降水和灌溉条件，以水定种，改种耗水少的杂粮杂豆和耐旱牧草。南方多熟地区，发展禾本科与豆科、高秆与矮秆等多种形式的间作、套种模式，有效利用光温资源，实现可持续发展。

一、作物品种布局

（一）作物布局

1. 作物布局的概念和意义　作物布局是指一个地区或生产单位作物构成及配置的总称。作物构成包括作物种类、品种、面积与比例（种植结构）等；作物配置是指作物在区域或田块上的分布。作物布局解决种什么作物、种多大面积、种在什么地方的问题，是建立合理栽培制度的主要内容和基础。

作物布局既包括粮、棉、油等大田作物，也包括饲料作物、绿肥作物、园艺作物（蔬菜、果树、花卉）和其他作物（例如食用菌、药材等）。作物布局范畴有大有小，大的可以是全国的，也可以是全省、全市、全县的，小的可以是一个生产单位或一家一户；时间上有长有短，长的有 5 年、10 年、20 年不等，短的可以是 1 年或 1 个生长季节的安排。在一年多熟制地区，作物布局既包括各季作物的平面布局，又有连接上下季的熟制布局。作物组成确定后，才可以进行适宜的种植方式，即单作（清种）、复种、间作、套作、轮作、连作等的安排。因而不同的种植方式会受到作物布局的制约，作物布局又受间作、套作、复种、轮作、连作等种植方式的影响。

我国幅员辽阔，自然条件和社会经济状况差异极大，作物布局不要照搬套用或“一刀切”，应当因地制宜，发挥区域特点和优势。

2. 作物布局的原则

（1）作物生态适应性是基础　作物的生态适应性是指作物的生物学特性及其对生态条件的要求与某地实际环境条件相适应的程度，简单地说就是作物与环境相适应的程度。生态适应性较大的作物分布较广，种植的面积可能较大；生态适应性较差的作物分布较窄。生态条件较好的地区，适宜种植的作物种类多，作物布局的调整余地大，选择途径多；生态条件较差的地区，适宜种植的作物种类少，作物布局的调整余地小。在进行作物布局时，要以生态适应性为基础，发挥当地资源优势，克服资源劣势，扬长避短，将那些生态适应性较好的作物组合在一起，形成一个优化的作物布局方案。

（2）社会需求是导向　作物生产的目的是产出社会需要的产品，作物布局也要服从和服务于这个根本目的。社会需求包括两个方面：①自给性生产需要，即直接用于生产者吃穿用等各种产品；②商品生产需要，即市场需要。社会需求状况和发展变化，制约作物布局类型，引导作物布局的发展方向。我国正处在由传统农业向现代农业转变的时期，作物生产的商品性特征越来越明显，市场对作物布局的制约和导向作用也愈加突出。

（3）社会经济和科学技术是保障　社会经济和科学技术可以改善作物的生产条件，例如水利、肥料、劳力和农机具等，为作物生长发育创造良好的环境，解决能不能种植某种作物的问题。同时，也为作物的全面高产、优质、高效、可持续发展提供保障，解决能否种好的问题。

作物生态适应性、社会需求、社会经济与科学技术对作物布局的影响各具特点，同时又彼此相互联系、相互影响。在自然状态下不能种植某作物的地区和季节，通过社会经济和科学技术的投入，可使种植该种作物成为可能。社会对某种产品需求迫切性的增加，也会促进社会经济向该方面增加人力、物力、财力和科技的投入，从而促进该作物面积扩大、产品数量增加和品质改善。

3. 作物布局的步骤与内容

（1）明确对产品的需求　对产品的需求包括作物产品的自给性需求与商品性需求。一般说来，一个地区或生产单位的自给性需求部分，可以根据本地历年经验和人口、经济发展等变化加以测算，其变化具有一定的规律性，可预测性比较大。商品性需求部分，产品随市场的变化而变化，往往难于预测。因此要在了解国家产业政策、市场价格变化趋势和交通运输、储藏加工能力的基础上，尽可能地确定长期的销售地区和对象，签订长期的供销合同，以便确保产品适销对路和经济效益。

（2）调查作物生产的环境条件　生产的环境条件包括当地的自然条件、生产条件、社会经济条件和科学技术条件。自然条件主要包括热量、水分、光照、地貌、耕地、土壤、环境质量等。生产条件包括水源、肥料、能源、机械、作物生产水平等。社会经济和科学技术条件包括劳动力、畜牧业、收入状况、市场、价格、政策、劳动者文化水平、科学技术应用情况等。

（3）确定作物生态适应性并进行分区　通过研究，区分出各种作物生态适应性的程度。在此基础上，从光、热、水、土等自然生态角度区分作物的生态最适宜区、适宜区、次适宜区与不适宜区，同时，结合社会经济和科学技术条件，进一步确定作物的生态经济区划或适宜种植地区的选择。作物的生态经济适宜区可划分为最适宜、适宜、次适宜和不适宜区。

（4）确定作物生产基地和商品基地　选定了适宜区和适生地，再结合历史生产状况和未来生产任务，大体上可以选出某种作物的集中产地，进一步选择商品生产基地。商品生产基地的条件是：生产技术条件较好，生产规模较大，资源条件好，有较大发展潜力，产品的商品率高。

（5）确定作物构成　确定各种作物间的数量关系，包括：粮食作物与经济作物、饲料作物的比例，春夏收作物与秋收作物的比例，主导作物和辅助作物的比例等。

在前述各项确定之后，还需对经济效益、物资和科技保障、人员素质等方面是否可行进行评估。

（二）品种选择及布局

在作物布局中，一个重要内容是同一作物的不同品种之间的面积比例。选择适宜的品种，确定品种及其所占面积比例和分布是作物栽培的重要环节之一。

1. 品种选择的原则　品种是在一定生态条件下形成的，对生态条件和栽培条件具有一定的要求。因此选择品种时应当遵循如下原则。

（1）适应当地的栽培制度　在作物和品种间应注意茬口与季节衔接。多熟制地区，应选择熟期适当而高产优质的品种；间作、套作地区宜选择早熟高产、株型紧凑、抗倒耐阴的品种。

（2）适应当地的自然条件和生产条件　各地的气候、土壤和生产水平不同，对品种的要求当然有所不同，要选择抗御当地主要自然灾害和与当地生产水平相适应的品种。随着生产水平提高和对良种性状需求的增强，品种应不断更新。

2. 品种合理布局和搭配　品种合理布局和搭配是按照一定区域范围的气候、土壤等自然因素、栽培制度、栽培水平、社会经济条件等，确定与之相适应的主要推广品种，同时还应选择一定数目的各具特点的品种搭配种植，避免品种单一化。

进行品种合理布局，要根据本区的主要生态因素、栽培制度以及栽培水平的实际，首先确定主推品种，再根据需要确定搭配品种。

了解品种，认识品种，摸清品种的特点是合理布局和搭配品种的前提条件。切忌盲目引进品种。引种鉴定、试验示范是认识品种最直接、最有效的办法，要加强这项工作，同时，也要参考外地特别是条件相似地区的试验结果。区域试验结果的资料是很有参考价值的信息，要充分予以利用。

二、作物种植方式

作物种植方式是指在一定的自然和社会经济条件下，形成的规范化耕地利用方式或作物种植形式，也称为作物种植模式，是作物与作物之间在时间、空间和平面上的组合方式。作物种植方式由作物结构和种植熟制两部分组成。作物结构指田间作物种群组成与空间配置，包括单一作物结构（单作）和多作物复合结构（间作、混作、套等）。作物种植熟制是指一年内种植作物的季数，包括一熟制和多熟制。

（一）作物种植方式类型

1. 单作一熟型　单作一熟型指单一的作物种类构成单一的群体结构并实行一年一熟制，生产上称为单作，例如小麦一年一熟、春玉米一年一熟等。其主要特点是群体结构单一，种植技术简单，管理方便，也有利于机械化操作，但在生长季节较长的地区不能充分利用气候和土地资源，农田产出量低。因此这种模式只适应于生长季节较短的地区。

2. 单作多熟型　单作多熟型指单一的作物种类构成单一的群体结构，但在一年内种收两次以上。即第一茬作物收获后，直播或移栽第二茬、第三茬作物，构成多熟种植，例如小麦—玉米、小麦—水稻等。其主要特点是一年种收两季以上，延长光合作用时间，集约利用农业资源，通过熟制提高土地产出，适于生长季节较长、水肥及劳动力充足的地区。

3. 多作一熟制　多作一熟制指两种或两种以上的生育期相近、种收同时或基本同时的作物组成的复合群体结构（间作、混作）。其特点是可从空间上集约利用光、热、水、土资源，主要适应于人多地少的地区。

4. 多作多熟型　多作多熟型指在同一块地上，一年内分期种植两种或两种以上生育季节不同作物并构成复合群体结构的种植方式。两茬或两茬以上作物套作就是多作多熟制的典型代表。但多种作物构成复合群体结构，田间结构复杂，必须选配合理的田间结构和套种时间，才能发挥其增产增收作用。

（二）轮作与连作

世界上许多国家为了研究作物轮作和连作对产量和土壤肥力的影响，都进行了长期定位试验，例如英国洛桑试验站（Rothamsted Research，UK）、俄罗斯季米里亚捷夫试验站、黑龙江省农业科学院长期定位试验站。

1. 轮作和连作的概念

（1）轮作的概念　轮作指在同一块田地上有顺序地轮换种植不同作物的种植方式。例如一年一熟条件下的大豆→小麦→玉米、大豆→玉米→高粱（谷子）3年轮作；在一年多熟条件下，轮作由不同复种方式组成，称为复种轮作，例如油菜—水稻→绿肥—水稻→小麦/棉花→蚕豆/棉花4年轮作（“→”表示年间接茬种植，“—”表示年内接茬种植，“/”表示套种，下同）。

（2）连作的概念　与轮作相反，连作是在同一田地上连年种植相同作物或采用同一复种方式的种植方式。前者称为连作，其中第二年（季）连作也称为重茬；后者称为复种连作，例如小麦—玉米→小麦—玉米。

2. 轮作的意义

（1）合理利用农业资源，经济有效地提高作物产量　根据作物的生理生态特性，在轮作中前后作物协调搭配、茬口衔接紧密，既有利于充分利用土地、降水和光、热等自然资源，又有利于合理利用机具、肥料、农药、灌溉用水以及资金等社会资源，还能错开农忙季节，均衡使用劳畜力，做到不误农时和精细耕作。合理轮作还是经济有效提高产量的一项重要农业技术措施。据调查，我国稻田的复种轮作比复种连作，一般绿肥可增产30%～70%，麦类可增产20%，水稻可增产10%～20%。稻棉水旱轮作，稻和棉均增产，且效益高。

（2）协调利用土壤养分，改善土壤理化性质　不同类型的作物轮换种植，能全面均衡地利用土壤中各种营养元素，充分发挥土壤的生产潜力。例如稻、麦等各类作物对氮、磷和硅吸收量较多，对钙吸收少；豆类作物对钙和磷吸收较多，吸收硅较少；烟草和薯类消耗钾较多；小麦、甜菜和麻类作物只能利用土中可溶性磷，而豆类和十字花科作物利用难溶性磷的能力较强。深根与浅根作物轮换，能充分利用耕层及耕层以下的土壤养分和水分，减少流失，节省肥料。绿肥和油料等作物以其残茬、落叶、根系等归还土壤，直接增加土壤有机质，既用地又养地，豆科作物还有固氮作用。水旱轮作，能增加土壤非毛管孔隙，改善土壤通气状况，提高氧化还原电位，防止稻田次生潜育，促进有益的土壤微生物的繁殖，从而提高地力和肥效。

（3）减轻病虫危害　抗病作物或非寄主作物与容易感染病害的作物实行定期轮作，可以消灭或减少病原菌在土壤中的数量，从而减轻作物因病害所受的损失。水旱轮作，淹水能显著减轻旱田作物土壤传播的病虫害感染。轮作还可以利用某些作物根际产生的病原抑制物质来减轻病害，例如甜菜、胡萝卜、洋葱、大蒜等根际分泌物可抑制马铃薯晚疫病的发生。

（4）减少田间杂草　实行轮作后，由于不同作物的生物学特性、耕作管理不同，能有效地消灭或抑制杂草。例如大豆与甘薯轮换，菟丝子就因失去寄主而被抑制。水田改成旱地后，适应水生的杂草（例如眼子菜、鸭舌草、野荸荠、藻类等）因得不到充足的水分而死亡；反之，旱田改成水田后，旱地杂草因淹水而死亡。

3. 合理轮作制的建立

（1）轮作周期　轮作周期是指在1个轮作区内，每轮换1次完整的顺序所用的时间。轮作周期的长短主要取决于组成轮作作物的种类的多少、主要作物面积的大小、轮作中各类作物耐连作的程度和需要间隔的年限、养地作物后效期的长短等。

（2）轮作中作物的组成　轮作中所有作物必须适应当地的自然条件，并能充分利用当地的自然资源；轮作中应确保主作物占有较大面积，且用地、养地作物各占一定比例。此外，还要考虑当地的机械、劳力、水利等生产条件。

（3）轮作顺序　轮作中一定要根据茬口特性，坚持用养结合，合理安排轮作顺序。

4. 连作的危害及连作技术　据地处黑土地腹地的中国科学院东北地理与农业生态研究所海伦试验站连续21年的定位试验结果，经21年玉米连作之后，土壤有机质含量由当初的54.9 g/kg下降到46.3 g/kg，产量由7 759.5 kg/hm^{2}降至6 807 kg/hm^2。小麦→玉米→大豆轮作的正茬大豆平均产量为2 670 kg/hm^2，而长期连作的大豆产量为2 072 kg/hm^2（韩晓增，2015）。

（1）连作的危害　导致作物连作受害的原因有生物因素、化学因素和物理因素3个方面。作物连作障碍主要是伴生性和寄生性杂草危害加重、某些专一性病虫害蔓延加剧、土壤微生物种群变化、土壤酶活性变化等。连作造成土壤化学性质发生改变而对作物生长不利，主要是营养物质的偏耗和有毒物质的积累。某些作物连作或复种连作，会导致土壤物理性质显著恶化，不利于同种作物的继续生长。例如南方在长期推行双季连作稻的情况下，因为土壤淹水时间长，加上连年水耕，土壤大孔隙显著减少，容重增加，通气不良，土壤次生潜育化明显，严重影响连作稻的正常生长。

但是连作运用得当，也有较好效益。首先，可增大适宜当地气候土壤的作物的比例，例如棉花适于亚热带的肥沃土壤种植，甘蔗适于热带种植。其次，连作的作物单一，专业化程度高，生产成本较低，技术容易掌握，能获得较高产量。

（2）不同作物对连作的反应　根据作物对连作的反应，可将其分为下述3种类型。

①忌连作的作物：忌连作作物又可分为耐连作程度略有差异的两种类型。一类以茄科

的马铃薯、烟草和番茄，葫芦科的西瓜，亚麻科的亚麻，以及藜科的甜菜等为典型代表，它们对连作反应最为敏感。另一类以禾本科的陆稻，豆科的豌豆、大豆、蚕豆和菜豆，麻类的大麻和黄麻，菊科的向日葵，茄科的辣椒等作物为代表，这些作物若连作，生长发育受到抑制，造成较大幅度的减产。

② 耐短期连作作物：甘薯、紫云英、苕子等作物，对连作反应的敏感性属于中等类型，生产上常根据需要对这些作物实行短期连作。这类作物连作两三年受害较轻。

③ 耐连作作物：这类作物有水稻、甘蔗、玉米、麦类、棉花等，它们在采取适当的农业技术措施的前提下，耐连作程度较高。

(3) 连作技术　连作障碍难以完全消除。但是合理地选择连作作物和品种，有针对性地采取一些技术措施能有效地减轻连作的危害，提高作物耐连作程度，延长连作年限。

① 选择耐连作的作物和品种：对那些较耐连作，种植面积较大，经济上又特别重要的作物，在轮作顺序中应适当增加其连作年限，以减少轮作中其他作物的组成，或延长轮作周期。在复种轮作中，对某季耐连作的作物可连续种植，但可轮换品种和其他季节的作物，例如绿肥—水稻→油菜—水稻→麦类—水稻等。在增施肥料和加强病虫害防治的条件下，可较长期连作小麦、水稻、棉花等作物，或由这些作物组成复种连作。

② 采用特殊的栽培技术：烧田熏土、激光处理、高频电磁波辐射等进行土壤处理，可杀死土传病原菌、虫卵及杂草种子。用新型高效低毒农药、除草剂进行土壤处理或作物残茬处理，可有效地减轻病虫草的危害。增施肥料，及时补充营养成分，可使土壤保持养分的动态平衡。通过合理的水分管理，冲洗土壤有毒物质等。

(三) 复种

1. 复种的概念　复种是指在同一块地上一年内接连种植两季或两季以上作物的种植方式。同一块田地，一年内种收两季作物，称为一年二熟（double cropping），例如小麦—夏玉米；一年种收 3 季作物，称为一年三熟（triple cropping），例如小麦（油菜）—早稻—晚稻；两年内种收 3 季作物，称为二年三熟，例如春玉米→冬小麦—夏甘薯。

耕地复种程度的高低通常用复种指数表示（sequential cropping index）。复种指数是全年总播种面积与耕地面积的比，公式为

$$复种指数=全年作物播种总面积/耕地面积\times 100\%$$

式中，“全年作物播种总面积”包括绿肥、青饲料作物的播种面积。复种指数的高低实际上表示的是耕地利用程度的高低，含义与国际上的种植指数相近。一年一熟的复种指数为 100%，一年二熟的复种指数为 200%，一年三熟的复种指数为 300%，二年三熟的复种指数为 150%。

2. 复种的条件　一个地区能否复种或复种程度的高低是有条件的，超越条件的复种既不能增产又不能增收。影响复种的自然条件主要是热量和水分，生产条件（例如水利、肥料、劳动力、畜力、机具等）对复种也产生影响。

(1) 热量　热量是决定一个地区能否复种的首要条件，只有满足各茬作物对热量的需求，才能实行复种。复种程度常由以下条件确定。

① 年平均气温：一般年平均气温在 8 ℃以下为一年一熟区，年平均气温在 8～12 ℃为二年三熟或套作一年二熟区，年平均气温在 12～16 ℃可以一年二熟，年平均气温在 16～18 ℃或以上可一年三熟。

② 积温：≥10 ℃积温低于 3 600 ℃为一年一熟，≥10 ℃积温在 3 600～5 000 ℃可以一年二熟，≥10 ℃积温在 5 000 ℃以上可以一年三熟。

③ 无霜期：无霜期在 150 d 以下只能一年一熟，无霜期在 150～250 d 可以一年二熟，无霜期在 250 d 以上可以一年三熟。

（2）水分　一个地区具备了增加复种的热量条件，能否复种就要看水分条件。水分包括灌溉水、地下水和降水。我国降水量与复种的关系是：小于 600 mm 为一年一熟，600～800 mm为一年一熟至一年二熟，800～1 000 mm 为一年二熟，大于 1 000 mm 可以实现多种作物的一年二熟或一年三熟。若有灌溉条件，也可不受此限制。

（3）地力和肥料　土壤肥力高有利于复种。复种指数提高后，应增施肥料，才能保证土壤养分平衡和高产多收。

（4）劳动力、畜力和机械化　复种时种植次数增多，用工量增大，前作收获后作播种，时间紧迫，农活集中，对劳动力、畜力和机械化条件要求高。

（5）技术保证和经济效益　技术包括品种、耕作栽培技术、复种间套技术等，必须满足复种的要求。此外，复种还必须考虑经济效益。

3. 复种的技术　复种是一种时间、空间、投入、技术高度集约的农业，只有因地制宜地运用栽培技术，才能达到复种高效的目的。

（1）作物组合　适宜的作物组合，有利于充分利用当地光热水资源，利用休闲季节增种一季作物。例如南方利用冬闲田种一季喜凉作物；华北和西北等以小麦为主的地区，在小麦收后有 70～100 d 夏闲季可种荞麦、早熟玉米、大豆等。全国许多地方可以利用短生育期作物替代长生育期作物，开发短间隙期填闲作物。短间隙期一般在 2 个月左右，常可种植绿肥、饲料和蔬菜，例如成都平原收稻至种麦之间有 2 个月的间隙，可种 1 季蔬菜。在晚稻不稳产地区，可发展再生稻。

（2）品种搭配　生长季节富裕地区应选用生育期较长的品种，例如长江流域一年二熟区，各季应选生育期较长的品种，达到全年高产。生长季节紧张的地方应选用早熟高产品种。调剂作物品种的熟期，还应注意避灾保收。

（3）充分利用生长季节　为充分利用生长季节，改直播为育苗移栽可缩短本田期，可运用带状套作技术，可应用促进早发早熟技术，可采用作物晚播技术，可运用地膜覆盖等设施农业技术。

4. 主要复种方式

（1）二年三熟　这种复种方式主要分布于暖温带北部一季有余两季不足地区，该地区≥10 ℃积温在 3 000～3 500 ℃，主要复种形式有：春玉米→冬小麦—夏大豆、春玉米→冬小麦—夏甘薯、冬（春）小麦—夏大豆（或绿豆、芝麻）→冬小麦—夏闲等。

（2）一年二熟　≥10 ℃积温在 3 500～4 500 ℃的暖温带是旱作一年二熟制的主要分布区域，例如黄淮海平原主要有小麦—玉米一年二熟、小麦—大豆一年二熟、小麦—花生一年二熟、小麦—烟草一年二熟。≥10 ℃积温在 4 500～5 300 ℃的北亚热带是水稻—小麦一年二熟的主要分布区域，并兼有部分双季稻，例如江淮丘陵平原和西南地区，主要有小麦—水稻和油菜—水稻两种，这个地区的旱地以小麦（油菜）—玉米、小麦—甘薯、小麦—棉花—年二熟为主。

我国黄淮海地区冬小麦—夏大豆复种已经积累了非常成熟的经验。山东省农业科学院作物研究所在嘉祥县取得了麦豆双丰收的结果。2013 年 10 月 13 日冬小麦（“济麦 22”）播种，翌年6月15日收获，每公顷产9 300 kg；麦收后立即播种夏大豆（“齐黄34”），于6月21日播种，每公顷株数为187 500株，10月9日收获，每公顷产4 653.0 kg。2014—2015年，该所在菏泽市试验，冬小麦（“良星77”）于10月13日播种，翌年6月13日收获，平均每公顷产8 625 kg；夏大豆（“齐黄34”）于6月21日播种，每公顷株数为187 500株，10月7日收获，平均每公顷产4 627.5 kg。中国农业科学院作物科学研究所2012年在北京市顺义区赵全营试验基地于上茬冬小麦每公顷产7 500 kg的茬口上，采用免耕覆秸精播栽培技术复种夏大豆（“中作J9083”），种植密度达到415 500株/hm^2，秋季收获大豆4 135.5 kg/hm^2。该所在河南省新乡基地，采用“种、管、收”全程机械化栽培技术，上茬冬小麦每公顷产超过7 500 kg，下茬夏大豆（“中作XA12938”）连续3年每公顷产量达到4 500 kg，其中一年每公顷产量高达5 044.5 kg。

（3）一年三熟　一年三熟主要有稻田一年三熟制和旱地一年三熟制。前者是以双季稻为基础的一年三熟制，主要有小麦双季稻和油菜双季稻，后者是分带套作一年三熟制，分布在西南丘陵旱地，以往以小麦/玉米/甘薯为主，近10年来小麦（油菜或马铃薯）/玉米/大豆模式发展迅速。

（四）间作、混作和套作

1. 间作、混作和套作的概念

（1）单作　单作也称为清种（sole cropping），是在同一块田地上只种植一种作物的种植方式，其特点是作物单一，群体结构简单，生育期一致，便于统一种植、管理和机械化作业。机械化程度高的国家和地区大多采用这种方式。

（2）混作　混作也称为混种（mixed intercropping），是把两种或两种以上作物，不分行或同行混合种植的种植方式，例如小麦与豌豆混种、芝麻与绿豆混种等，一般用符号“×”表示。其特点是简便易行，能集约利用空间，但不便管理更不便收获，是一种较为原始的种植方式。

（3）间作　间作（row intercropping）是在一个生长季内，在同一块田地上分行或分带间隔种植两种或两种以上作物的种植方式，一般用符号“‖”或“+”表示。其特点是群体结构复杂，个体之间既有种内关系，又有种间关系，种、管、收也不方便。

（4）套作　套作也称为套种、串种（relay intercropping），是在前季作物生长后期在其行间播种或移栽后季作物的种植方式，一般用符号“/”表示。套作选用生长季节不同的两种作物，一前一后结合在一起，二者互补，使田间始终保持一定的叶面积指数，充分利用光能、空间和时间，提高全年总产量。

（5）立体种植　立体种植（stereo cropping）系在同一农田上，两种或两种以上的作物（包括木本）从平面上、时间上多层次利用空间的种植方式。实际上立体种植是间作、混作、套作的总称。它也包括作物田间栽培食用菌、作物田间进行养殖（如稻田养蟹、养鱼、养鸭、养蜗牛等）以及山地、丘陵、河谷地带不同作物沿垂直高度形成的梯度分层带状组合。

套作和间作都有作物共生期，所不同的是，套作共生期短，少于全生育期的1/2，能提高复种指数，有效利用时间；间作共生期长，多于全生育期的1/2，有效利用空间。混作田间分布不规则，有效利用空间。

2. 间作、套作的效益原理　间作、套作人工复合群体具有明显的增产增效作用，其原理在于种间互补（complementation），主要表现为空间互补、时间互补、养分互补、水分互补、生物间互补等。

（1）空间互补　合理的间作、套作，在空间上配置的共性是将空间生态位不同的作物进行组合，使其在形态上一高一矮，或兼有叶形上的一圆一尖，叶片夹角的一平一直，生理上的一阴一阳，最大叶面积出现时间的一早一晚等，利用作物这些生物学特性之间的差异，使其从各方面适应其空间分布的不匀一性，在苗期可扩大全田光合叶面积，减少漏光损失；在生长旺盛期，增加叶片层次，有利于通风透光，改善二氧化碳供应，降低光饱和浪费；生长后期，则可提高叶面积指数。

（2）时间互补　各种作物的时间生态位不同，都有其一定的生育期。间作、套作通过不同作物在生长发育时间上的互补特性，正确处理前后茬作物之间的盛衰关系，充分利用生长季节，延长群体光合时间，增加群体光合势，从而增产增值。例如四川丘陵旱地，全年热量一年二熟有余而一年三熟不足，采用小麦、玉米、大豆三茬带状套种，小麦与玉米共生期为30～50 d，玉米与大豆共生期为50～60 d，争取了近100 d的生长期，实现了一年三熟，比一年二熟显著增产增值。

（3）养分和水分互补　作物的根系有深有浅，有疏有密，分布的范围有大有小；不同作物的根系从土壤中吸收养分的种类和数量也各不相同。运用作物的营养水分需求差异，正确组配作物，有利于缓和水肥竞争，提高水肥利用率，起到增产增收的作用。在玉米和大豆的间作、套作中，玉米是耗地作物，需氮较多，而大豆根瘤具固氮作用，达到了用养结合。

（4）生物间互补　间作、套作复合群体的种间关系，除了在对空间、时间、水肥利用方面的互补与竞争外，还通过植物本身及其分泌物产生生物间的互补与竞争。这种互补和竞争主要表现在如下几方面。

① 边行的相互影响：间作、套作中同一种作物边行的生态条件不同于内行，一般强势（株体高大，根系发达等）作物处于边际优势，而弱势（株体矮小，根系弱小）作物处于边际劣势。因此间作、套作时应合理搭配作物，采用相关技术措施，充分发挥边行优势，尽量减轻边行劣势。

② 病虫害和抗灾的相互影响：间作、套作复合群体中，由于多种作物共生，有利于生态系统的稳定，能减轻病虫害、草害、旱、涝、风等自然灾害的危害，从而达到稳产高产的目的。

③ 分泌物的相互影响：不同作物在间作、套作情况下，各自的分泌物是能够被相邻生长的另一种作物吸收并进而产生影响的。董钻（1963）通过沙培盆栽试验证实了上述观点。盆栽试验中，盆内半边种玉米，另一半种大豆。于幼穗期，在不同盆内的一种作物叶片上涂施同位素^{32}P。经过24 h之后，在同盆内未涂施同位素的另一种作物的叶片上也出现了^{32}P。玉米每克干物质从大豆上获得24 220 脉冲/min；大豆每克干物质从玉米上获得13 440 脉冲/min。可见玉米的吸收能力几乎相当于大豆吸收能力的2倍。该试验证明，间作、混作、套作的作物之间存在着分泌物的交换，至于一种作物的分泌物对另一种作物起刺激作用还是抑制作用，正是选择搭配间作、套作作物时应当斟酌的。

3. 间作、套作的技术要点

（1）选择适宜的作物和品种　选择间作、套作的作物及其品种，首先，要求作物对大范围的环境条件的适应性在共处期间要大体相同。例如水稻与花生、甘薯等对水分条件的要求不同，向日葵、田菁与茶、烟等对土壤酸碱度的要求不同，它们之间就不能实行间作、套作。其次，要求作物形态特征和生育特征要相互适应，以利于互补地利用环境条件。例如植株高度要高矮搭配，高位作物株型要紧凑，高度要适中，叶片要大小尖圆互补，根系要深浅疏密结合，生育期要长短前后交错，喜光与耐阴结合。最后，要求作物搭配形成的组合具有显著高于单作的经济效益。

（2）建立合理的田间配置 合理的田间配置有利于解决作物之间及种内的各种矛盾以及有利于机械化作业。田间配置主要包括密度、行比、幅宽、间距、行向等。

① 密度是田间合理配置的核心问题：间作、套作的种植密度要高于任一作物单作的密度，或等于单位面积内各作物分别单作时的密度之和；主作物占的比例应增大，密度要等于单作；副作物的比例应偏小，密度小于单作或等于单作。套作时，各种作物的密度与单作时相同，当上下茬作物有主次之分时，要保证主要作物的密度与单作时相同，或占有足够的播种面积。

② 选择适宜的幅宽和带宽：幅宽是间作、套作的各种作物顺序种植一遍所占地面的宽度，它包括各个作物的带宽和间距。幅宽是间作、套作的基本单元，一方面各种作物和行数、行距、带宽和间距决定幅宽，另一方面作物数目、行数、行距和间距又都是在幅宽以内进行调整，彼此互相制约。

③ 安排好行比和带宽：旨在发挥边行优势，减少边行劣势。间作作物的行数，要根据计划产量和边际效应来确定，一般高位作物不可多于、矮位作物不可少于边际效应所影响的行数。例如棉薯间作，棉花边行优势为1～4行，甘薯边行劣势为1～3行，那么棉花的行数不能超过4行，甘薯的行数不能少于3行。高秆作物与矮秆作物间作、套作时，高秆作物的行数要少，带宽要窄，而矮秆作物则要多而宽。

④ 间距是相邻作物边行之间的距离：在充分利用土地的前提下，主要应照顾低位作物，以不过多影响低位作物生长发育和有利于机械化作业为原则。间距应大于低位作物的行距；在光照条件好时，可适当窄些，反之则适当宽些；低位作物的耐阴性强时可适当窄些，反之则应宽些。

（3）作物生长发育调控技术 在间作、套作情况下，虽然合理安排了田间结构，但它们之间仍然有争光、争肥、争水的矛盾。为了使间作、套作达到高产高效的目的，在栽培技术上应做到：①适时播种，保证全苗，促苗早发；②加强肥水管理，在共生期间要早间苗，早补苗，早追肥，早除草，早治虫；③施用生长调节剂，控制高位作物生长，促进低位作物生长，协调各作物正常生长发育；④及时综合防治病虫害；⑤及时收获。

我国南方日照充足、雨水充沛、无霜期长，属于多熟制地区，适于发展禾本科与豆科、高秆作物与矮秆作物多种形式的间作、套作，有效地利用光温资源和耕地资源。四川农业大学杨文钰教授团队经十余年的研究，形成了玉米、大豆带状间作、套作空间配置技术，探明了间作、套作复合群体的光环境变化规律以及作物形态响应特征。他们的经验是，玉米宜选用株高250 cm左右、株型紧凑或茎叶夹角在30°以内、适于密植和机械收获的品种，大豆选用株高适中、株型紧凑、相对耐阴的品种；采取玉米与大豆带状间作、套作，加大带间距、缩小株（穴）距，使两种作物的种植密度与各自单作时相当。这样一来，复合群体的结构趋于合理，作物间的竞争得以缓解，使土地当量达到1.8，群体光能利用率达到1.6%，作物双双获得高产。这种带状间作、套作的另一优点是便于实行机械化作业。

第二节　土壤培肥与整地技术

一、土壤培肥技术

土壤肥力（地力）是指土壤水、肥、气、热 4 大地力因素相互制约和协调的结果所综合表现出来的生产能力。为了保持地力常新，久用不衰，就要不断地改善土壤的养分供应状况，培肥地力。培肥土壤的措施很多，现概括如下。

（一）轮作倒茬

早在 2 200 多年以前，《吕氏春秋·任地篇》就指出："凡耕之大方……息者欲劳，劳者欲息，棘者欲肥，肥者欲棘……"把土地的用养结合看作农田耕作的基本原则。同时还指出："力者欲柔，柔者欲力……急者欲缓，缓者欲急；湿者欲燥，燥者欲湿……人肥（耕）必以泽，使苗坚而地隙，人耨必以旱，使地肥而土缓。"强调通过良好的管理措施，调控土壤的各项肥力因素，使土壤肥水调和、松紧适宜、干湿得当、气水协调、供肥适度，符合作物的需要。

合理的轮作和耕作可调节土壤中的养分和水分，防止某些养分亏缺和气水失调；科学的轮作倒茬可使土壤中的养分、水分得到合理利用，充分发挥生物养地培肥增产的良好作用。"茬口倒顺，好比上粪"，说明实行轮作倒茬是用养结合、培肥土壤的有效途径。因不同作物残留的茎叶、根系和根系分泌物，对土壤中物质的积累和分解的影响不同；不同作物的根际微生物，对土壤养分、水分的要求不同；不同作物根系深度不同，利用养分、水分的层次也有差异。实行轮作倒茬，能起到相辅相成、协调土壤养分的效果。

（二）增施有机肥

有机肥是一切含有机质肥源的总称，主要是农家肥。有机肥种类繁多、营养全面、来源广泛，便于就地取材、就地积制，具有营养全面、肥效平缓、后劲大而持久等特点，有利于改良土壤、减少病虫害的发生和危害、改善作物品质等。有机肥主要有厩肥、堆肥、沤肥、粪尿、饼肥、沼渣、秸秆、绿肥等。在施用上，以有机肥为主，配合无机肥，可以增加土壤有机质，改良土壤理化性质及耕作性能，丰富土壤营养元素，保证土壤肥力全面提高。

农作物秸秆还田可迅速增加土壤有机质含量，使养分结构趋于合理，也可使容重降低，土质疏松，通透性提高，犁耕比阻减小，并可改善土壤结构及保水、吸水、黏结、透气、保温等性状，提高土壤本身调节水、肥、气、热的能力；也可为土壤微生物提供充足的营养和能量，促进微生物的生长、繁殖，提高土壤生物活性。秸秆主要通过以下方式还田：①机械碾（粉）碎还田，将各种秸秆用机械铡断、粉碎，再施用于农田；②过腹还田，将秸秆做成饲料，喂饲家畜，生产粪肥再还田，这是所有还田方式中经济效益最好的；③做成堆肥、沤肥，经过较长时间的堆沤，使其充分腐烂后再施用到农田；④直接还田，秸秆留茬、覆盖等。秸秆还田应注意：①秸秆的 C/N、C/P 比大，应补施氮、磷、钾肥，避免微生物与作物争肥。②在厌氧条件下分解容易产生和积累有机酸和还原物质，影响根系呼吸。如果还于水田中则应采用浅水灌溉，干湿交替的水浆管理；而还于旱地则要注意保墒，以土壤湿度为田间持水量的 60%～80%、土壤温度 30 ℃左右分解为快。③控制施用量，每公顷秸秆用量不宜超过 7 500 kg，以免影响分解速度和分解过程中产生过多的有毒物质。④有病虫害的秸秆不能直接还田，应制成高温堆肥或经病虫害防治处理后施用。

利用绿肥培肥地力，是用养结合，改良土壤理化性质的有效措施。种植的绿肥以能固定空气中氮素的豆科绿肥为主。一般豆科绿肥以鲜物质量计，含 N 0.5%～0.6%，含 P_2O_5 0.07%～0.15%，含 K_2O 0.2%～0.5%，C/N 低，容易分解，因此相当于偏氮的半速效性肥料。绿肥可直接翻压施用，以产量最高、积累氮多、木质化程度低的时期为好，一般以初花期或初荚期为翻压适期。翻压期还要使供肥期与作物需肥期相适应，并翻入 10.0～16.5 cm土层，以不露出土表为度。如能配合施用磷、钾肥，更可提高绿肥效果。此外，绿肥可先作饲料，再利用家畜粪尿，是最经济的利用形式。发展肥饲兼用、肥粮兼用的品种可进一步提高绿肥的经济效益。

（三）深耕改土和客土改良

深耕可加厚土壤耕作层，改善土壤孔隙状况，加深活土层，提高保墒能力，增强通气性，促进微生物活动，提高土壤有效养分，促进作物根系伸展，减少病虫害。另外，针对不同质地土壤，采用客土改良，调节土质。黏重土壤保水保肥性能好，但土性凉，通气差，耕作不便；砂质土的土质疏松，耕性好，通气性强，但保水保肥性差。针对这些特点，采取黏砂相掺，取长补短，把原来过砂过黏的土壤调节成黏砂适宜的壤质土，能有效协调耕层土壤的水、肥、气、热状况。

（四）因土施肥和测土配方施肥

砂质土壤有机质少、保肥力差、养分缺乏，作物生长后期易脱肥，应增施有机肥料，追肥宜少量多次。黏质土壤保肥力强，养分转化慢，宜用发酵的有机肥作基肥，注意施用炉渣，以改良土质。阳坡地应施猪粪、牛粪等凉性肥料；阴坡地、下湿地宜施骡马粪等热性肥料。生土地上应多施有机肥，配合施用速效性氮肥和磷肥。

测土配方施肥是根据土壤测试结果、田间试验、作物需肥规律、农业生产要求等，在合理施用有机肥的基础上，提出氮、磷、钾、中量元素、微量元素等肥料数量与配比，并在适宜时间，采用适宜方法施用的科学施肥方法。测土配方施肥技术包括测土、配方、配肥、供应、施肥指导等环节。测土配方施肥可以平衡土壤营养元素，保证作物养分需求，减少面源污染，促进生态环境保护，提高农产品品质。

二、整地技术

整地（land preparation）是指作物播种或移栽前一系列土地整理的总称，是作物栽培的最基础的环节。整地的目的在于利用犁、耙、耢、磙等农具，通过机械作用，创造良好的土壤耕层构造和表面状态，达到“平、净、松、碎”和“上松下实”，使水、肥、气、热状况适宜，提高土壤有效肥力，为作物播种和生长发育提供良好的土壤生态环境。

（一）土壤耕作的机械作用

1. 松碎土壤 作物种植过程中，由于各方面的作用，使土壤逐渐下沉，耕层变紧，总孔隙减少，特别是大孔隙所占比例降低，土壤容重加大，通气不良，影响好气性微生物活动和养分分解，也影响作物根系下扎和活动。所以每隔一定时期，需要进行土壤耕作，使土壤疏松而多孔隙，以增强土壤通透性。这是土壤耕作的主要作用之一。

2. 翻转耕层，混拌土壤 通过耕翻将耕作层上下翻转，改变土层位置，改善耕层理化性质及生物学性质，翻埋肥料、残茬、秸秆和绿肥，调整耕层养分垂直分布，培肥地力。同时可消灭杂草和病虫害，消除土壤有毒物质。采用有壁犁和旋耕犁耕地，圆盘耙或钉齿耙耙地，还可以混拌土壤，将肥料均匀地分布在耕层中，使土肥相融，使肥土与瘦土混合，成为一体，改善土壤的养分状况，使耕层成为均匀一致的营养环境。

3. 平整地面 通过表土耕作，可以整平地面，减少耕层表面积，减少土壤水分的蒸发，保护墒情。地面平整便于播种机作业，提高播种质量，使出苗整齐；提高浇水效率，节约用水；对盐碱地，则可减轻返盐，有利于播种保苗，提高盐碱地洗盐效果。

4. 压紧土壤 当土壤经过耕作、切碎翻转耕层后，可能造成土壤过于疏松，甚至垡块架空，耕层中出现大孔洞。在这种情况下，就要采用镇压的措施，将耕层土壤压紧，减少大孔隙，增加毛细管孔隙，抑制气态水的扩散，减少水分蒸发，还可以使耕层以下的土壤水分通过毛管孔隙上升（提墒），积集到耕层之内，为作物的种子发芽出苗和幼苗生长创造适宜的土壤水分条件。

5. 开沟培垄，打埂作畦 在高纬度、高海拔地区，气候冷凉，积温较少，开沟起垄实行垄作，可以增加土壤与大气的接触面，增加太阳的照射面，多接受热量，提高地温，有利于作物的生长发育，促进早熟。在多雨高温地区开沟起垄做高畦，主要是为了排水，增强土壤通透性，促进土壤微生物的活动和作物根系的生长。在种植块根、块茎类作物的地方开沟起垄，可以使耕层土壤加厚，使土壤通气排水，提高地温，有利于块根块茎的生长膨大，提高产量。水浇地上打埂做畦，便于平整地面，有利于浇水。风沙严重地区挖沟做垄实行沟种，可以挡风积沙，减轻风蚀。岗坡地上，时常是耕后不耙，保持垡块和高低不平的垄形，可以阻止雨后径流，防止表土流失。

（二）基本耕作措施

基本耕作（primary tillage），又称为初级耕作，指入土较深、作用较强烈、能显著改变耕层物理性状、后效较长的一类土壤耕作措施。

1. 耕翻 用有壁犁进行耕地，可翻转土层。耕翻（tillage）的作用是翻土、松土和碎土。首先将土壤上下层换位，在换位的同时将肥料、作物残茬、杂草及草籽、病虫、绿肥、牧草等一并翻至土壤下层，清洁地面；其次是使耕层土壤散碎、疏松，改善土壤通气透水性能，熟化土壤，强化土壤微生物活动。

（1）耕翻方法 耕翻的方法因犁的结构和犁壁形式不同分为 3 种：全翻垡、半翻垡和分层翻垡。全翻垡是用螺旋型犁壁将垡片翻转 180°，这种方法覆盖严密，灭草作用强，但碎土差，消耗动力大，只适合开荒，不适宜熟耕地。半翻垡是用熟地型犁壁将垡片翻转 135°，翻后垡片彼此相覆盖成瓦片状，垡片与地面呈 45°角，这种方法牵引阻力小，翻土、碎土兼有，适用于一般耕地。分层翻垡是采用复式犁将耕层上下分层翻转，地面覆盖严密，质量较高。

（2）耕翻时期 耕翻一般在作物收获后至下茬作物播种前进行。北方一年一熟或一年二熟地区，主要在夏收作物收后的休闲地上进行伏耕，秋作物收后进行秋耕，部分地区还有春耕。伏耕、秋耕在接纳蓄积雨水、减少地表径流、储墒抗旱等方面比春耕效果大。盐碱地可利用夏秋高温时耕翻以提高洗盐效果。北方地区春耕效果不好，耕翻易造成土壤水分大量蒸发。南方地区，土壤的排水通气是农作时的关键问题所在，因此该地区以耕翻为主，包括水稻收获后的秋冬深翻，翻后耙地，旱作收获后的春耕翻，耕翻后注重晒垡，以提高土壤的排水通气性。

（3）耕翻深度 耕翻深度因作物根系分布范围和土壤性质而不同。水稻、小麦、玉米、高粱等禾谷类作物和薯类作物 80%～90%的根系集中分布在表土至 20～25 cm 耕层内，棉花、大豆等直根系作物入土较深，但大部分也分布在 30 cm 以内。耕深超过主要根系分布的范围所起作用不大，过度的深耕常因肥料和辅助耕作跟不上，反而引起减产。根据深耕所需动力消耗和增产效益，一般认为目前大田生产耕翻深度，旱地以 20～25 cm，水田以 15～20 cm较为适宜。在此范围内，黏壤土，土层深厚，土质肥沃，上下层土壤差异不大，可适当加深；砂质土，上下层土壤差异大，宜稍浅。

2. 深松耕　用无壁犁、凿形犁、深松铲等对土壤进行全面或局部松土称为深松耕(subsoiling)。与耕翻相比较，深松耕的特点是只松土不翻土，土层上下不乱，松土深厚，松土深度可达 30～50 cm，能打破犁底层和不透水黏质层，对接纳雨水、防止水土流失、提高土壤透水性及改良盐碱土有良好效果。深松耕后能留茬保护地面，防止风蚀。用松土铲和凿形犁松土，能提高功效、节约能耗。但深松耕也存在一些问题，例如不能翻埋肥料、残茬和杂草，一般深松的田间杂草较多。

3. 旋耕　旋耕（rotary tillage）利用犁刀片的旋转，把土切碎，同时使残茬、杂草和肥料随土翻转并混拌。旋耕后地表平整松软，一次作业能达到耕松、搅拌、平整的效果，节省劳力。旋耕的碎土能力很强，北方多用于麦茬地、水浇地或盐碱地的浅耕，南方多用于水稻田插秧前的整地和水稻田的秋耕种麦。根据各地试验结果，水稻田用旋耕机整地具有明显的增产效果和经济效益。但旋耕深度较浅，一般只有 10～12 cm，起不到加深耕层的作用。旋耕用于表土作业，对消灭杂草、创造疏松表土层、破除板结效果良好。

（三）表土耕作措施

表土耕作（surface tillage）是用农机具改善 0～10 cm 土层状况的措施。多数表土耕作在耕翻后进行，因此也称为辅助耕作。其目的是配合耕翻等基本耕作，为作物创造良好的播种出苗和生长条件。

1. 耙地　耙地（harrowing）有疏松表土、耙碎土块、破除板结、透气保墒、平整地面、混合肥料、耙碎根茬、清除杂草、覆盖种子等作用。耙地使用的工具有钉齿耙和圆盘耙，耙地的深度一般为 3～10 cm。耕地后耙地，可平整地表，破碎土块，消灭坷垃。秋耕后立即播种冬小麦的土地，通过耙地踏实土壤，使播种深浅一致，同时还有保墒作用。早春耙地可疏松表土，破除板结，切断地表毛细管，有利于保墒。春播作物播前耙地主要是疏松耕层，为播种准备苗床。雨后、灌溉后耙地，可清除地表结皮，促进土壤的气体交换，切断毛管而保持下层水分。钉齿耙一般用于耕后、播前、雨后、灌水后、早春土壤化冻前后、播种前后以及出苗遇到不利条件及时运用；而圆盘耙一般用于作物收后的浅耕灭茬，清除和翻埋杂草、绿肥，有时也用圆盘耙耙地代替耕翻。

2. 耱地　耱地也称为盖地、擦地、耢地（land smoothing or rolling），是旱地和水田生产中常用的一项表土耕作。耱地主要有平土、碎土和轻微压土的作用；在干旱地区还能减少地面蒸发，起到保墒的作用。耱地使用的工具多用耐摩擦的荆条、柳条等树枝编织而成或用木板，现用的农机具大部分都带有耐磨的铁皮耱地机具。耱地作用于土壤深度为 3 cm 上下。一般耱地与耙地联合作业，即耙后紧接着耱地，因耙地后留有耙沟，耱地可填平耙沟，平整地面，使表土形成一层疏松的覆盖层，减少水分蒸发，有利于保墒。播种后耱地能促进种子与土壤紧密接触，有利于种子吸水、发芽、出苗。

3. 镇压　镇压（pressing）以重力作用于土壤，其作用为破碎土块，压紧耕层，平整地面和提墒。镇压使用的工具有V型镇压器、网型镇压器、圆筒型镇压器。传统的镇压工具有石磙子、石砘子等。镇压作用于土壤的深度一般为3～4 cm，如用重型镇压器可达9～10 cm。

土壤过松时，镇压可使上层土壤紧实，以减少水汽的扩散和水分的损失。冬麦越冬前镇压，可防冻和防旱，保证冬麦安全越冬。作物播种前镇压，可增加毛管孔隙，使底层水分上升到表层，供种子发芽利用。作物播种后镇压，可使种子与土壤紧密接触，以便吸水发芽和扎根，特别是对小粒种子更为重要。但镇压如运用不当，会引起一些不良后果，例如土壤过湿情况下镇压，会使土壤结成硬块，表层形成结皮，因此应掌握土壤的含水量在最适宜时进行镇压。镇压不宜在盐碱地或含水较多的黏质土上进行，也不宜在砂质土上进行。

4. 中耕 中耕（intertilling）也称为耪地、锄地，是在作物生育期间进行的一项表土耕作。中耕有松土、保墒、除草和调节土壤温度的作用。中耕的工具有中耕机、犁、耘锄以及人工操作的手锄和手铲。中耕的次数应根据作物种类和生长状况、田间杂草的多少、土质、灌溉条件的有无确定。中耕的深度应按“浅、深、浅”的原则，即在作物苗期根系浅、苗小的时候，中耕应浅，以免伤苗、压苗；作物生长发育中期，随着根系下扎，幼苗长大，中耕加深有利于根系的发育和松土通气、保墒、除草；到作物接近封行时，根系已向纵深发展，中耕又要浅，以免伤根。

中耕次数不宜太多，否则会造成行间过分疏松，好气微生物分解有机物质的矿质化过程旺盛，造成养分的非生产性消耗和土壤结构的破坏；在多风地区或坡地上还容易加剧风蚀和水蚀。

5. 起垄 起垄（ridging）是某些作物或某些地区特需的一种表土耕作。例如为块根、块茎作物地下部生长创造深厚的土层；在高纬度地区（即寒冷地区）有利于提高地温；在某些多雨或低洼地区，可以排水和提高地温；在水浇地上有利于灌水，使灌水均匀，节约用水。

（四）保护性耕作

1. 少免耕

（1）少耕 少耕（less tillage）指在常规耕作基础上减少耕作次数和强度的一类土壤耕作体系。它的类型较多，例如以田间局部耕作代替耕翻、以耙代耕、以旋耕代耕翻、耕播结合、铁茬（板田）播种、免中耕等。目前在国内外土壤耕作变革中，少耕有迅速发展的趋势，应用面积正在逐年扩大。

（2）免耕 免耕（no-till or zero tillage）又称为零耕、直接播种，指作物播种前不用犁、耙整理土地，直接在茬地上播种，在播后和作物生育期间也不使用农具进行土壤管理的耕作方法。免耕的关键环节，一是前作收获后直接播种，二是采用化学药剂除草。免耕时间可为一季作物、一年或数年之久。孙占祥等（2016）通过8年定位试验证明，以“原种卡垄”替代连年翻、松、耙、平和起垄后播种玉米（大豆），使轮作玉米、大豆分别增加产量7.19%和9.01%，收到了既节约生产成本，又增加产量的效果。

2. 覆盖耕作 覆盖耕作（mulch tillage）指在耕作或播种后，在地面上覆盖沙石、作物秸秆、塑料薄膜等覆盖物的耕作方法。覆盖耕作有良好的蓄水保墒效果。采用沙石覆盖耕过的土壤称为砂田，是我国西北旱区农民创造的一种蓄水、抗旱、保墒、稳产的耕作方法，主要分布在我国西北半干旱向干旱的过渡地区。

利用作物残茬覆盖地面是比较简单易行的旱地农业抗旱保墒、稳产增产的重要方法。其缺点是使地温降低，导致作物生育期略有延迟。今后有必要从覆盖耕种机械、残茬覆盖少免耕栽培、杂草防除技术等方面继续进行深入研究，在不断总结提高的基础上，逐年扩大残茬覆盖耕作的应用范围。

3. 保护性耕作　保护性耕作（conservation tillage）是国际上先进的农业生产技术，于20世纪30年代产生于美国。当时席卷了大半个美国的“黑风暴”迫使人们对传统的耕作方式进行反思和改革，从而促进了保护性耕作的形成和发展。其核心技术是通过少免耕、秸秆残茬覆盖、合理深松、化学除草灭虫，达到保水、保土、保肥、抗旱增产、节本增效、改善生态的目的。保护性耕作对于防止水土流失、治理沙尘暴也有良好的作用。

保护性耕作在我国发展十分迅速，北方以作物秸秆残茬覆盖地面，不耕翻土壤，通过机械播种实现少免耕种植，既可抗旱增产，还有治沙功能，对解决北方农业区的沙化问题具有明显作用。南方通过免耕秸秆覆盖直播小麦、油菜、玉米、大豆或移栽水稻（如四川等地研究推广的免耕高留茬抛秧技术）、玉米等，起到了保护土壤、节约成本等作用。保护性耕作在南方多熟地区尤其重要，有利于扩大复种面积、提高复种指数和节本增效。

第三节　播种与育苗技术

一、播种技术

（一）种子清选与处理

1. 种子清选　作为播种材料的种子，必须在纯度、净度、发芽率等方面符合种子质量的要求。一般种子纯度应在96%以上，净度不低于98%，发芽率不低于90%。因此播种前应进行种子清选（seed selection），清除空粒、瘪粒、病虫粒、杂草种子、秸秆碎片等夹杂物。主要的清选方法有筛选、风选和液体相对密度选等，今后的发展方向是在种子工厂清选、分级、包装之后出售。

（1）筛选　筛选主要是根据种子形状、大小、长短及厚度，选择筛孔相适合的筛子，进行种子过筛分级，剔除空粒、瘪粒、一些菌体、虫瘿、杂草种子等，选取充实饱满的种子。

（2）风选　风选是利用种子的乘风率不同进行分选。乘风率是种子对气流的阻力和种子在风流压力下飞越一定距离的能力。可以利用天然或人工风力剔除混杂在种子中的空粒、瘪粒和夹杂物。常用的风选工具有风车、风扬机、簸箕等。

（3）液体相对密度选　利用不同密度的溶液，将饱满度不同的种子分开，充实饱满的种子下沉至底部，轻粒上浮至液体表面，中等密度种子悬浮在液体中部。常用的液体有清水、泥水、盐水、硫酸铵水等。根据作物种类和品种，配制密度适宜的溶液。例如油菜籽相对密度为1.05～1.08，籼稻相对密度为1.08～1.10，粳稻相对密度为1.11～1.13，小麦相对密度为1.10～1.20。经过溶液选后，种子还需用清水洗净。为选择充实饱满种子，先用筛选或风选，再用液体相对密度选，效果更好。

2. 晒种　播前晒种（sunning seed）1～2 d，可促使种子后熟，打破休眠，提高种子发芽率。有资料表明，播种前晒种比不晒种发芽率提高5%左右，发芽势提高10%～20%。在水泥地上晒种要薄摊勤翻，防止暴晒，否则会影响发芽率。

3. 种子消毒　许多病虫害是靠种子传播的，例如水稻的稻瘟病、棉花的枯萎病、黄萎病等，种子消毒（seed disinfection）可预防这些病害的传播。常用的消毒方法有以下几种。

（1）石灰水浸种　1%石灰水可有效地杀灭种子表面的病菌。浸种时间视温度而定，一般35 ℃浸种1 d即可，20 ℃浸种需要2～3 d。浸种后必须用清水洗净种子。浸种时，水面应高出种子10 cm，否则，水面太浅时，种子吸水膨胀后会露出石灰水面，影响消毒效果。

（2）药剂浸种　药剂浸种可杀死种子内部的病原菌和线虫。具体应用时，不同作物、不同病害、不同地区应选用不同的药剂浸种。有些浸种的药剂有毒，操作时一定要注意人身安全。注意浸种时间和药剂浓度，以免产生药害。同时不能用铁器作容器，以免影响药效。处理后的种子要随即播种。

（3）药剂拌种　药剂拌种可使种子表面附着药剂，杀灭种子内外和出苗初期的病菌及地下害虫。拌种用药剂较多，常用的杀菌剂有多菌灵、粉锈宁、克菌丹、托布津、福美双、拌种双等，杀虫剂有呋喃丹、氧化乐果、辛硫磷乳油等。拌药后的种子可立即播种，也可储藏一段时间后播种［注意：生产A级绿色食品禁止使用呋喃丹（即克百威）、氧化乐果］。

4. 种子包衣　种子包衣（seed coating）是指利用黏着剂或成膜剂，将杀虫剂、杀菌剂、植物生长调节剂、抗旱剂、微肥、着色剂、填充剂等非种子物质包裹在种子外面，以达到使种子成球形或基本保持原有形状，提高抗逆性、抗病性，加快萌发，促进成苗，增加产量和改善品质的一项种子处理新技术。种子包衣可分为种子丸化和种子包膜两大类。

（1）种子丸化　种子丸化是指利用黏着剂，将杀虫剂、杀菌剂、染料、填充剂等黏着在种子外面，通常做成在大小和形状上没有明显差异的球形单粒种子。这种包衣方法主要适用于小粒农作物及蔬菜种子，例如油菜、烟草、甜菜、胡萝卜等，以利于精量播种。由于包衣时加入了填充剂（一般为惰性材料），因此种子的体积和质量都有所增加，相应地种子的单粒质量也增加。

（2）种子包膜　种子包膜是指利用成膜剂，将杀虫剂、杀菌剂、微肥、染料等包裹在种子外面，形成一层薄膜。经包膜后的种子，基本上保持原来种子的形状。这种包衣方法适用于中粒或大粒种子，例如水稻、小麦、玉米、大豆等。

包衣种子由专门的工厂生产，并有一定的标准和商品化要求。种子包衣可以代替播种前种子处理全过程，节约成本，并提高种子处理的效果。

5. 浸种催芽　浸种催芽（seed soaking and priming）就是为种子发芽提供适宜的水分和温度条件，使种子的发芽整齐一致，提高出苗率。浸种的时间和温度，根据作物的种类和外界的温度条件确定，一般气温高时，浸种时间短。在浸种过程中，水中的氧气会逐渐减少，二氧化碳和有毒物质含量增加，影响种子的发芽。为此要注意经常换水，保持水质清洁。催芽的适宜温度以保持在25～35 ℃为宜，超过35 ℃时要特别注意防止高温烧芽。为使催芽温度均匀一致，升温后每隔4～5 h翻动种子1次。催芽的方式很多，例如水稻温室催芽、地坑催芽、沙床催芽、围囤催芽等，其原理大体相同。许多作物（例如小麦、玉米、油菜等）一般不需要浸种催芽或只浸种不催芽，但在晚播条件下，浸种催芽可提前出苗3～5 d。

（二）播种期的确定

在作物适宜的播种期（sowing date）播种不仅可以保证发芽所需的各种条件，而且能使作物各个生育时期处于最佳的生育环境，避开低温、阴雨、高温、干旱、霜冻、病虫等不利因素，使作物生长发育良好，获得高产优质。

1. 依气候条件确定播种期　作物对温度的要求（表5-1）和灾害性天气出现时段是确

定适宜播期的主要因素。根据播种季节不同，作物可分为春夏播作物和秋冬播作物。水稻、玉米、高粱、谷子、甘薯、大豆、花生、绿豆、棉花、烟草、甘蔗、麻等春夏播作物，发芽温度要求稳定在10～12℃，幼苗耐寒力较弱。播种期一般南方偏早，北方偏迟，平坝浅丘区偏早，深丘山区偏迟。春播作物如果播种过早，易遭受低温或晚霜危害，不易全苗；播种过迟时，因气温升高，生长发育加速，营养体生长不足，或延误最佳生长季节，遭遇伏旱、秋雨、霜冻或病虫危害，也不易获得高产。因此通常以当地气温或地温能满足作物发芽的要求时，作为最早的播种期。例如日平均气温稳定通过10℃和12℃的日期分别作为粳稻和籼稻的播期，日平均地温稳定通过10℃时作为玉米播期，日平均地温稳定12℃以上为棉花的适宜播期等。在决定播期时，还应考虑其他主要生育时期对温度的要求，例如水稻要保证安全孕穗，孕穗期对温度极为敏感，特别是花粉母细胞减数分裂期如遇20℃以下的气温，颖花会大量退化，空瘪粒大量产生。

表5-1 主要作物生长的适宜温度与播种适宜温度

作物	生长适宜温度（℃）			播种时适宜水分和温度		
	最低	最适	最高	土壤含水量（%）	气温（℃）	最低土壤温度（℃）
水稻	10～12	30～32	36～38	>18	25～30	12～14
小麦	3.0～4.5	25	30～32	18	12～20	2～4
玉米	8～10	32～35	40～44	17	15～30	10～12
高粱	6～7	18～30	38～39	17	15～30	12
谷子	7～8	20～30	35～40	16	15～30	10～15
大豆	15	20～30	33	18	15～25	8～10
甘薯	15	25～30	35	—	28～32	16
棉花	10～12	25～30	35	18	15～20	10～12
大麻	1～5	30～35	40	—	8～10	10～12
油菜	3～6	10～20	25	—	—	3～4
甜菜	5～6	15～23	28～30	—	5～6	4～5
芝麻	—	—	—	20	24～32	>12
花生	—	—	—	18	18	12～15

注：本表根据多种文献资料汇总而成。

小麦、大麦、油菜、蚕豆、豌豆等秋播越年生长，耐寒力较强，生长最低温度为2～4℃，其播期一般北方偏早，南方偏迟，深丘山区偏早，平坝浅丘区偏迟。适时早播可充分利用冬前温度、光照和降水条件，促进出苗整齐迅速，有利于苗期生长发育。在南方，播种过早易出现早薹早花而遭受冻害，或孕穗期遭受早春低温危害；播种过迟时，温度低，生长慢，越冬期苗龄太小，耐寒力弱，不利于次春早发。甘薯、甘蔗等为无性繁殖，在南方既可春植，也可秋植和冬植。

土壤水分也是影响播种期的主要因素，尤其是北方干旱地区，为保证种子正常出苗，必须重视播种时的土壤墒情，适时早播。根据当地灾害性天气出现时段的规律，可通过调节播期早迟来避开灾害性天气的危害，特别应避开作物对灾害最敏感的时期。同时，通过改进栽培技术，如利用温床育苗、地膜覆盖、水稻旱育秧等技术措施，可提高土壤温度，提早作物播种期。

2. 依栽培制度确定播种期 根据当地栽培制度，依作物换茬衔接来确定适宜播期，是平衡周年生产，保证各种作物高产的一个重要条件。特别是多熟制中，季节性强，收种时间紧，应以茬口衔接、苗龄为依据。如我国南方油菜（小麦）—水稻—水稻一年三熟制，油菜和早稻、晚稻任何一种作物播期过早，都会因苗龄太长，形成老苗，甚至提早抽薹现蕾或拔节孕穗，从而造成减产；反之播期过迟，苗龄太小，达不到壮苗标准，延迟生育期，又会影响后作。所以根据前作收获期决定后作移栽期，根据后作的适宜苗龄决定适宜的播种期。间作、套作栽培，应根据适宜共生期长短确定播期。例如小麦田套作玉米，共生期不宜超过玉米的拔节期，否则玉米穗小粒少。另外，作物的播种方式对播种期也有一定的影响，一般育苗移栽可提早播期，而直播则受前作收获期的影响往往播种较迟。

3. 依品种特性确定播种期 品种类型不同，温光反应特性也不同，生育特性有很大差异。例如春性强的小麦、油菜品种，秋季早播易早穗或早花，受冷（冻）害，降低产量。因此小麦、油菜春性强的品种播期较迟；反之，冬性强的品种适时早播能发挥品种特性，生长繁茂，分蘖或分枝多，不致出现早穗或早薹早花现象，有利于高产。一般生育期长的迟熟品种播期宜早，生育期短的早熟品种播期宜迟。

4. 避开病虫害 调节作物播种期，错开病虫危害季节，是防病治虫的农业措施之一。例如玉米适期早播，有利于苗期避免地下害虫（蛴螬）和后期玉米螟危害，并减轻大斑病的发生，但北方过早播种时，易发生丝黑穗病；水稻提早播种可避免螟虫、飞虱、稻瘟病等危害；但在南方，油菜早播时，气温高，病毒病和虫害常较迟播为重。因此根据作物种类和病虫发生规律，适当提前或延迟播种期是避开或减轻病虫危害的有效措施。

（三）种植密度的确定

单位面积的作物株数即种植密度（sowing density），是作物生长发育、群体发展的基础。

1. 合理密植增产的原因

（1）合理密植能协调产量构成因素 密度的高低决定单位面积上的株数。密度太小时，收获的株数少，尽管个体产量高，群体产量不会高；密度过大时，群体与个体的矛盾突出，个体产量低，也不能高产。

（2）合理密植可建立适宜的群体结构 理想的群体结构是高产的基础，合理密植是群体调节的基础。密度的高低决定群体的规模是否适度、群体的分布是否合理、群体的长相是否正常等，最终影响着群体质量的好坏和产品数量及品质的高低。

（3）合理密植能保证适宜叶面积 欲提高群体的物质生产量，就必须适当增加叶面积和提高光合速率。在一定范围内，密度越大，总叶面积越大，光合产物越多。但当密度超过一定值时，群体过大，下部叶片光照不足，群体光合速率降低，反而影响群体物质生产和经济产量。

2. 种植密度的影响因素

（1）作物种类和品种类型对种植密度的影响 不同作物对密度的反应差别很大，植株高大、分枝（分蘖）性强、单株生产潜力大的类型，种植密度要稀；反之宜密。同一类型的作物，早熟品种的生育期短，个体生长量小，单株产量潜力低，应发挥群体的优势增产，种植密度应大些；晚熟品种宜稀。不同株型，应采用不同密度，例如玉米、棉花等作物，株型紧凑的品种，叶片上冲，分枝紧凑，群体消光系数小，适宜的叶面积指数大，可密；而叶片平展的品种，株型松散，密度宜稀。

（2）气候条件对种植密度的影响 有些作物对温度和光周期反应非常敏感，当温度和光照条件变化时，生育期变化很大。喜温短日照作物（例如水稻、玉米等），随种植地区向南推移，生育期缩短，提早成熟，宜密；反之，密度宜稀。长日照作物（例如麦类、亚麻、马铃薯等），随种植区向南推移，生育期变长，个体潜力变大，密度宜稀；反之宜密。作物生长季节气候条件适宜时，密度宜稀；气候条件差的地区，作物成熟的收获率低，密度宜大。

（3）肥水条件及管理水平对种植密度的影响 肥田宜稀，薄田宜密。换而言之，土壤肥沃、施肥水平高的地块，个体生长良好，密度宜稀；土壤贫瘠、肥源不足、施肥少的田块，个体发育差，生长不良，应适当增加密度。灌溉便利的地块，作物生长较好，密度宜稀；反之，无灌溉条件的地块，密度可适当增加，但是易旱地块密度不宜过大。

（4）种植方式及收获目的对种植密度的影响 同种作物种植方式不同，密度也应有差异。撒播密度可适当高些；条播由于植株相对集中，密度太大时，个体之间矛盾突出。条播时采用宽窄行播种方式，密度可适当提高；点播时密度适当低些。以茎、叶等营养体为收获目的的作物，种植密度宜大；以种子为收获目的的作物，尤其是以种子扩繁为目的时，密度要稀。

（5）地势对种植密度的影响 地势高，山坡地，狭长地块或梯田，通风透光条件好时，密度宜密；反之，密度宜稀。

（6）病虫草对种植密度的影响 病虫草等灾害危害严重的地块，为保证密度和群体，播种量应适当增加；反之，密度宜稀。

（四）播种量的确定

1. 计算播种量的方法 在确定播种量（sowing rate）时，先根据目标产量和品种特性确定基本苗，在种植密度和基本苗确定后，再根据种子质量、粒重和田间出苗率等计算播种量，计算公式为

每千克种子粒数＝1 000×1 000（g）/千粒重（g）

播种量（kg/hm^2）＝每公顷基本苗数/[每千克种子粒数×种子净度（%）×发芽率（%）×田间出苗率（%）]

种子的千粒重（g）（1 000-grain weight）、发芽率（germination rate）等，可在播种前通过种子检验获得。出苗率（emergence rate）则根据常年出苗率的经验数据或通过试验获得。

2. 间苗、定苗对播种量的影响 实际播种时播种量往往要比计划播种量多一些，播种出苗后应适时间苗、定苗，根据计划确定留苗密度。

（五）播种方式和植株配置方式

1. 播种方式

（1）撒播 撒播（broadcasting）多用于种植绿肥或牧草。其主要优点是单位面积内的种子容纳量较大，土地利用率较高，省工，可抢时播种。但种子分布不均匀，深浅不一致，出苗率低，幼苗生长不整齐，杂草难除，田间管理不便。所以撒播要求精细整地，分厢定量播种，才能落种均匀和深浅一致，出苗整齐。生产上水稻、油菜等育苗采用撒播，南方稻麦多熟地区，稻田免耕播种小麦，也常采用撒播。

（2）条播 条播（drilling）是广泛采用的一种方式，其优点是植株分布均匀，覆土深

度比较一致，出苗整齐，通风透光条件较好，便于间作、套作和田间管理。条播时可集中施用种肥，做到经济用肥。根据条播行距与播幅宽窄，又分为窄行条播、宽行条播、宽窄行条播等。窄行条播是麦类作物密植高产的较好播种方式，亚麻和某些牧草也采用此法，行距为15～20 cm。宽行条播适用于植株高大，要求较大营养面积，生长期间需要中耕除草的作物，例如玉米、棉花等，行距一般为45～75 cm，有的甚至为100 cm。宽幅条播适用于麦类作物，一般播幅为12～15 cm，幅距为15～20 cm，种子分布在播幅内，有利于增加密度。宽窄行条播又称为大小行，窄行可以增加种植密度，宽行有利于通风透光。

(3) 穴播　穴播（hill drop）是按一定的行株距开穴播种，又称为点播（hill planting）。种子播在穴内，深浅一致，出苗整齐，便于增加种植密度、集中用肥和田间管理。为降低用种成本和提高播种质量，在点播的基础上又有精量播种。精量播种通常采用机械播种，将单粒种子按一定的距离和深度，准确地播入土内，获得均匀一致的发芽条件，促进每粒种子发芽，达到苗齐、苗全、苗壮的目的。精量播种需要精细整地、精选种子、防治苗期病虫害。精量播种与种子包衣技术等配套应用，可发挥良好的增产增效作用（图5-1）。

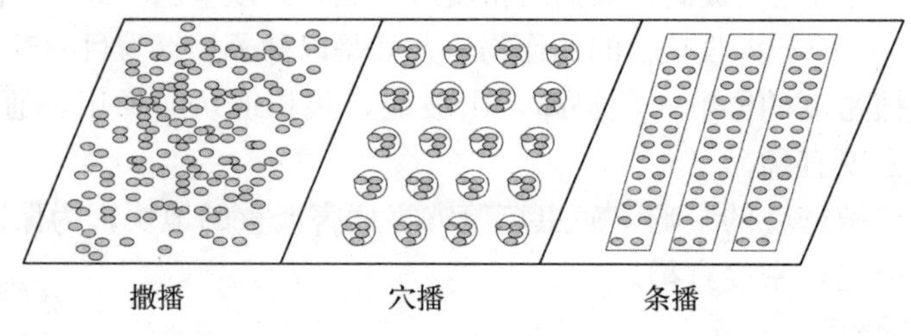

图5-1　不同播种方式种子田间分布

（引自曹卫星，2006）

2. 植株配置方式　植株配置方式指每一个体在群体中所占空间及形状，由行距、株距、行向等决定，实质上是作物群体在田间的分布及其均匀性。确定植株配置方式，通常应遵循以下原则：①充分利用光能，田间植株的均匀配置，至少在生长发育前期和中期对光线截获较好；②充分利用土壤营养和水分；③方便农事操作。不同播种方式中，撒播植株个体分布不易均匀；条播的植株配置有宽窄行法和等行距法；穴播的植株配置有宽行窄株法、行穴等距法、宽窄行法。生产上应用较多的为宽行窄株法、宽窄行法、行穴等距的正方形和三角形（图5-2）。

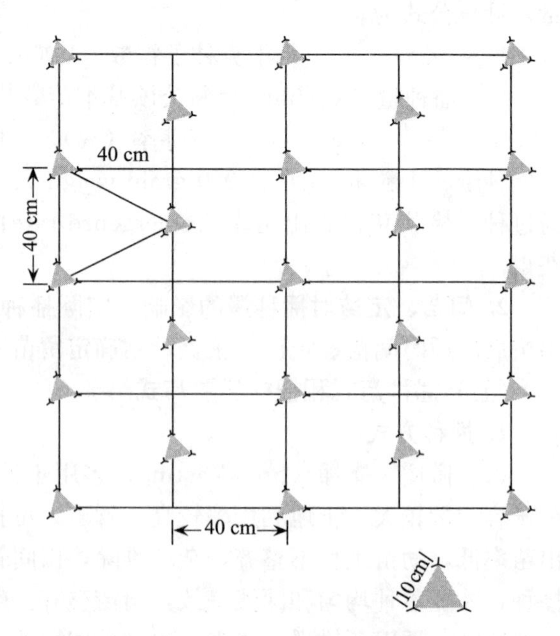

图5-2　双三角行穴等距植株配置

（刘卫国作图）

合理的田间植株配置有利于提高作物的产量。孙占祥等（2016）在东北中部平原进行的6年定位试验结果证明，玉米中密型品种“沈玉21”，在57 000株/hm^2的种植密度下，改通常采用的均匀植株配置为“三比空”（以 4 行为 1 个单元，种 3 行、空 1 行），并缩小两个边行的株距，加大中间行株距。结果表明，“三比空”配置比通常配置增产 19.17%。测定结果表明，“三比空”功能叶（棒三叶）的光截获量提高 9.3%，叶绿素含量提高 9.52%，净同化率提高 9.62%，证明合理田间植株配置是有效的。

至于与种植方式有关的行向问题，主要是对光能利用上孰优孰劣问题。一般说来，东西行向与南北行向对光能利用没有明显优劣之分。丘陵坡地种植行向以横坡种植更有利于减少地表径流和土壤流失。在生产上决定行向时，还不能单纯从光能利用来考虑，更重要的因素常常是管理操作方便。

二、育苗与移栽技术

种植作物分育苗移栽（seedling nurturing and transplanting）和直播（direct seeding）两种。水稻、甘蔗、烟草等作物以育苗移栽为主。油菜、棉花、玉米、高粱等作物，在复种指数较高的地区，为了解决前后作季节矛盾，培育壮苗，保证全苗，也采用育苗移栽。育苗移栽可缩短大田生长期，增加复种指数，促进各种作物平衡增产；苗期叶面积小，便于精细管理，有利于培育壮苗；能实行集约经营，节约种子、肥料、农药等生产投资；育苗可按计划规格移栽，保证单位面积上的合理密度和苗全苗壮。但育苗移栽根系受损伤多，根系入土较浅，不利于吸收土壤深层养分，抗倒伏力也较弱。此外，人工移栽费工费时，劳动强度大，今后应由机械化移栽代替。

(一) 育苗方式

育苗方式很多，根据育苗利用的能源不同，大致可分为露地育苗、保温育苗和增温育苗 3 类。露地育苗是利用自然温度育苗，例如湿润育秧、营养钵育苗、方格育苗等；保温育苗是利用塑料薄膜覆盖保温进行育苗；增温育苗是利用各种能源增温进行育苗，例如生物能（酿热）温床育苗、蒸汽温室育苗、电热温床育苗等。

1. 湿润育秧 湿润育秧（wet seedling nurturing）是水稻常用的育秧方式，苗床选择向阳背风、泥脚浅、土质带砂、肥力较高、水质清洁、灌排方便的田块。在除净杂草、施足底肥、精细整平的基础上，按畦面宽 150 cm 左右做畦，沟宽为 20～30 cm，沟深为 10～13 cm，畦面力求平整，待畦面晾紧皮后即可播种。播后塌谷大半入泥，根据天气变化情况，沟内灌水，保持畦面湿润，以利发芽出苗。

2. 旱育秧 旱育秧（seedling nurturing on dry nursery）是目前水稻生产中推广的育秧新技术。选择肥沃疏松的旱地或旱田作苗床。宜在年前进行苗床培肥。水稻秧苗适宜在偏酸性至中性（pH 为 5～7）的土壤条件下生长，如果土壤 pH 偏高，应进行床土调酸，可用专用调酸剂、硫酸或硫黄粉调酸，使苗床 0～10 cm 表土 pH 降到 7 以下。旱育秧应重点防治立枯病。

3. 阳畦育苗 阳畦育苗（seedling nurturing on sunny bed）是北方常用的育苗方式，苗床选择向阳背风处，四周筑土埂，一般长为 7 m，宽为 1.5～2.0 m，前壁高为 30～40 cm，后壁高为 45～60 cm，壁厚为 30 cm 左右，北面设置风障。床内施肥，土肥拌匀，充分整平，必要时浇水，播种后覆土，再以薄膜覆盖，夜间加盖苇席或草帘以保温防寒。出苗后逐渐揭开薄膜通风炼苗，达到适宜苗龄时移栽。

4. 营养钵育苗 营养钵育苗（seedling nurturing in nutrition pot）时一般用肥沃表土

70%～80%，除去杂草、残根、石砾等，加入腐熟的堆肥、厩肥 20%～30%和适量过磷酸钙和草木灰，边拌边加水至营养土手握成团，离地 1 m 落下即松散为标准（含水量为25%～30%），然后手捏或制钵器（机）制钵，或直接将营养土装入纸钵或塑料软盘内。营养钵紧密排列，钵间填入细土，四周用土围好。播前浇水湿润，每钵播种子 2～4 粒，然后覆盖细土，以利于出苗，至苗龄适宜时连同营养钵一起运到农田移栽。

5. 方格育苗 方格育苗（seedling nurturing in square）时选择肥沃砂质壤土作床地，翻挖 12～15 cm，除尽草根、石砾，耙细整平，做成宽 120～130 cm，长度不定的苗床，床间走道 35～45 cm。施入腐熟堆肥和适量过磷酸钙，拌匀，加粪水湿润，至稍现泥浆为止。然后将床面抹平，待床面泥不黏手时，用刀划成 8～10 cm 见方的方格，切口深度为 4～5 cm。趁土湿润时，每个方格播种、覆盖。

6. 工厂化育苗 工厂化育苗（factory seedling nurturing）是利用育苗工厂人为控制催芽出苗、幼苗绿化、成苗和秧苗锻炼等各阶段的环境条件，按规定流程育苗。其特点是育苗时间缩短，产苗量大，秧苗素质好，适于大批量商品化的秧苗生产。目前各地的育苗工厂设备还比较简陋，多是利用现有塑料大棚或简易温室加以改造而成，管理和环境控制仍以手工操作为主，其机械化、自动化和秧苗商品化的程度仍然较低。其主要育苗设施有催芽室、绿化室、分苗室以及一些必要设备。

（二）苗床管理

1. 发芽期管理

（1）播种至出苗阶段管理　此时对环境条件的要求是充足的水分、较高的温度和良好的通气条件。管理的重点是温度管理。在冬春育苗中，喜温作物苗床温度控制在 25～30 ℃，耐寒作物以 20～25 ℃为宜。夏秋育苗，温度管理主要是降温。在水分管理上，一是防止畦面失水干裂，要注意喷水；二是防雨，雨前应在床面上加盖防雨棚，床面还要防止积水。

（2）子叶初展至第一片真叶显露阶段管理　此时苗床管理的重点是适当降低温度，进行第一次幼苗的低温锻炼，其目的在于控制下胚轴因高温引起的徒长，防止出现高脚苗。同时也要避免床温过低、光照不足、湿度较大而引起的苗期病害。喜温作物床温白天控制在 22 ℃左右，夜间为 12～16 ℃；耐寒作物可稍低一些。晴天中午可向床面撒细干土降湿保墒，填补秧苗出土造成的裂隙。保温和加温苗床要严格控制温度，防止高温烧苗。

2. 苗期管理

（1）幼苗期管理　幼苗生长阶段温度以 20～25 ℃为宜，一般不超过 35 ℃，采用日揭夜盖的办法使温度控制在适宜范围内。苗床土壤含水量以 17%～20%为宜，过干时应适当浇水，过湿时应注意排水。夏秋季育苗还要及时拔除杂草，喷药防治病虫害，并向畦面喷水降温。

（2）成苗期管理　齐苗后及时除草、疏苗、定苗，棉花营养钵育苗，每钵留苗 1 株，油菜每平方米留苗 150～200 株；注意防治苗期病虫害；视幼苗生长情况酌施速效性氮、磷肥料。夏秋季育苗还要防雨和雨后防积水。

3. 移栽前的锻炼 早春育苗移栽前的锻炼，可增强秧苗对大田栽培环境的适应能力。其方法是移栽前 7～10 d 逐渐降低苗床温度，加大通风量，逐渐撤除床面覆盖物，使育苗场所的温度接近大田的温度。移栽前 1～2 d 浇透水，以利带土起苗。为减少病虫害发生，喷 1 次农药，做到带药移栽。移栽前 6～7 d 施 1 次“送嫁肥”，促进栽后发根成活。

(三) 移栽技术

1. 移栽时期和方法　移栽时期根据作物种类、适宜苗龄和茬口确定。一般水稻以叶龄指数30%～50%时移栽较好，棉花以2～4叶移栽产量较高，玉米移栽的苗龄为25～35 d，南方冬油菜以5～6片真叶时移栽为宜。移栽可带土或不带土，带土移栽伤根少，可以缩短缓苗期，早活早发，但较为费工。移栽前先浇水湿润，以不伤根或少伤根为好。移栽时行株距按计划密度和规格确定，移栽深度根据作物种类、幼苗大小确定，一般深度为3 cm左右，深浅一致，最好将大小苗分级移栽，栽后需及时施肥浇水，以促进成活和幼苗生长。20世纪90年代以来，水稻抛秧技术在我国迅速发展起来。抛秧有手工抛秧和机械抛秧两种，都要求秧苗要抛栽均匀，抛栽基本苗与手插秧相当或高10%左右。

2. 栽植方式

(1) 等行距种植　这种方式，种植行距相等，株距随密度而定。其特点是植株叶片、根系分布均匀，能充分利用养分和阳光，便于施肥、培土和中耕除草。但在肥水足、密度大的条件下，在生育后期行间郁蔽，光照条件差，群体与个体矛盾尖锐，影响产量提高。

(2) 宽窄行种植　这种方式，行距一宽一窄，株距根据密度确定。其特点是方便打药、施肥等田间操作，能调节作物后期个体与群体间的矛盾，在高密度高肥水条件下，有利于中后期通风透光。

3. 移栽后的保苗措施　作物秧苗移栽到大田后，因根部受伤，妨碍水分和养分的吸收，有一段时间停止生长，待新根产生后，才恢复生长，称为缓苗或返青。缓苗的时间越短越好，这是争取早熟、丰产的一个重要环节。为达到上述目的，应采取一些措施。对于根系受伤后恢复生长缓慢的作物，最好用营养土块或营养钵育苗，移栽时少伤根。没有采用营养土块育苗的作物，移栽时应尽量多带土，少伤根。缓苗前应注意浇水，促进成活。

第四节　营养调节技术

一、营养元素的吸收规律

(一) 营养元素吸收的选择性和阶段性

1. 营养元素吸收的选择性　作物对土壤营养元素的吸收具有选择性。它总是根据自身的需要，选择吸收土壤溶液中的养分。譬如土壤中含硅、铁、锰元素较多，而作物对它们的需要量却很少；相反，土壤中氮、磷、钾的有效数量比较少，而作物对它们的需要量却很多。作物的种类不同，它们所吸收的矿质养分种类、数量也有一定差异。禾本科作物和棉花需氮素较多，豆科作物需磷较多，而烟草、麻类、薯类作物则需钾较多（表5-2）。

表5-2　主要作物每100 kg经济产量的三要素吸收量

（引自浙江农业大学，1991）

作　物	收获物	从土壤中吸收氮、磷、钾的数量（kg）		
		氮（N）	磷（P_2O_5）	钾（K_2O）
水稻	稻谷	2.1～2.4	1.25	3.13
冬小麦	籽粒	3.0	1.25	2.50
春小麦	籽粒	3.0	1.00	2.50

（续）

作物	收获物	从土壤中吸收氮、磷、钾的数量（kg）		
		氮（N）	磷（P_2O_5）	钾（K_2O）
大麦	籽粒	2.7	0.90	2.20
荞麦	籽粒	3.3	1.60	4.30
玉米	籽粒	2.57	0.86	2.14
谷子	籽粒	2.5	1.25	1.75
高粱	籽粒	2.6	1.30	3.00
甘薯	块根	0.35	0.18	0.55
马铃薯	块茎	0.5	0.20	1.06
大豆	豆粒	7.2（8.63）*	1.80（2.03）*	4.00（3.58）*
豌豆	豆粒	3.1	0.86	2.86
花生	荚果	6.8	1.30	3.80
棉花	籽棉	5.0	1.80	4.00
油菜	菜籽	5.8	2.50	4.30
芝麻	籽粒	8.2	2.07	4.41
烟草	鲜叶	4.1	0.70	1.10
大麻	纤维	8.0	2.30	5.00
甜菜	块根	0.4	0.15	0.60

*括号内数据为沈阳农业大学董钻等（1982、1987、1996）实测结果。

2. 营养元素吸收的阶段性 作物从种子萌发到种子形成的整个生命周期的不同生育阶段，对养分的要求，在种类、数量、比例上都有所不同。例如冬小麦在越冬前，吸收的养分以氮为主，磷次之，钾则最少；越冬后，吸收氮、磷、钾数量猛增，直至开花期。开花后磷、钾吸收几乎停止。棉花的吸肥特点与冬小麦不同，现蕾前所需养分数量较少，而现蕾以后，吸收量迅速增加，直至成熟。棉花在中后期对磷、钾的需要量很大，按各种养分总吸收量计，大约有65%的磷和80%的钾是在开花以后吸收的（表5-3）。

表5-3 冬小麦和棉花各生育时期中养分吸收比例（%）

作物	生育时期	氮（N）	磷（P_2O_5）	钾（K_2O）
冬小麦	出苗至越冬前	14.4	9.1	6.9
	越冬前至返青	2.6	1.9	2.8
	返青至拔节	23.8	18.0	30.3
	拔节至孕穗	17.2	25.7	36.0
	孕穗至开花	14.0	37.9	24.0
	开花至乳熟	20.0	—	—
	乳熟至完熟	8.0	7.4	—
棉花	出苗至真叶	0.78	0.59	0.21
	真叶至现蕾	9.96	5.21	1.90
	现蕾至开花	52.76	28.80	17.29
	开花至成熟	36.50	65.40	80.60

虽然各种作物吸收养分的具体数量不同，但总的趋势是：生长初期吸收量较少，强度小；而在生长发育旺盛时期，吸收数量、强度明显增加；接近成熟时吸收逐渐减缓。就吸收各种养分（如氮、磷、钾等）的数量来看，各生育时期均不相同。吸收高峰也因作物种类不同而有差异。

（二）作物营养临界期和最大效率期

1. 作物营养临界期　在作物生长发育过程中，常有一个时期，对某种养分的要求在绝对量上虽不算太多，但需要的程度很迫切，此时如果缺少这种养分，作物生长发育就会受到明显的影响，而且由此造成的损失，即使后来补施这种养分也很难纠正和弥补过来，这个时期就称为作物营养临界期（critical stage of crop nutrition）。同一种作物不同养分的临界期也不完全相同。对大多数作物来说，磷的临界期在幼苗期，例如棉花一般在出苗后10～20 d，玉米在出苗后1周左右（3叶期）。氮的临界期一般晚于磷，往往在营养生长向生殖生长过渡这个阶段，例如水稻和冬小麦在分蘖期和幼穗分化期，玉米在穗分化期，棉花在现蕾期。大豆吸收钾最快的时期在出苗后60 d，而吸收氮和磷则在出苗后70 d。据日本的资料，水稻在分蘖期和幼穗分化期是需钾临界期。

2. 作物营养最大效率期　在作物生长过程中，有一个时期需要养分，无论在吸收速度上，还是在绝对数量上都最大，且这时施肥的作用最明显，增产效率也最高，这个时期称为作物营养最大效率期（maximum efficiency stage）。作物营养最大效率期往往在作物生长的中期。此时作物生长旺盛，吸收养分能力最强，从外部形态看生长迅速，例如冬小麦在拔节至抽穗期，玉米在大喇叭口期至抽雄初期，棉花在开花结铃期。作物营养最大效率期还因养分不同而异，例如甘薯在生长初期氮素营养效果较好，而块根膨大期则是磷、钾的最大效率期。

二、施肥技术

（一）施肥量的确定和推荐施肥技术

1. 施肥量的确定　确定合理施肥量，最可靠的方法是进行田间试验，结合测土和作物诊断综合决策。目前，我国施肥量估算方法较多，诸如目标产量施肥法、肥料效应函数法、土壤有效养分系数法、土壤肥力指标法、土壤有效养分临界值法等。

（1）目标产量施肥法　此法根据作物单产水平对养分的需要量、土壤养分的供给量、所施肥料的养分含量及其利用率等因素进行估测，一般可用下式计算。

肥料需要量（kg/hm^2）=[作物总吸收量（kg/hm^2）－土壤养分供应量（kg/hm^2）]/

[肥料中该养分含量（%）×肥料利用率（%）]

作物总吸收量＝目标产量（kg）×每千克产品养分需要量

生产每千克产品养分需要量可通过测定获得，计算公式为

每千克养分吸收量＝作物地上部所含养分总量（kg）/作物的经济产量（kg）

表5-2所列资料可供参考。

土壤当季养分供应量一般用下式计算。

土壤当季养分供应量＝土壤速效养分测定值×0.15×校正系数

土壤具有缓冲性能，任何土壤测得值，都只能代表养分的相对含量。因此用换算系数0.15计算出来的量，显然不是土壤供肥的绝对量，还需要通过田间试验，取得校正系数进

行调整。校正系数的计算式为

校正系数=空白田产量×作物单位产量养分吸收量/(土壤养分测定值×0.15)

施入土壤的肥料不可能被作物全部吸收，吸收量占投入量的比例称为肥料利用率。肥料利用率是把营养元素换成实物量的重要参数，其计算式为

某元素当季肥料利用率=(施肥区作物含该元素总量−空白区作物含该元素总量)/施入肥料含该元素的总量×100%

（2）肥料效应函数法　通过田间试验，配置出一元、二元或多元肥料效应回归方程，描述施肥量与产量的关系，利用回归方程式计算出不同目标值的最大相应施肥量。根据大量研究结果，肥料的增产效应一般呈二次曲线趋势。当土壤养分含量严重不足，作物某种营养元素缺乏时，起初增施该养分的目标值（产量、产值、品质等）为递增。但超过一定的限度后，增施单位剂量养分的目标增量便开始递减，当其递减为零时，作物生产目标值达到最大值。此时，再增加肥料量则导致产量及效益的降低。借助于导数或其他数学方法求最大值的原理，得到不同优化目标（产量、产值、品质等）的最佳施肥量。

（3）应用系统工程确定最佳施肥模型　近年来，国内外在拟订作物施肥制度时，采用系统工程方法确定各种肥料的合理比例、最佳施肥量和施肥时期。应用系统工程的方法，可使决定作物产量和肥料效果的各种因素之间复杂的相互关系系统化，且计算机可大大减轻和加速计算工作。

建立模型前需收集各种原始资料，其中包括土壤类型、前作的特点、土壤有效养分的含量、现有有机肥料量、气候条件、上年随产量取走的养分量、作物产量和品质以及利润等。为了编制施肥建议，应用这种方法并根据各种作物的特殊需要，计算出各种作物氮、磷、钾、钙、镁的最佳用量（基本模型）和对微量元素的需要量（补充模型）。在计算中要考虑有机肥的使用、土壤质地、土壤有效养分的供应状况、气候和天气的特点、前作以及经济因素（计划利润、肥料成本和增产量）等。在建议中需提出最佳施肥方法、施肥时期和肥料品种。

2. 推荐施肥技术

（1）测土推荐施肥　测土推荐施肥（soil testing and fertilizer recommendation）技术是在土壤测试的基础上，推荐施肥配方。土壤测试技术分为3类：①北美、西欧国家采用的土壤养分丰缺指标法，其特点是用合适的提取剂提取土壤有效养分，根据作物相对产量水平把土壤有效养分含量划分成不同等级，再按不同等级提出推荐施肥量；②苏联、东欧各国采用的养分平衡法，其特点是按照农作物产量需要的养分数量，用土壤养分含量和肥料进行平衡，另外，再补充一部分肥料培肥地力；③日本采用的土壤诊断法，根据农作物高产所需地力水平提出高产土壤养分吸收量，补施肥料，使地力不下降。以上3种类型测土施肥技术只是大体的划分，每种类型还可细分出一些方法上不同的技术系统，各系统之间在方法上也有不少相互渗透之处。

（2）植物营养诊断　植物营养诊断（plant nutrition diagnosis）包括作物生长诊断（形态诊断）和组织分析营养诊断。

① 作物生长诊断：作物生长诊断是根据作物的生育状态、长势、长相、叶色进行诊断，概分为缺素诊断和生育诊断。缺素诊断是通过作物表现的植株症状判断作物是否缺乏某种元素。叶色诊断是缺素诊断的发展，主要用于植株氮素营养状况的判别，在水稻、小麦等作物

上应用较多，通过专用的叶色卡与植株叶色进行比较确定是否需要使用氮肥。生育诊断是根据作物群体的长势、长相和生育进程，决定促控管理的时机，例如水稻、小麦等作物应用叶片与其他器官的同伸关系，以叶龄为形态指标，判断是否需要水肥管理措施。这种诊断手段可用于肥水管理措施时机的选择，有时还需要结合土壤测试来确定。

② 组织分析营养诊断：组织分析营养诊断是选取特定部位、特定生育阶段的植株样品，测定其体内某种营养元素含量，也可称为植物组织分析。植物组织分析结果可用临界值法、标准值法、综合诊断施肥法（diagnostic and recommendation integrated system，DRIS）确定是否需要施用该种元素。此外，淀粉碘试法可以诊断水稻体内氮素的状况，决定水稻氮肥的施用。

近年来，将“3S”［全球定位系统（GPS）、地理信息系统（GIS）和遥感（RS）］技术和作物生理生化分析技术相结合，对不同处理条件下作物全生育期反射光谱和体内氮素等营养情况进行系统深入的测定分析，并研究它们之间的关系，建立基于反射光谱与作物营养情况的实时监测模型，实现作物生长动态的实时无损监测。

（二）肥料种类

1. 有机肥 有机肥（organic fertilizer）是一切含有有机质肥源的总称，主要是农家肥料，包括人畜粪尿、厩肥、堆肥、沼气池肥、沤肥、泥杂肥、泥炭、饼肥、绿肥、青草、秸秆等。有机肥来源广，成本低，便于就地取材。土壤微生物的生命活动需要的能源主要来自土壤有机质，经常施用有机肥，可维持和促进土壤微生物的活动，保持土壤肥力和良好的生态环境。有机肥养分含量全面，养分释放慢，肥效稳长。有机质分解时产生的有机酸，能够促进土壤中难溶性磷酸盐的转化，提高磷的有效性，也能促进含钾、钙、硅等矿物质的有效性。有机质分解形成腐殖质、细胞胶质、多糖和糖醛等高分子化合物，可改良土壤。有机肥适合各种作物和土壤，常用作基肥施用，与无机肥一起施用，可以取长补短，缓急相济，提高肥效。有机肥一般作基肥，需经腐熟后才能使用，在耕地前施入土壤。经腐熟的或速效的有机肥如人粪尿、饼肥也可用作追肥和种肥。

绿肥除具有有机肥的一般特点外，还有特殊的作用。绿肥多为豆科作物，能固定土壤及空气中的游离氮；根系发达，入土较深，可吸收深层养分；适应性强，可种植在农田和荒山坡地，减少水土流失。

2. 无机肥 无机肥（inorganic fertilizer）又称为化学肥料，是利用化学方法合成或将矿石直接加工精制而成的。根据肥料中所含的主要成分可分为氮肥、磷肥、钾肥、微肥、复合肥料等。无机肥易溶于水，养分含量高，肥效快，持续时间短，能为作物直接吸收利用。无机肥可和有机肥配合或单独用作基肥，也可作追肥、种肥和叶面喷肥施用。

（1）氮肥 氮肥（nitrogen fertilizer）包括铵态氮肥、硝态氮肥和酰胺态氮肥。

① 铵态氮肥：铵态氮肥包括液体氮、碳酸氢铵、硫酸铵、氯化铵等。铵态氮肥施入土壤中形成铵离子，与土壤胶粒上的离子代换形成代换养分，肥效较硝态氮长。但铵态氮肥遇碱性物质后分解而释放氨气，造成氮素损失。

② 硝态氮肥：硝态氮肥包括硝酸铵、硝酸钙等。硝态氮肥施入土壤中，氮素以硝态氮的形式存在，不易被土壤胶粒吸附，因此不能用于水田，也不宜作基肥和种肥。在通气不良的条件下，硝态氮肥易因反硝化作用而使氮素损失。

③ 酰胺态氮肥：酰胺态氮肥主要有尿素。与前二者不同，尿素施入土壤后一般需要经

微生物转化成铵态氮肥后才能被作物吸收利用，此类肥料要提前1周施用。尿素在转化之前，易溶于土壤溶液中，不易被吸附，随水分流失。因此尿素在水田中施用后，不宜立刻灌水；在旱田施用，也要注意深埋和覆土，防止转化为碳酸铵后挥发损失。

（2）磷肥　磷肥（phosphorus fertilizer）的原料是磷矿石，磷矿石因加工方法不同，磷肥产品也不同。一般按磷酸盐的溶解性质把磷肥分为3类：水溶性磷肥、弱酸溶性磷肥和难溶性磷肥。

① 水溶性磷肥：水溶性磷肥包括普通过磷酸钙和重过磷酸钙，其主要化学成分为磷酸二氢盐，多为磷酸二氢钙。水溶性磷酸盐易被作物吸收，肥效快，在土壤中不稳定，易转化为弱酸溶性磷酸盐，甚至进一步变为难溶性磷酸盐。提高水溶性磷肥肥效的关键有两个，一是减少肥料与土壤颗粒的接触，二是将肥料施于根系集中的土层。

② 弱酸溶性磷肥：弱酸溶性磷肥包括钙镁磷肥、钢渣磷肥等，主要化学成分是磷酸氢钙。它不溶于水，能被弱酸溶解，逐渐被作物吸收，肥效缓慢、持久，适合作基肥。

③ 难溶性磷肥：难溶性磷肥主要是磷矿粉，由磷矿石粉制而成，其特点是肥效慢。发挥其肥效的关键是创造酸性条件，增加其溶解度，或施给吸磷较强的作物，例如豆类、荞麦等。

（3）钾肥　钾肥（potassium fertilizer）主要有氯化钾和硫酸钾。二者易溶于水，是速效肥料，施入土壤中呈离子状态存在，能直接被作物吸收利用或形成代换性钾。钾在土壤中移动性小，宜施于根系密集的土层。在砂质地可采用分次施用，防止肥料损失。氯化钾价格低，但不宜于忌氯作物（例如烟草、马铃薯、甜菜等），忌氯作物只能施用硫酸钾。

（4）微量元素肥料　微量元素肥料（trace element fertilizer）主要包括硼、锌、钼肥等。对硼敏感的作物有豆科、十字花科、麻类、小麦、玉米、水稻、棉花等。常用的硼肥有硼砂、硼酸和硼泥。对锌敏感的作物有玉米、水稻、棉、亚麻和大豆等。常用的锌肥有硫酸锌和氯化锌。豆科作物对钼肥比较敏感，常用的钼肥有钼酸铵和钼酸钠。小麦、玉米、谷子、棉、花生等作物对锰敏感，常用的锰肥有硫酸锰、氯化锰等。对铜敏感的作物有小麦、大麦、燕麦等，主要铜肥有硫酸铜、铜矿渣等。

（5）复合肥　复合肥（compound fertilizer）含有两种以上营养元素。一般是氮磷钾复合或加多种微量元素。复合肥种类很多，为了方便，常用肥料所含三要素的有效成分来命名。例如15-12-10表示肥料中含氮（N）15%、磷（P_2O_5）12%、钾（K_2O）10%；15-12-12-1.5Zn表示含氮（N）15%、磷（P_2O_5）12%、钾（K_2O）12%和锌（Zn）1.5%。复合肥的优点是有效成分含量高，物理性状好，包装、运输和施用费用低。其不足之处是养分含量固定，难以满足不同土壤、不同作物的差异需求。为了满足某些作物的养分需要或达到某种目的，近年研制和应用推广了专用复合肥；为了保证作物在整个生育期都获得相应的养分供应，减少养分损失，提高肥料利用率，减少施肥用工和劳动强度，研制和推广了缓释肥和长效肥。

3. 微生物肥料　微生物肥料（micro-organism fertilizer）是以微生物生命活动获得特定肥料效应的制品，又称为菌肥（bio-fertilizer）。常用的微生物肥料有根瘤菌、固氮菌、抗生菌、磷细菌、钾细菌等。这种肥料中并不含营养元素，而是通过微生物的生命活动，增加土壤营养元素，促进作物对营养元素的吸收，增进土壤肥力，刺激根系生长。例如各种联合或共生的固氮微生物肥料可增加土壤氮素的来源；多种分解磷钾矿物的微生物，可以将土壤中难溶的磷、钾溶解出来，转变为作物能吸收利用的磷钾元素。根瘤菌肥可以制造和协助农作物吸收营养，将空气中的氮素转化成氨供豆科作物吸收利用。有些微生物肥料还可增强植物抗病和抗旱能力。微生物肥料可节约能源，不污染环境，在未来的农业生产中将会起重要作用。

（三）施肥时期

1. 基肥　基肥（basal fertilizer）也称为底肥，指播种前或移栽前施用的肥料。基肥通常在耕翻前或耙地前施入土壤，可调节作物整个生长发育过程的养分供应。一般施用肥效持久、迟效性的有机肥料作基肥，例如厩肥、堆肥、草塘肥和绿肥等。基肥施用量较大，占总施肥量的一半以上。若混合一些速效性的肥料施用，效果更为显著。

2. 种肥　种肥（seed fertilizer）是在播种或移栽时局部施用的肥料，可为幼苗生长创造良好的营养条件。施用的种肥应是幼苗能快速吸收利用的，用量不宜过多，且需防止肥料对种子或幼苗可能产生的腐蚀、灼伤和毒害作用。凡浓度过大的溶液或为强酸、强碱以及产生高温的肥料（例如氨水、碳酸氢铵和未经腐熟的有机肥）都不宜作种肥。

3. 追肥　追肥（dressing fertilizer）是在作物生育期间施用的肥料。作物在主要的生长发育时期，需要追加肥料，及时满足作物对营养的需要和补充基肥的不足。追肥以速效肥为主，宜作追肥的肥料有硫酸铵、尿素、腐熟的人畜粪尿、草木灰等速效肥料。根据作物营养需要和底肥状况可进行几次追肥，例如禾谷类作物一般需在分蘖期、拔节期、抽穗结实期适时追肥，棉花、油菜需在苗期、蕾（薹）期、花期适时追肥，大豆需在开花前追肥。

（四）施肥方式

1. 全层施肥　全层施肥（all-layer fertilization）是将肥料均匀撒施于土壤表层，通过耕翻混入土壤全层。全层施肥一般结合播种前整地进行。基肥的施用常用此法。全层施肥可加速土壤的熟化过程，作物在整个生长期中能不断得到养分，并能促使植物根系向下延伸。

2. 表层施肥　表层施肥（surface fertilization）是在播种或移植前，或在作物生长期间，将肥料均匀撒于土壤表层，通过灌水或中耕培土，将肥料带入根层。其优点是施肥面广，分布均匀，可满足植物生长初期对养分的需要，补充基肥的不足。表层施肥通常以氮肥或偏氮的肥料为主。水田种植前的面施或密植作物的追肥多用此法。

3. 集中施肥　集中施肥（concentrated fertilization）指把肥料集中施在作物根系附近或种子附近的施肥方法。集中施肥可提高作物根际范围内营养成分的浓度，创造一个较好的营养环境，促进壮苗早发，为丰产打好基础。集中施肥的施用方式包括沟施、条施、穴施、注射器施肥、果树的环施等。球肥或液肥深施、塞蔸肥、种肥、浸种、拌种、包衣、蘸秧根等方法也属于集中施肥。在生产实践中，由于氮肥的损失途径主要是铵态氮的挥发、硝态氮的淋失和反硝化作用所引起的脱氮作用，为提高氮肥的利用率，常常采用集中深施的办法。对磷肥来说，由于磷肥是很难移动的，其有效性主要取决于磷化物的表面积。磷化物的表面积越大，与根系的接触就越多。因此磷肥的施用应考虑减少和土壤的接触，而增加和作物根系的接触以提高肥效，最有效的办法就是集中施肥。

4. 根外追肥　根外追肥（foliar fertilization）又称为叶面追肥，指将速效化肥或一些微量元素肥料按一定浓度溶于水中，通过机械喷洒于叶面，养分经叶面吸收进入作物体内。这种方法用肥少，效果好，能及时满足作物对养分的要求，对某些肥料（例如磷肥和微量元素肥）还可避免被土壤固定。但根外追肥只能作为一种辅助的施肥方法，不能代替一般的追肥，更不能舍弃土壤施肥。根外追肥如果与植物营养叶色诊断及看苗施肥结合起来，效果会更好。这种施肥方法（多半用于微量元素肥料），对于诸如果树、蔬菜、茶叶、棉花等经济作物，应用效果比之禾谷类作物要大得多。

作物合理施肥应以有机肥为主，化肥为辅；因土、因作物、因肥分期追施；以深施为主，做好分层施肥；各种肥料配合施用。

第五节　水分调节技术

一、作物水分吸收规律

（一）作物根系吸水和蒸腾失水

1. 作物根系吸水　根系是作物吸收水分的主要器官。被根系吸收的水分，由表面的根细胞至内部的木质部到达地上部，再经过木质部导管输送至叶片。输送到叶片的水分，大部分供作物蒸腾所用，只有一部分带着光合作用的初步产物沿着筛管向下运移至根部，从而完成作物的水分代谢过程。在土壤-作物-大气体系中，水的吸收与移动主要为被动过程，即从高水势到低水势。作物叶片蒸腾失水导致叶片水势降低，形成从土壤到根直至叶片的水势梯度，水流才不断地从根经茎到达叶。

2. 作物蒸腾失水　作物吸收的水分主要通过叶片气孔蒸腾散失。常用蒸腾系数（transpiration coefficient）表示作物蒸腾作用的大小。表 5-4 是根据国内外的试验结果所概括的作物的蒸腾系数幅度。

表 5-4　各种作物的蒸腾系数

蒸腾系数	作　物
200～400	粟、黍稷、高粱
300～600	玉米、大麦、棉花
400～600	小麦、马铃薯、甜菜
400～800	黑麦、蚕豆、豌豆
500～600	荞麦、向日葵、豇豆
500～800	燕麦、稻
600～900	大豆、苜蓿、甘薯
800～900	油菜、亚麻

需要指出的是，蒸腾系数只是一个相对值，同一作物在不同的气候和土壤条件下，蒸腾状况有很大的差异。

（二）作物各生育时期的需水量和需水临界期

1. 作物各生育时期的需水量　作物需水量（crop water requirement）指作物在适宜的土壤水分和肥力水平下，经过正常生长发育，获得高产时的植株蒸腾、株间蒸发以及构成植株体的水量之和。由于构成植株体的水量很小，不足1%，故可忽略不计。因此计算时可认为作物需水量等于植株蒸腾（transpiration）量与株间蒸发（evaporation）量之和，称为蒸发蒸腾（trans-evaporation）量，一般以某时段或生育时期所消耗的水层深度（mm）或单位面积上的水量（m^3/hm^2）来表示。水稻的需水量除植株蒸腾量和棵间蒸发量之外还包括渗漏（leakage）量。

作物田间需水量的多少及变化，取决于气候条件（例如日照、土壤温度、空气湿度、风速、气压、降水等）、作物种类和品种、土壤性质以及栽培条件。这些因素对作物田间需水量的影响是相互联系、错综复杂的。不同作物的田间需水量不同，同一作物在不同地区、不同年份和不同栽培条件下也不同。一般情况是干旱年份比湿润年份多，干旱、半干旱地区比湿润地区多，耕作粗放的比耕作精细的多。作物需水量也随生育阶段的不同而变化。在作物生长发育过程中，需水量的变化规律是先由小到大，再由大到小。即从苗期开始，需水量随叶面积的增大而增多，然后又随叶面积减小而减少（表5-5）。

表5-5　几种作物各生育阶段日需水量（mm）

	地点	移植至返青	分蘖前期	分蘖后期	拔节至孕穗	抽穗至开花	乳熟期	黄熟期	全生育期平均
双季早稻	广西	3.1	3.8	3.7	3.9	5.3	4.2	3.6	3.9
	广东	3.6	4.3	4.5	4.8	5.6	6.1	5.7	4.9
	福建	2.8	3.3	3.9	4.8	5.4	6.3	5.9	4.6

	地点	播种至越冬	越冬至返青	返青至拔节	拔节至抽穗	抽穗至成熟	全生育期平均
冬小麦	河北	2.11	0.17	0.89	3.68	5.33	1.82
	山西	1.06	0.38	2.34	3.18	3.93	1.79
	河南	0.86	0.85	1.29	4.19	3.81	1.98

	地点	苗期	拔节期	抽雄期	灌浆期	全生育期平均
夏玉米	山东	2.40	4.81	4.78	3.22	3.59
	河北	3.16	3.40	3.00	3.22	3.16
	山西	2.56	3.89	3.1	1.55	2.90
	河南	2.22	3.09	3.47	2.52	2.82

2. 作物的需水临界期　作物一生中对水分最敏感的时期，称为需水临界期（critical stage of water requirement）。在需水临界期内，若水分不足，对作物生长发育和最终产量影响最大。例如小麦的需水临界期是孕穗至抽穗。在此时期内，植株体内代谢旺盛，细胞液浓度低，吸水能力弱，抗旱能力弱。如果缺水，幼穗分化、授粉、受精、胚胎发育都受阻碍，最后造成减产。当水源不足时可将有限的水源用于作物最需要水的需水临界期，以获得较好的收获。主要作物的需水临界期见表5-6。

表5-6　主要作物的需水临界期

作　物	需水临界期
水稻	孕穗至开花
冬小麦、黑麦、春小麦、燕麦、大麦	孕穗至抽穗
玉米	开花至乳熟
黍类（高粱、糜子）	抽花序至灌浆
豆类、荞麦、花生、芥菜	开花至结实

（续）

作　　物	需水临界期
向日葵	葵盘的形成至灌浆
棉花	开花结铃
瓜类	开花至成熟
马铃薯	开花至块茎形成

不同作物与品种，需水临界期长短不同。一般说来，需水临界期较短的作物与品种，适应不良水分条件的能力较强；而需水临界期较长的作物和品种易受不良水分条件的危害。

（三）合理灌溉的指标

1. 土壤含水量指标　作物生产中可根据土壤含水量指标来进行灌溉，根据土壤墒情决定是否需要灌水。一般作物在土壤含水量为田间持水量的60％～80％时生长较好，此时土壤既有充足的水分供应，也有足够的空气供根系生长。但这个数值随作物种类和不同的生育阶段而有所不同。耐旱作物可适当低些，湿生作物要适当高些。作物苗期土壤含水量指标可低些，生长中期需水较多，土壤含水量指标要适当高些。合理灌溉要求根据作物需水规律确定不同时期的土壤含水量指标。例如对冬小麦进行优化灌溉，苗期土壤含水量指标可设为田间持水量的55％～75％；生长当土壤含水量降低至55％时，就要补水灌溉，灌水量的上限可到田间持水量的75％；生长中期为田间持水量的65％～85％；生长后期为田间持水量的60％～75％。

2. 作物形态指标

（1）生长速率　作物枝叶生长对水分亏缺甚为敏感，轻度缺水时，光合作用还未受到影响，但这时生长就已受到严重抑制，可根据茎叶生长速率下降的程度进行灌溉。

（2）幼嫩叶的萎蔫程度　当水分供应不足时，细胞膨压下降，因而发生萎蔫。若只有中午短暂时间发生萎蔫，并不说明土壤缺水，主要由于中午作物蒸腾作用失速度水大于根系吸水速度所致。如果16:00以后萎蔫仍没有恢复，说明土壤水分不足，需要进行灌溉。

（3）茎叶颜色　当缺水时作物生长缓慢，叶绿素浓度相对增加，叶色变红，主要是由于作物受旱时糖分分解大于合成，细胞中积累较多的可溶性糖并转化成花青素所致。因此可根据叶色变化的程度判断是否需要灌溉。

3. 灌溉的生理指标　叶水势是一个灵敏反应植物水分状况的指标。当植物缺水时，叶水势下降。对不同作物，发生干旱危害的叶水势临界值不同。

干旱情况下，细胞汁液浓度比正常水分含量的植物高，当细胞汁液浓度超过一定值后，就会阻碍植株生长。冬小麦功能叶的汁液浓度，拔节至抽穗期以6.5％～8.0％为宜，9.0％以上表示缺水；抽穗后以10％～11％为宜，超过12％～13％时应灌水。

水分充足时气孔开度较大，随着水分的减少气孔开度逐渐缩小。当土壤中可用水耗尽时，气孔完全关闭。因此气孔缩小到一定程度就要灌溉。

必须注意，不同地区、不同作物、不同品种在不同生育时期，不同叶位的叶片，其灌溉的生理指标是有差异的。实际生产中，需要事先根据当地的情况找出适宜的灌溉生理指标。

二、灌溉方式与技术

(一)灌溉定额和灌溉制度

1. 灌溉定额 灌溉定额是指单位面积上作物全生育期内的总灌溉水量,常以 M 表示,其计算公式为

$$M=E-P_0-(W_0-W+K)$$

式中,M 为全生育期灌溉定额(m^3/hm^2);E 为全生育期作物田间需水量(m^3/hm^2);P_0 为全生育期内有效降水量(m^3/hm^2);W_0 为播种前土壤计划层的原有储水量(m^3/hm^2);W 为作物生育期末土壤计划层的储水量(m^3/hm^2);K 为作物全生育期内地下水利用量(m^3/hm^2)。

2. 灌水定额 灌水定额(irrigation quota)指单位面积上的一次灌水用量,常以 m 表示,其计算公式为

$$m=10\ 000\ (\beta_{max}-\beta_{min})\cdot H\cdot A$$

式中,m 为一次灌水量(m^3/hm^2);β_{max}为计划湿润层内适宜土壤含水量上限,即允许田间最大持水量,例如80%;β_{min}为计划湿润层内适宜土壤含水量下限,例如69%;H 为土壤计划湿润层深度;A 为土壤孔隙率。

3. 灌溉制度 人工灌溉补给的灌水方案称为灌溉制度(irrigation system)。其内容包括作物生长期内的灌水时间、灌水次数、灌水定额、灌溉定额等。作物灌溉制度随作物种类、品种、灌区自然条件及农业技术措施不同而异,需根据丰产灌水经验,总结灌溉试验资料,按水分平衡原理认真分析计算,分别确定。确定灌溉制度的基本要求是充分发挥灌溉水利工程的有效利用率,充分考虑合理调节土壤水分、养分和肥力状况,充分考虑作物的生长发育与需水规律,把有限的水资源用到作物最需要的时期,最大限度地提高单位耗水量的产量和产值。在一些地区必须考虑防止次生盐渍化的潜在危险。灌溉制度是灌区规划设计、灌区用水管理和合理灌溉的重要依据。

(二)灌溉方式

1. 地面灌溉 地面灌溉(surface irrigation)是使灌溉水通过田间渠沟或管道输入田间,是我国目前应用最广泛、最主要的传统灌溉方法。地面灌溉又可分为畦灌(border irrigation)、沟灌(furrow irrigation)、膜上灌(above-film irrigation)和淹灌(continuous flooding)。

(1)畦灌 畦灌是将田块用畦埂分隔成为许多平整小畦,水从输水沟或毛渠进入畦田,以薄水层沿田面坡度流动,水在流动过程中逐渐渗入土壤的灌水方法。此法适用于密植条播或撒播作物。为提高畦灌的灌水均匀性,减少深层渗漏损失,可采用小畦灌和长畦分段灌等技术。

(2)沟灌 沟灌是在作物行间开沟灌水,水在流动过程中向沟的两则和沟底浸润土壤的灌水方法。沟灌不破坏土壤结构,不导致田间板结,节省用水量,适用于棉花、玉米、薯类等宽行距作物。

近年来国外推行的涌流灌溉(又称为波涌灌溉或间歇灌溉),是水在第一次供水输入灌水沟(畦)达到一定距离后,暂停供水,经过一定时间后,再继续供水,如此分次间歇反复地向灌水沟(畦)供水,以达到节省灌溉水的目的。涌流灌溉克服了传统灌溉所存在的深层渗漏大、灌水不匀和长畦(沟)灌水难的问题。其节水率与畦(沟)长、土壤状况及灌季有关。陕西任惠灌区419个畦组的试验表明,畦长在140~350 m时,涌流灌比连续灌节水10%~40%,平均节水率为21%(王云涛,1998)。

(3) 膜上灌　膜上灌是淹灌在地膜覆盖基础上，将膜侧流改为膜上流，利用地膜输水，通过放苗孔和膜侧旁渗给作物供水的灌溉技术。

(4) 淹灌　淹灌是先使灌溉水饱和土壤，然后在土壤表面建立并维持一定深度水层的地面灌水方法。淹灌需水量大，仅适用于水田（例如水稻）、水生蔬菜、盐碱地冲洗改良等。

2. 喷灌　喷灌（sprinkling irrigation）是利用一套专门的设备将灌溉水加压（或利用水的自然落差自压），并通过管道系统输送压力水至喷洒装置（喷头）喷射到空中分散形成细小的水滴降落田间的一种灌溉方法。喷灌系统主要由水源、水泵、动力机、管道、喷头和附属设备组成，按管道的可移动性，可分为固定式、移动式和半移动式3种。喷灌可根据作物的需要及时适量地灌水，具有省水、省工、节省沟渠占地、不破坏土壤结构、可调节田间小气候、对地形和土壤适应性强等优点。但喷灌需要一定量的压力管道和动力机械设备，能源消耗、投资费用高，而且受风的影响大，直接蒸发损失大，还容易出现田间灌水不均匀、土壤底层湿润不足等。

3. 滴灌　滴灌（dripping irrigation）是当今世界上最先进的微灌技术之一，把工程节水和农艺措施有机结合，利用专用的灌溉设备，在地下和地上铺设管道，组成管网系统，根据作物对水的需求，使进入田间的水以间断或连续的水滴形式缓慢均匀定量地浸润作物根系密集区域，并借助土壤毛管和重力作用，将水扩散到整个耕层，供作物吸收。

滴灌不但节水，而且能把灌水、施肥、施药结合起来，操作管理方便、可控性强，达到节水、增产、高效的目的，有利于实现农业的可持续发展。滴灌是今后干旱、半干旱地区现代农业的基础性技术，是今后发展和实施精准农业的关键性技术措施之一。

滴灌系统如图5-3所示。

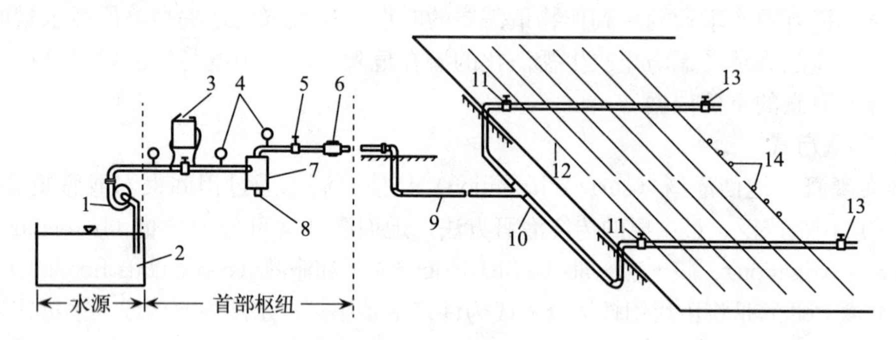

图5-3　滴灌系统

1. 水泵　2. 蓄水池　3. 施肥罐　4. 压力表　5. 控制阀　6. 水表　7. 过滤器　8. 排沙阀　9. 干管　10. 分干管　11. 球阀　12. 毛管　13. 放空阀　14. 灌水器

（引自王荣栋，2012）

如前所述，滴灌具有节水、增产、高效等特点，还容易实现计算机自动控制。这项技术在我国首先由新疆生产建设兵团于20世纪80年代引进，并在棉花上与地膜覆盖技术结合，形成膜下滴灌技术，试验成功之后，逐步推广到瓜类、蔬菜以及玉米、甜菜等中耕作物，后来在密植作物小麦上应用推广，均获得成功。

在棉花栽培上采用滴灌的结果表明，膜下滴灌棉田全生育期灌水量一般为3 300～4 200 m^3/hm^2，比常规地面灌溉棉田节约用水40%～50%，水产比（每立方米水生产籽棉数量）由常规灌溉的0.2～0.7 kg/m^3 增加到1.0～1.5 kg/m^3。据新疆农垦科学院统计测算，

2009年新疆建设兵团棉花膜下滴灌面积为 4.113×10^5 hm²，平均单产皮棉 2 310 kg/hm²，比常规沟灌棉田节水 45.7%，节肥 31.7%，增产 28.1%。

在小麦栽培上应用滴灌技术也取得了显著的增产效果。新疆生产建设兵团 148 团 2009 年种植滴灌春小麦 3.57×10^5 hm²，由新疆生产建设兵团科技局组织专家组田间测产鉴定的结果表明，地面灌溉小麦单产为 5 895 kg/hm²，滴灌小麦单产为 8 745 kg/hm²，后者比前者增产 48.3%。2011 年，昌吉回族自治州小麦滴灌面积为 $1.222\,5\times10^7$ hm²，收获前测产，滴灌小麦单产达为 7 050 kg/hm²，与地面灌溉相比，每公顷增产 1 500 kg 左右。

在新疆，麦收后复种油葵、草木樨、绿豆、大豆、青贮玉米，这些下茬作物采用滴灌方式也可获得高产，这是节水、增产、增效的良好经验，值得推广。

（三）节水灌溉模式

节水灌溉模式（water-saving irrigation model）有以下几个。

1. 节水灌溉制度　节水灌溉制度是在水资源总量有限，无法使所有田块按照丰产灌溉制度进行灌溉的条件下发展起来的。在我国北方干旱地区，根据作物在不同生长发育阶段水分亏缺对产量的影响不同，将有限的水资源用于作物关键需水期进行灌溉，即所谓灌关键水；在南方稻作区，采用湿、晒、浅、间的灌溉技术。

2. 优化灌溉技术　用时域反射仪、中子仪、电阻测水仪等先进科技手段监测土壤墒情，配合天气预报，根据作物不同生长发育阶段的需水特点对适宜的灌水时间、灌水量进行预报和优化，可以做到适时适量灌溉，有效控制土壤含水量，节水又增产。

3. 作物调亏灌溉　作物调亏灌溉是从作物生理角度出发，在一定时期内主动施加一定程度的有益亏水度，使作物经历有益的亏水锻炼后，达到节水增产、改善品质的目的。例如在渭北平原进行的玉米调亏灌水的结果表明，苗期中度亏水，拔节期轻度亏水，既有利于提高作物水分利用效率，又可提高产量。

（四）涝渍害防治

1. 农田排水的作用及要求

（1）除涝　除涝的目的是防止作物受淹减产。旱作物一般不能受淹（submerging），棉花、小麦等作物 10 cm 水深淹 1 d 就会减产。水稻淹灌，田面有一定水层，但水层太深，淹水时间太长也会减产。

（2）防渍　防渍排水（drainage）是通过降低地下水位，减少根系活动层中过多的土壤水。各种旱作物生长期适宜的地下水位埋深、雨后短期允许的地下水位埋深及要求降至允许埋深的时间如表 5－7 所示。

表 5－7　几种作物允许的防渍要求

作物	生长期适宜地下水位埋深（cm）	雨后允许地下水位埋深（cm）	要求降低至允许埋深的时间（d）	生长发育阶段
小麦	100～120	80	15	生长前期
		100	8	生长后期
玉米	120～150	40～50	3～4	孕穗至灌浆
棉花	110～150	40～50	3～4	开花结铃
		70	7	

（续）

作物	生长期适宜地下水位埋深（cm）	雨后允许地下水位埋深（cm）	要求降低至允许埋深的时间（d）	生长发育阶段
高粱	80～100	30～40	12～15	开花期
甘薯	90～110	50～60	7～8	—
大豆	—	30～40	10～12	开花期

（3）宜于耕作　实践证明，耕作层的土壤含水量占田间持水量的60%～70%，一般地下水位埋深在2～3 m以下时，灌水后2～3 d进行中耕松土最为适宜。当地下水位较高时，表土过湿，大型耕作机械不能下田。一般履带式拖拉机要求地下水位埋深在0.4～0.5 m以下，轮式拖拉机要求地下水位埋深在0.5～0.6 m以下。

（4）防止盐碱化　为了预防灌溉区土地次生盐渍化（secondary salinization）和改良盐碱土（saline-alkaline soil amelioration），要求通过排水措施将地下水位控制在一定的深度，这个地下水位埋深称为地下水临界深度。根据我国北方和西北地区多年改良盐碱土的实践经验，以土壤性质和潜水矿化度为指标，地下水临界深度见表5-8。

表5-8　北方及西北地区地下水临界深度（m）

地下水矿化度（g/L）	土壤质地		
	砂壤	壤土	黏土
<2	1.8～2.1	1.5～1.7	1.0～1.2
2～3	2.1～2.3	1.7～1.9	1.1～1.3
5～10	2.3～2.6	1.8～2.0	1.2～1.4
>10	2.6～2.8	2.0～2.2	1.3～1.5

2. 田间排水方式

（1）明沟　在田间开挖一定深度和间距的排水沟，即为明沟。明沟不需要特殊设备，施工技术简单，基建投资少；能自流排水；可以排涝排渍相结合。明沟排水的缺点是排地下水效果较差；排水沟边坡易滑塌；占地多，土地利用效率低。

（2）暗管　在田间开挖一定深度和间距的排水沟，沟底铺设能进水的管道，然后回填即为暗管，其排水效果比明沟好。

（3）竖井　竖井排水是在田间按一定的间距打井，井群抽水时在较大范围内形成地下水位降落漏斗，从而起到降低地下水位的作用。竖井的优点是排水效果好，且能排灌结合。其缺点是：消耗能源，运行费用高；如果含水层土壤质地太黏，则渗透系数太小，效果差；如果潜水矿化度很高，则抽出的水不能用于灌溉。

第六节　作物保护及调控技术

一、杂草防除技术

（一）杂草的定义及危害

农田杂草（weed）通常是指人们有意识栽培的作物以外的、对作物生产有危害的草本植物。杂草的危害可分为直接危害和间接危害两方面。直接危害主要指农田杂草对作物生长发育的妨碍并造成作物的产量和品质的下降。杂草有顽强的生命力，在地上和地下与作物进行竞争，地上部主要表现为对光和空间的竞争，地下部主要表现为对水分和营养的竞争，直接影响作物的生长发育。例如每穴水稻夹有一株稗草时，可减产25%；夹有两棵稗草时，可减产60%。此外，杂草还对机械收割、脱粒造成妨碍，特别是杂草种子与收获物混杂后给机械识别带来困难，造成经济价值下降。

间接危害主要指农田杂草中的许多种类是病虫的中间寄主和越冬场所，助长病虫的发生与蔓延，从而造成损失。例如荠菜是甘蓝菌核病、白粉病、霜霉病、麦蚜、棉蚜的寄主，龙葵是棉盲蝽、烟蚜、烟草炭疽病的寄主。另外，有些杂草植株或其器官有毒，混入粮食或饲料中能引起人畜中毒，例如毒麦籽实。

（二）杂草的生物学特点

田间杂草适应了农田的栽培条件，形成了许多有别于作物的一些特点和特性，主要包括以下几个方面。

1. 休眠性　大多数杂草种子形成了休眠的特性，即在种子成熟后的一定时间内即使外部环境条件满足发芽要求也不发芽。而且打破休眠后如果环境条件不适还将产生二次休眠的现象。有的多年生杂草的营养器官（例如黑慈姑、香附子等）也可产生休眠性。

2. 早熟性　杂草常比作物成熟早，例如稗草一般比水稻提前成熟10～30 d，播娘蒿在小麦孕穗时就开花结果，野燕麦在小麦成熟之前已纷纷落地。

3. 多产性　杂草具有强大的繁殖能力。一株杂草的种子数少则1 000粒，多则数十万粒。杂草种子不但数量多，而且成熟度不一致，因此其发芽、生长、危害可持续多年。

4. 拟态性　杂草与作物伴生，例如稗草伴水稻，谷莠子伴谷子，亚麻荠伴亚麻等。总之，哪里有作物，哪里就有杂草，并且年年季季总也铲不尽。

（三）杂草的防除方法

防除杂草的方法很多，有农业除草法（例如精选种子、轮作倒茬、水旱轮作、合理耕作等）、机械除草法（例如机械中耕除草）、植物检疫、化学除草法等。化学除草具有省工、高效、增产的优点。除草剂（herbicide）的种类很多，按其对作物与杂草的作用可分为选择性除草剂（selective herbicide）和灭生性除草剂（non-selective or sterilant herbicide）。选择性除草剂利用其对不同植物的选择性，能有效地防除杂草，而对作物无害，例如敌稗、灭草灵、2,4-滴、杀草丹等。灭生性除草剂对植物缺乏选择性，草苗不分，不能直接喷到正在生长作物的农田，多用于播前、芽前、休闲地、田边、坝埂或工厂、仓库等处除草，例如百草枯、草甘膦、五氯酚钠、氯酸钠等。

此外，按除草剂在植物体内的输导性能分为输导型除草剂和触杀型除草剂；按使用方法又可分为土壤处理剂和茎叶处理剂。土壤处理是将除草剂施于土壤，药剂通过杂草的不同器官吸收而产生毒效；茎叶处理是将除草剂直接喷洒在杂草株体上。从施药时间上分，又有播种前施药和作物生长期间施药之别。不论选择何种除草剂，也不论在何时或采用何种方式施药，均需严格按除草剂使用说明操作，切不可马虎从事。

除草剂若使用不当也可能产生不良作用，例如带来土壤和农产品污染、影响下茬作物种子出苗及幼苗生长等。

二、病虫鼠害防治技术

（一）病虫鼠害的预测预报工作

病虫鼠害的预测预报工作是以已掌握的病虫鼠害发生规律为基础的，根据田间调查得出的当前病虫鼠害发生数量和发育状态，结合当时当地气候条件、作物生育状况等，进行综合分析，正确判断病虫鼠害未来的发展趋势，并将预测结果及时向有关农业部门和广大农民发出预报，保证及时、经济、有效地防治病虫鼠害。

病虫鼠害预测预报的主要任务是：预报病虫鼠害发生危害的时期，以便确定防治的有利时机；预测病虫鼠害发生数量的多少和危害程度，以便确定防治的规模和力量的部署；预测病虫鼠害发生的地点和轻重范围，以便按不同的地区采取不同的防治对策。病虫鼠害的预测预报种类和方法很多，这里不必详述。作为作物栽培工作者要通过植物保护部门，随时了解掌握病虫鼠害的测报结果，同时自己要经常调查了解田间的病虫鼠害的发生情况，及时采取相应对策，在关键时期采用科学的防治技术，做到治早治了。

（二）病虫鼠害综合防治技术

病虫鼠害的防治方法，按其作用原理和应用技术可分为：植物检疫、农业防治、化学防治、生物防治和物理机械防治。防治病虫鼠害必须认真贯彻执行“预防为主，综合防治”的方针。

1. 植物检疫 植物检疫至关重要。通过这项措施能够禁止或限制危险性病虫人为地从外国或外地传入或传出。一旦发现检疫对象，就应禁止调运、禁止播种或就地销毁。

2. 农业防治 农业防治是综合防治的基本措施，主要是选用抗病虫品种、实行合理轮作倒茬、深耕细锄、合理施肥灌水、清洁田园、加强田间管理等。

3. 化学防治 化学防治的特点是见效快、效果好、方法简便，适用于大面积防治。其缺点是污染环境，易积累中毒，造成人畜伤亡。在进行化学防治时，必须做到对症下药、适时施药、精确掌握用药浓度和用量，采用恰当的施（用）药方法、均匀施药、科学地混用农药、交替施药和安全用药。

4. 生物防治 生物防治是利用自然界有益的生物消灭或控制作物病虫鼠害，主要有以虫治虫、利用寄生性或捕食性天敌昆虫杀灭害虫（例如用赤眼蜂防治玉米螟、稻纵卷叶螟，草蛉捕食蚜虫、介壳虫、粉虱和害螨等）、以菌治虫（利用微生物的寄生或产生的毒素杀死害虫，例如苏云金芽孢杆菌可以防治稻苞虫、黏虫等，白僵菌可以防治玉米螟、大豆食心虫等）、以菌治病（利用某些微生物的代谢产物抗生素防治病害，例如井冈霉素可防治水稻纹枯病，春雷霉素可防治稻瘟病，庆丰霉素可防治小麦白粉病等）。此外，农业生产上也常利用蜘蛛、青蛙、益鸟、蛇、猫头鹰等捕食性动物杀灭害虫或老鼠。

5. 物理机械防治 物理机械防治是在掌握病虫鼠的生活习性和特点的基础上，利用各种物理因子、人工或器械防治病虫鼠害。物理机械防治的领域包括光学、电学、声学、力学、放射物理、航空防治等。

（1）人工器械捕杀　就是利用人工或简单的器械捕杀虫鼠，例如用拍板和稻梳捕杀稻苞虫等，用粘虫兜和粘虫网捕杀黏虫，用夹类、笼类、压板类和套扣类捕杀老鼠。

（2）诱集和诱杀　就是利用害虫的趋性进行诱集然后集中处理，或结合化学毒剂诱杀。常用的诱集和诱杀方法有：灯光（特别是黑光灯）诱集、高压电网黑光灯诱集、糖醋毒液诱杀、潜所诱集、作物诱集等。

（3）阻隔分离 根据害虫的生活习性，人为设置障碍，防止害虫危害或阻止其蔓延。

三、作物化学调控技术

作物化学调控指运用植物生长调节剂对植物生长发育进行促进或抑制，达到高产、优质、高效的目的。随着科学技术的发展和农业生产的需要，作物化学调控逐渐成为农业生产的重要措施之一。

（一）植物生长调节剂的概念、种类和作用

植物生长调节剂（plant growth regulator）泛指那些从外部施加给植物，在低浓度下引起生长发育发生变化的人工合成或人工提取的化合物。植物生长调节剂属于农药，一般高效低毒。植物生长调节剂主要包括以下 4 大类。

1. 植物激素及其类似物 植物激素（plant hormone）是由植物体内代谢产生的，能运输到其他部位起作用的、在低浓度下对植物生长发育产生特殊作用的物质，主要包括生长素类（IAA）、赤霉素类（GA）、细胞分裂素类（CTK）、脱落酸（ABA）、乙烯（ETH）和油菜素内酯（BR），它们在植物生长发育中所起的作用各有不同。目前在作物生产上应用更多的还是人工合成的激素类似物，它们的分子结构与天然激素并不相同，但具有与植物激素类似的生理效能。

（1）生长素类 它的重要作用是促进细胞增大伸长，因而能促进植物的生长。但这种作用是发生在一定的浓度范围，并有一定的最适浓度。超过这一浓度范围，不但不促进植物生长，反而抑制生长甚至可能致死。农业上应用的生长素类似物主要有吲哚类化合物、萘酸类化合物和苯氧羧酸类化合物，例如吲哚丁酸（IBA）、萘乙酸（NAA）、对碘苯氧乙酸等。生长素类可抑制腋芽生长、维持顶端优势、促使插条生根、促进开花和结实、防止器官脱落、疏花疏果、抑制发芽、防除杂草等。

（2）赤霉素类 用于作物生产的赤霉素主要为赤霉酸（GA_3），工业品又称为九二〇。其生理作用是：促进细胞分裂和伸长，刺激植物生长；打破休眠，促进萌发；促进坐果，诱导单性结实；促进某些植物开花并增加雄花数量。

（3）细胞分裂素类 细胞分裂素都是腺嘌呤衍生物，以玉米素（ZT）和玉米素核苷（ZA）为常见，用于农业生产的主要有激动素（KT）、6-苄基氨基嘌呤（6-BA）等。它的主要作用是：促进细胞分裂和细胞增大；减少叶绿素的分解，抑制衰老，保鲜；诱导花芽分化；打破顶端优势，促进侧芽生长；促进某些种子萌发等。

（4）脱落酸 它是一种抑制型植物生长调节剂，能抑制细胞的分裂和伸长，因而抑制植物生长；可促进离层的形成，引起器官脱落；促进衰老和成熟；促进气孔关闭，提高植物的抗旱性。

（5）乙烯 用于作物生产的主要是乙烯利，它具有多方面的生理作用：促进果实成熟，抑制生长，促进衰老和脱落，破除休眠，促进侧根形成和生长，促进某些植物开花并增加雌花数量，诱导雄性不育，促进次生代谢物的分泌等。

（6）油菜素内酯 油菜素内酯具有促进细胞分裂和伸长的双重生理作用，可提高叶绿素含量，促进光合作用，有利于花粉受精，提高坐果率和结实率，改善植物生理代谢作用，提高抗逆性。在很低浓度下，油菜素内酯对多种植物具有良好的增产和改善品质的功能。已人

工合成了多种油菜素内酯，目前开发应用的主要有表油菜素内酯、高油菜素内酯以及长效油菜素内酯等。

2. 植物生长延缓剂 植物生长延缓剂（plant growth retardant）指那些抑制植物亚顶端区域的细胞分裂和伸长，但对顶端分生组织不产生作用的化合物。其主要生理作用是抑制植物体内赤霉素的生物合成，拮抗赤霉素的生理作用，延缓植物的伸长生长。因此可用赤霉素消除植物生长延缓剂所产生的作用。常用的植物生长延缓剂有矮壮素（CCC）、多效唑（PP_{333}）、烯效唑（S3307）、比久（B_9）、缩节胺（Pix或DPC）等。

3. 植物生长抑制剂 植物生长抑制剂（plant growth inhibitor）也具有抑制植物生长、打破顶端优势、增加下部分枝和分蘖的功效。但与植物生长延缓剂不同的是，植物生长抑制剂主要作用于顶端分生组织区，且其作用不能被赤霉素所消除。植物生长抑制剂包括三碘苯甲酸（TIBA）、整形素等。

4. 其他植物生长调节剂 近年来发现的三十烷醇以及一些浓度极低的除草剂，也能调节植物的生长发育；也有一些化合物能抑制植物的光呼吸和降低植物的蒸腾作用，分别称为光呼吸抑制剂（例如亚硫酸氢钠）和抗蒸腾剂（如2,4-二硝基酚）。

（二）植物生长调节剂在作物上的应用

1. 打破休眠，促进发芽 刚收获的种子、未成熟的种子、成熟和收获时环境条件不好的种子和储藏不善或储藏过久的种子发芽率低或不能发芽，出苗慢或苗子弱，从而影响出苗率，增加用种量。应用赤霉素等处理种子，可打破休眠，促进萌发，提高种子发芽率，使出苗早而壮。

2. 增蘖促根，培育矮壮苗 植物生长延缓剂有助于克服不良环境条件的影响，延缓幼苗生长，形成矮壮苗。多效唑、矮壮素、烯效唑、缩节胺等具有较好的培育壮苗的效果，主要施用方法有种子处理（浸种、拌种或包衣）和苗期叶面喷施。

3. 促进籽粒灌浆充实 生产上常通过施用生长素、赤霉素、细胞分裂素类植物生长调节剂促进水稻、小麦的籽粒灌浆充实。例如在水稻、小麦孕穗、开花和灌浆期喷施细胞分裂素、增产灵、油菜素内酯、三十烷醇等植物生长调节剂，可在不同程度上提高光合作用速率和养分向生殖器官的转移速率，延长叶片功能期，加快灌浆速度，提高千粒重，增加产量。或使用植物生长延缓剂多效唑、烯效唑、缩节胺等前期培育壮苗，后期减少营养生长对同化物的消耗，使同化物更多地向繁殖器官转运积累，促进籽粒充实。

4. 控制徒长，降高防倒 小麦等禾谷类作物在后期容易出现倒伏，尤其是高秆品种。在高肥水地区，即使矮秆品种，仍有倒伏的可能。棉花、大豆、花生等无限花序作物，在肥水较好条件下，植株很易疯长，花蕾脱落，造成减产。应用植物生长延缓剂可有效地控制徒长，降高防倒，增加产量。例如小麦拔节期施用矮壮素、玉米施用玉米健壮素、棉花使用缩节胺、花生施用比久、大豆施用三碘苯甲酸等均可收到这种效果。

5. 防止落花落果，促进结实 棉花、油菜、豆类、瓜类、茄果类等无限花序作物的落花落果除与环境条件和栽培技术有关外，还与营养生长和生殖生长状况以及体内激素平衡有关。在生产上可用生长素类、植物生长延缓剂等改善其生长状况和体内激素平衡，从而防止花果脱落，提高坐果率。例如棉花上施用赤霉素、番茄施用2,4-滴、辣椒上使用萘乙酸等。

6. 促进成熟 内源激素细胞分裂素有延缓衰老的作用，乙烯和脱落酸能加速衰老，促进成熟。特别是乙烯对促进果实成熟有明显的效果，因而常被称为成熟激素。乙烯释放剂乙烯利不仅能对果蔬作物的果实起催熟作用，而且可用于棉花、烟草、水稻等作物。乙烯利作为外源激素用在棉花上，能迅速被棉株各器官吸收，在体内分解产生乙烯，达到促进棉花早熟、增产和改善棉花纤维品质的目的。乙烯利处理后的棉铃，一般可提早 7～10 d 吐絮。在烟叶生产中，施氮量过大会造成贪青晚熟，影响及时上市。在烟草成熟期喷施乙烯利，3～4 d 后烟株叶片自下而上由绿转黄，和自然成熟一样。烟叶采后用乙烯利处理，可以迅速变黄，提高等级。水稻灌浆期喷施乙烯利可以促进营养器官糖类水解，提高籽粒磷酸化酶的活性，加速穗部淀粉积累，促进早熟。但在另一方面，由于加速功能蛋白、叶绿素分解，光合作用减弱，群体略显早衰。加之功能叶呼吸作用增强，增加对物质与能量的消耗，因而籽粒轻于不喷施乙烯利的对照。因此适时适量使用乙烯利，是实现水稻早熟、安全、高产、稳产的关键。

（三）使用植物生长调节剂的注意事项

1. 选择适宜的药剂　收获营养器官的蔬菜类，一般选用促进类植物生长调节剂。为了防止叶菜类作物过早开花，则宜选用植物生长延缓剂或抑制剂。在高氮条件下，禾谷类作物容易倒伏，需选用植物生长延缓剂。逆境（高低温、干旱等）条件下，宜选用提高作物抗逆能力的植物生长调节剂，例如用植物生长延缓剂提高抗旱性。作物不同，对植物生长调节剂的反应有差异，选用的植物生长调节剂也有不同。例如为了降高防倒，小麦宜用矮壮素，大麦宜用乙烯利，水稻则选用多效唑为好。

2. 确定适宜的施药时期　为了促进发芽，以播前种子处理为宜。为了培育壮苗，以种子处理和苗期用药为佳。禾谷类作物为了降高防倒，以拔节初期施药为好。为了控制瓜类性别，则必须在幼苗期叶面喷施低浓度的乙烯利或赤霉素。

3. 选择适宜的施用浓度　对药剂反应敏感的作物，浓度可低些，反之则高些。高温和充足光照有利于药剂的吸收和转运，因此浓度可适当低些，反之则稍高些。单位面积的施药量一般不像对浓度要求那么严格，但必须按照使用说明施用，并使药剂均匀分布于植株的表面和田间。

4. 选择适当剂型，让药剂充分溶解或混匀　生产上最常用的是水剂，浓度单位以 mg/L 或%表示。配制时，能溶于水的药剂可用水直接稀释成所需浓度。对那些不能直接溶于水的药剂必须根据其化学性质，先采用相适应的溶剂溶解，再用水稀释，例如萘乙酸，需在水中加热后才溶解。若进行土壤撒施，则须将药和土壤充分混匀。

5. 确定适当的使用方法　生产上常用的有种子处理、叶面喷施和土壤处理，其中以叶面喷施使用最多。浸种时，要注意浸种时间，浓度高时时间宜短，反之宜长，豆类种子宜短，禾谷类种子宜长。叶面喷施应选择无风的晴天施药，一天中以下午施药为佳，若施药后 6 h 内下雨，必须补施。

6. 谨慎配合使用生长调节剂及与其他农药混用　不同生长调节剂之间存在着相互作用，可能使其药效增强或减弱，一般生长素和赤霉素配合使用，具有增效作用，而赤霉素和植物生长延缓剂则作用相互抵消。植物生长调节剂本身都有自己的理化特性和稳定条件，因此在生产上一般不要随意混用植物生长调节剂或与其他碱性农药混合使用，以免影响药效。例如乙烯利、增产灵、矮壮素等不能与碱性农药混用，比久不能与铜制剂混用。在实际操作中，除仔细阅读药剂说明之外，也可将准备混用的植物生长调节剂、农药等各取少量在水中混合，若出现翻泡、絮状沉淀、分层、油花油珠现象，说明不能混用；若混合后无任何反应，则可混用。

7. 应用植物生长调节剂时，必须与良种和栽培措施相结合 植物生长调节剂只能对植物生长发育起调节作用，并不能代替温、光、水、肥。因此植物生长调节剂的增产效应只能以良种、栽培和水肥管理为基础，若忽略了这一点，把植物生长调节剂当成万能灵丹是不妥当的。

8. 注意用药的安全性 植物生长调节剂的应用浓度极低，在植物体和土壤中可迅速分解，对人类和环境一般没有副作用。但需要注意的是，一些植物生长调节剂属于低毒型，例如比久和青鲜素，在生产应用时，不能食用其刚刚处理过的果实。特别是在作物生长后期施用或直接喷施于食用部位时，需注意严格把关，以免给人畜带来危害。有些药剂具有刺激性或轻度腐蚀性，在配药和施药时，要避免与皮肤接触，避免吸入药雾，工作完毕后及时清洁可能污染的部位。国家农药安全使用规定中对可用农药规定了安全间隔期，指的是农药施用后至产品收获期之间间隔的天数。植物生长调节剂也是农药，其使用的安全间隔期尚未一一确定，但必须注意施药与收获之间留出不少于1～2周的时间。

四、人工控旺技术

现在生产上除了化学控旺以外，许多人工控旺技术（artificial overgrowth control skill）也具有良好的调节控制效果。

（一）深中耕

在许多旱地作物生长前期，利用一定的器械在行间或株间深耘土壤（即深中耕，deep intertilling），切断部分根系，减少根系对水分和养分的吸收，可达到减缓茎叶生长，控制旺长的目的。例如小麦在群体总茎数达到合理指标时，适当深耘断根，可抑制高位分蘖潜伏芽的萌发，促使小分蘖衰亡、主茎和大蘖生长敦实苗壮，有利于壮秆防倒。小麦中耕深度一般为7 cm左右。对于有旺长趋势的棉田，也常在蕾期进行深中耕控制棉株生长，中耕深度在13 cm以上。

（二）镇压

在作物苗期连续镇压（pressing）或重度镇压可控制地上部旺长。对早播、冬前苗期出现徒长现象的麦田，采取连续镇压，可抑制主茎和大蘖徒长、缩小大蘖与小蘖的差距，对生长过头的麦苗镇压还有利于越冬防冻。在小麦拔节初期，一般在基部节间开始伸长、未露出或刚露出地表时对壮苗、旺苗镇压，可使基部节间缩短、株高降低，并可促进分蘖两极分化，成穗整齐，壮秆防倒。但是节间伸长后切勿镇压，以免损伤幼穗生长点。谷子田常在谷苗2～3叶期镇压，起蹲苗作用。

（三）晒田

晒田（drying the paddy field）是水稻生产特有的先控后促的高产栽培技术措施。晒田的主要作用是改变土壤环境，促进根系发育，抑制茎叶徒长和控制无效分蘖。一般在水稻对水分不太敏感的分蘖末期至幼穗分化初期进行排水晒田，生产上在田间茎蘖数达到预期的穗数时即可晒田。一般说来，分蘖早发苗足长势旺时，应早晒、重晒，反之则迟晒、轻晒或不晒。盐碱地一般不宜晒田。

（四）打（割）叶

打（割）叶（leaf trimming）即采用手摘或刀割的办法，去掉一部分叶片，减少叶片的消耗，改善田间通风透光条件，这样有利于繁殖器官的生长发育。禾谷类作物（例如小麦和水稻）出现过分旺长时，将上部叶片割去一部分，可控制其徒长；玉米在保留棒三叶的情况下可割去茎秆基部脚叶；无限花序作物棉花、油菜、豆类等出现茎叶旺长时，可人工摘去中基部的老叶，以缓解营养器官和生殖器官争夺养分的矛盾，改善植株的通气透光条件，促进花蕾的发育。

（五）摘心（打顶）

无限花序作物在整个生长发育期间，只要顶芽未受损，就能不断分化出新的枝叶。摘除主茎顶尖，能消除顶端优势，抑制茎叶生长，使养分重新分配，减少无效果枝和叶片，促进繁殖器官的生长发育，提高铃（荚）数和单铃（粒）质量，一般可增产10%。烟草摘心（pinching or topping）并配合打底叶，可提高烟叶品质。摘心一般适用于正常田块和旺长田块，长势差的田块不必摘心。摘心一般在开花期进行，宜摘去顶尖1叶1心部分。作物不同，摘心时期略有差异，棉花、蚕豆宜在初花期摘心，大豆宜在盛花期摘心。棉花除顶部摘心外，果枝顶端也要摘除（称为打边心、打围尖）。

（六）整枝

整枝（pruning）主要指摘除无效侧枝、芽，这在棉花和豆类作物上应用较多。在无限花序作物（例如棉花、大豆和蚕豆等）的植株上，有一些不结果的叶枝、无效枝，它们徒耗养分，却使生殖生长受抑制，使铃荚脱落。因此当叶枝（芽）和无效枝（芽）出现后，应及时摘除。这样，不但可以减少营养消耗，而且可以改善株间通风透光条件。

打（割）叶、摘心、整枝等措施费工费时，在大规模生产时并不适用。

第七节　覆盖栽培技术

一、覆盖的作用

在旱作农业中，如何降低土壤水分蒸发，提高有限水分的利用率，最终提高土地生产力，是生产中的关键问题。长期的生产实践和试验结果证明，地面覆盖能有效地抑制土壤水分蒸发。地面覆盖有秸秆覆盖，地膜覆盖、砂石覆盖等。

（一）覆盖的温度调节效应

普通透明地膜透光性好，透气性差，地膜覆盖后抑制土壤水分蒸发，阻碍膜内外近地面气层的热量交换，可产生增温效应。一般早春地膜覆盖较露地土表日平均温度提高2～5℃。我国农区辽阔，地膜覆盖土壤的增温效应不尽一致，除受地理位置影响外，还受覆盖方式及管理措施的制约。一般特点是：地膜覆盖春播作物从播种到收获，随着大气温度的升高和叶面积的增大，增温效应逐渐减小；地膜覆盖农田的地温变化，有随土层加深逐渐降低的明显趋势；不同气候条件下增温效应有明显差异，晴天增温多；覆盖度大，增温保温效果好；东西行向增温比南北行向高；地膜覆盖中心地温比四周高，高垄覆盖比平作覆盖增温高。由于地膜覆盖的增温作用，使土壤有效积温增多，可加速作物生长发育进程，促进作物早熟。

秸秆覆盖能在白天大量吸收太阳辐射，使大部分热量吸收到秸秆内，不容易传导到土壤内，因而地温较低；当夜间地面放出长波辐射时，由于秸秆阻隔而返回土壤，又起到保温作用，因而秸秆覆盖下的土壤温度偏低且比较稳定。利用这种特点，在农作物生长的高温季节进行秸秆覆盖可以调节土壤温度。

砂石覆盖（砂田）因砂石层颜色较深，地表凹凸不平，孔隙大，毛细管作用差，故在太阳辐射下吸热多，保温好，增温快。

（二）覆盖的保墒作用

因地膜阻隔，切断了土壤水分与大气交换的通道，抑制了土壤水分向大气的蒸发，使大部分水分在膜下循环，土壤水分较长时间储存于土壤中，具有一定的保墒作用。同时，由于盖膜后膜内温度上升而使土壤温度上层与下层的差异加大，促使较深层的土壤水分向上层移动并积聚，形成提水上升的提墒作用。因此覆盖土壤耕层含水量较露地高且相对稳定。但地膜覆盖也阻隔了雨水直接进入土壤，径流增加，一般情况下，田面覆盖不宜超过 80%。

秸秆覆盖可抑制土壤水分蒸发，改善农田墒情，且秸秆还可返回土壤，既培肥地力，又减小耗水系数，提高水分利用效率。例如据赵聚宝等（1996）试验，在旱作条件下，冬小麦秸秆覆盖栽培比对照节水 16.7%，春玉米秸秆覆盖栽培比对照节水 15.5%。在灌溉条件下，秸秆覆盖则可推迟灌溉期，减少灌水次数，节约灌溉用水。

农田覆盖砂石后，由于砂石层结构疏松，砂粒间孔隙大，渗透性好，因此降水就地渗入快，地面径流少，蓄水多。另外，砂石层覆盖，土壤蒸发失水少。据测定，与露地比较，铺砂田水分渗入率增加 9 倍，而蒸发量仅为露地的 1/5。

（三）覆盖的其他作用

秸秆覆盖可使农田土壤免受雨滴的直接冲击，保护表层土壤结构，防止土壤板结，减少水土流失。秸秆覆盖在地表，常处于风干状态，分解缓慢；秸秆耕翻于土中后，有利于土壤有机质的积累。

地膜覆盖后可防止雨滴直接冲击土壤表面，又可抑制杂草。地膜覆盖下的土壤比较疏松，容重小，孔隙度大，水、气、热协调，有利于根系生长。

砂石覆盖具有保护土壤结构，防止土壤盐碱化的作用。砂石覆盖后，土壤可免遭水蚀、风蚀。在砂石覆盖下，土壤微生物数量增加，活性增强，促进了土壤有效养分的转化。在干旱少雨地区，砂石覆盖可明显减少土壤蒸发，还可有效地抑制土壤下层可溶性盐类向地表聚积。

二、覆盖物的种类及覆盖方法

（一）秸秆覆盖

秸秆覆盖（straw mulching）指利用农作物的秸秆、糠壳、残茬等有机物，覆盖在土壤表面。秸秆覆盖方法主要有以下几种。

1. 整秆覆盖 此法在播种前后，将整株秸秆均匀地覆盖在地面，形成全田覆盖或局部覆盖，包括小麦（油菜）稻草覆盖、秋马铃薯稻草覆盖、玉米秸秆覆盖等。秸秆覆盖量因作物而异，覆盖量过少，保墒效果差；覆盖量过多，会影响作物出苗及苗期生长。小麦适宜的稻草覆盖量为 2.25～6.00 t/hm^2。秋马铃薯的秸秆覆盖量一般为 2～3 t/hm^2。玉米秸秆收获后，一边割秆一边顺行覆盖，可盖一幅空一幅；也可全田均匀覆盖，在第二年播种前 2～3 d，把播种行内的秸秆搂到垄背上形成半覆盖。

2. 切（粉）碎覆盖 此法利用秸秆切碎还田机、秸秆切碎覆盖联合播种机、秸秆粉碎还田机、联合收割机等，将水稻、小麦、玉米、油菜、大豆等作物的秸秆切（粉）碎后，均匀全田覆盖或局部覆盖。

3. 高留茬覆盖 此法在前作收获时留茬 10～30 cm，免耕或浅旋耕土壤，在作物秸秆间机条播后作（例如小麦、玉米、大豆）或抛栽水稻秧苗，并将已收割的秸秆等残茬均匀覆盖于田间。也有人在小麦生长后期套种水稻，麦收时留茬 30 cm 左右，其余麦秸就地撒开或就近埋入麦田沟内。

（二）地膜覆盖

我国是世界上地膜覆盖（film mulching）技术发展最快、应用面积最大的国家，并已形成地膜覆盖农业技术体系，例如在小麦上形成的膜际栽培和穴播栽培技术、在玉米和马铃薯等作物上的垄作栽培技术等、在西北植棉区形成的棉花膜下滴灌技术等。地膜覆盖的基本方法如下。

1. 整地做畦　地膜覆盖的作物在整个生育期一般不再中耕，还要使地膜密贴于畦面上，因此整地做畦要求质量高。

（1）平整土地，细致碎土　结合整地彻底清除田间根茬、秸秆、废旧地膜及各种杂物，在充分施入有机肥的同时耕翻碎土，使土壤表里一致，疏松平整，土壤内不应有大土块。如果底墒不足，可以提前灌水造墒，再进行整地。在无灌溉条件的地区早春应提早耙地，镇压保墒，并及时做畦（起垄）并覆盖地膜，以防止水分蒸发散失。

（2）做高畦或高垄　为蓄热提高地温，地膜覆盖要求做高畦或高垄。东北地区多垄作，而华北及南方地区多采用高畦栽培。畦型多采用中间略高的圆头高畦，这样铺盖地膜时，地膜易与畦面密贴，压盖牢固，不易被风吹抖动。平畦覆盖多用在蔬菜短期覆膜栽培上。畦（垄）高度因地区、土质、降水、栽培作物种类及耕作习惯而异。

我国目前生产的地膜幅宽为 70～200 cm，而以 70～100 cm 幅宽地膜居多。畦（垄）长度根据土地平整程度确定，一般菜田长为 6～8 m，而新疆石河子棉区畦（垄）长度可达 300～500 m。

2. 覆膜　地膜覆盖栽培应注重连续作业，即整地、施肥、做畦（垄）后要立即覆盖地膜，防止水分蒸发。手工覆膜可 3 人 1 组，1 人铺放拉紧地膜，2 人在畦侧压土，达到盖膜“平、紧、严”的标准，砂壤土更需固定压牢。步道一般不盖膜，以利于灌水、施肥和田间作业。在大面积栽培时，可进行机械化覆膜，一般简单覆膜机可一次完成做畦、覆膜、压土固膜作业，提高工效 10 倍以上。应用联合作业覆膜机械，则可一次完成整地、碎土、施肥、做畦、喷洒除草剂、覆膜、压土打孔、播种、封盖播种孔等全部作业，提高工效达百倍。

覆膜作业的方法可分为先覆膜后播种定植和先播种定植后覆膜人工开口放苗或套盖地膜两种，可根据需要及具体情况选择采用。

（三）砂石覆盖

在我国华北、西北干旱地区有砂田栽培的习惯。砂石覆盖（sand-gravel mulching）是利用卵石、砾石、粗砂和细砂的混合体，在土壤表面覆盖一层厚度为 5～15 cm 的覆盖层。

1. 按灌溉条件分类　按照砂田的灌溉条件来分，有水砂田和旱砂田。

（1）水砂田　水砂田是指铺在有灌溉条件的水浇地上的砂田。水砂田寿命短，仅为 5～6 年，头 2 年为新砂田，第 3 年为中砂田，以后为老砂田。水砂田主要用于种植蔬菜、瓜果、棉花等经济价值较高的作物。这种砂田一般采用清砂覆盖，砂石覆盖层很薄。水砂田和土壤因灌溉易于混合，因而寿命短。老砂田的砂土混合比重增加，砂田作用逐渐消失，肥力下降，产量降低。因此一般使用 3～5 年后就需要起砂重新铺设。

（2）旱砂田　旱砂田是指铺设在无灌溉条件的旱地上的砂田，它仅靠自然降水进行生产。旱砂田寿命长，头20年为新砂田，20～40年为中砂田，40～60年及以上为老砂田，一般可达40～60年，甚至还有近百年的。随着使用年限的延长，旱砂田的砂土混合日益严重，增温、保墒、压盐碱的效果逐年降低，同时肥力也日渐下降。因此新砂田性能好、地力高、效益好。

2. 按覆盖砂石成分分类　按覆盖砂石成分划分，有卵石砂田和碎石砂田。卵石砂田砂石一般为直径0.5～10.0 cm的卵石和砂粒的混合物。碎石砂田覆盖层是由大小不等、形状不规则的砾石、砂粒和细土混合而成，碎石砂田因其覆盖层含土量较多，雨后易板结，渗水性差，保墒、保温、压碱等效果也差。卵石砂田质量最优，结构疏松，不易板结，保墒保温性好，且便于耕作管理。据陕西省农业科学院经济作物研究所刘学义观测，卵石在夜间降温时还具有凝聚水分的作用。

三、覆盖栽培管理技术

（一）地膜覆盖的栽培管理技术

1. 施足基肥　地膜覆盖地温高，土壤微生物活动旺盛，有机质分解快，速效养分增加，作物生长快。为保持较高的土壤肥力水平，防止作物中后期脱肥早衰，在整地过程中应充分施入缓效性有机肥。一般地膜覆盖的基肥施入量要比露地栽培高30%～50%，注意氮磷钾合理配施。基肥施入前需充分发酵腐熟，施肥后通过耕翻使之与土壤充分混合。

2. 播种和移栽

（1）播种　大多数作物采用直播，可先覆膜后播种，要注意播种深度、播种量和覆土深度，保证苗齐。先播种后覆膜的，要特别注意幼苗顶土时及时破膜放苗。早春覆膜正值春季多风季节，为固定地膜防止风害，在畦上应每隔2～3 m压一小土堆，而且要注意经常检查，及时封堵破损漏洞。

（2）移栽　棉花、玉米等育苗移栽作物，可根据当地生产习惯，或先覆膜后移栽或先移栽后覆膜。前者于覆膜后5～7 d，在畦面上按要求的行株距打孔取土，栽入幼苗，培湿润土，连同地膜一起封严压实；后者在作物移栽后，先将地膜展开置于幼苗上，在幼苗根际部位开孔，套过幼苗盖于地面，在畦端和两侧培土，注意苗孔与幼苗基部对齐，否则提盖地膜时会使苗与膜孔错位而损伤幼苗。前者利用地膜下适宜温度和湿度环境，缓苗期短，但定植时较费工；后者定植速度快而整齐，但覆膜时较费工。

3. 灌水追肥　在覆膜栽培整个生长发育期间，灌水次数及灌水量较常规栽培减少，在土壤水分充足的情况下，前期应适当控水，促根下扎，防止徒长。而在中后期作物旺盛生长期间，需肥量大，蒸腾量大，耗水多，应适当增加灌水，并结合追施速效性氮肥，满足作物后期肥水需求，防止早衰。但忌大水漫灌，否则土壤湿度过大，通气不良，地表板结，影响根系发育；同时，高湿易使作物发生病害。大量降雨后应于24 h内排除积水防涝。

4. 杂草防除　地膜覆盖栽培若覆盖不严，压盖不紧，地膜不能与畦（垄）表面紧贴，常常引起杂草丛生。在水肥条件好的菜田更为严重。因此要有效地灭草，减轻草害。首先要提高覆盖地膜质量，封严压实，及时堵严破洞，使地膜与地表间呈相对密闭状态。其次，在多草地区或多茬次栽培的菜田，夏季高温高湿栽培时，可选用黑色膜、绿色膜等除草专用地膜。再次，在较大面积覆盖栽培时，可喷洒适宜的除草剂，其用药量应较常规栽培减少 1/3。

5. 病虫害防治　由于地膜覆盖改变了土壤环境和近地面小气候，作物生育进程明显提前，病虫害发生规律会发生相应变化。因此应随时调查病虫发生情况，及时采取相应防治措施，减轻和避免其危害。在地膜覆盖条件下，有些病虫害有减轻的趋势，但也有些病虫害有提前发生和蔓延的趋势，可选用特殊功能性地膜，例如覆盖银灰色地膜可减少蚜虫数量，也可预防食心虫、甜菜象甲等。

6. 残膜的回收利用　地膜是农田污染的主要来源之一，必须严格坚持残膜回收，集中加工利用。还可有选择性地试验示范推广可控降解地膜。残膜回收可采用人工或机械方法。小面积地膜覆盖栽培与设施栽培可由人工回收残留地膜，把回收的地膜集中到废品回收站，进行再加工利用，以防止生态环境污染。残膜回收机有 ISQ－2.0 型塑料残膜清除机、东农－88 型弹齿式垄作残膜收集机、IMS－800 型塑料残膜回收机、SMJ－2 型收膜集条机等。在部分大面积地膜覆盖栽培而劳动力较少的地方已开始使用残膜集条集堆或捡拾收集的机器，辅以人工清漏、装运作业。但是由于我国使用的地膜较薄，耐老化性及强度较低，覆盖时间长，加上田间管理和收获时的人为机械损伤，地表残膜破碎零乱并与根茬、残叶和杂草掺混，以及地膜的封固采用压埋法，使约 1/5 的地膜埋在 10 cm 的土层内，这些都给残膜的捡拾、收集、分选带来不便，作业效率和收净率一般较低。因此国家应出台相关政策，科学合理地使用地膜，同时鼓励企业开发废旧地膜再利用技术，研究开发无污染或少污染的“绿色”地膜。

（二）秸秆覆盖的栽培管理技术

1. 增施氮肥　微生物在分解秸秆时需要吸收一定的氮素，营养自身，如不调整好碳氮比（C/N），会造成与作物苗期生长争氮，幼苗常出现发黄现象，影响生长。根据覆盖时的土壤水分、覆盖量、覆盖秸秆类型和栽种作物类型，增施一定量的氮肥，一方面可调节秸秆的碳氮比，有利于秸秆分解；另一方面，又可补充作物苗期生长所需氮素。

2. 病虫害防治　要求在秸秆还田时使用无严重病虫害的秸秆。连续数年覆盖秸秆，可能加重病虫害的发生，须加强防治。例如玉米田的主要害虫有玉米螟和地下害虫，主要病害有玉米丝黑穗病、玉米黑粉病等，旱地秸秆覆盖后这些病虫害有可能加重。所以应当推广种子包衣技术和撒毒饵的方法加以防治。

3. 杂草防除　秸秆覆盖虽能抑制杂草生长，但需与除草剂配合，提高除草效果。特别是在免耕田，需在秸秆覆盖前用广谱性除草剂杀灭田间杂草。

（三）砂田的栽培管理技术

1. 砂田耕作　砂田的种类和种植的作物不同，耕作方法也不一样。新砂田用五齿耧，中砂田用耖耧，老砂田用老式犁在春播前纵横穿耕砂石层一次。这些耕作的目的就是疏松砂层，破除板结，增强降水入渗，减少蒸发。特别是在雨后，松砂尤其重要。

2. 施肥　砂田在铺砂时已经施肥，但随着使用年限的增长，砂田营养逐渐减少，因此必须施肥。砂田追肥是在植株旁边挖穴穴施。也可采用化肥溶液进行根际追施和根外追施。水砂田可在行间或株旁撒施化肥后，再灌水，使其渗入土中。

3. 播种　一些作物可直接播种在砂层下的土壤表层，另一些就必须扒开砂层，挖穴播种。播种后覆土盖平压实。种子播在砂层与土壤衔接处。

第八节　灾后应变栽培技术

一、霜冻后的应变技术

（一）霜冻的类型及霜冻对作物的危害

根据霜冻发生的时期，可将其分为秋霜冻（早霜冻）、春霜冻（晚霜冻）和夏霜冻3类。秋霜冻是由温暖季节向寒冷季节过渡时期发生的霜冻，主要危害秋作物和蔬菜。春霜冻是由寒冷季节向温暖季节过渡时期发生的霜冻，主要危害早春作物（例如小麦、油菜等）。夏霜冻主要危害高寒地区的春小麦。

霜冻对作物的危害并非霜本身，而是低温引起的冻害。在低温条件下，作物细胞间隙往往发生结冰现象（胞间结冰）。胞间结冰对作物的危害有两种情况：①胞间结冰引起细胞原生质体强烈脱水，导致其胶体凝固，使细胞萎蔫，甚至死亡。这时假如有阳光直接照射，温度急剧上升，胞间结冰迅速融化，融化水极易被蒸腾掉，导致细胞或组织受旱而死。②胞间结冰对细胞原生质体的挤压、刺破造成细胞机械损伤招致死亡。有时细胞受伤虽未致死，但三磷酸腺苷的合成受阻，影响作物正常生理代谢以致生长不良。有的植株发生霜冻后从外表上看不出，但过一段时期，可发现其生长缓慢、株体矮小，甚至全株逐渐枯死，这种危害具有相当的隐蔽性。

（二）灾情和后效的评估

霜冻发生后，首先要进行调查，对不同作物的受害类型、受害时间、受害面积以及受害程度做出准确的判断分析，特别要注意对隐蔽性的伤害及其后效的观察和分析。霜冻发生后，人们对其外表枝叶的枯萎比较重视，但是灾害程度却主要取决于关键部位（例如生长点、基部、根系等）的受冻情况。例如葡萄即使地上部未受冻，根系严重冻伤后可导致春季生长不良甚至全株逐渐枯死；菠菜受冻后有时绿叶仍能生长，呈现假生长现象，到早春回暖后才逐渐枯死。其次根据调查的结果，并参照霜冻划分标准（表5-9）确定作物属于何种霜冻级别。然后根据判断分析的结果，对其减产程度和恢复能力做出正确的评估，为制定补救措施提供依据。

表5-9　霜冻级别的划分

级　别	类　型	受害状况
一　级	轻霜冻	叶尖、叶片轻微受冻但能恢复，对正常生长影响不大
二　级	中霜冻	叶片大部分冻枯，部分植株倒伏
三　级	重霜冻	地上部茎叶几乎全部冻死

（三）霜冻后补救措施

1. 改种其他作物　作物遭受霜冻后如何补救，要计算其经济效益。对于霜冻发生晚，灾情严重，热量条件紧张，劳动力不足的地区，保留作物进行水肥管理虽能获得一定收成，但费工较多且延误下茬播种，造成下茬减产。在这种情况下，应当机立断，改种其他生育期短的作物或改种生育期稍长的下茬丰产品种，其经济效益可能更好。因此适时改种其他作物是值得重视的一种补救措施。

2. 灾后要防止人为加重伤害　有的地区农民在灾后用绳拉霜、扫霜、刈割、耧耙等，这些做法都是不科学的，因为致使作物受害的并不是白霜，相反，白霜的形成还可起一定的缓冲作用。上述做法只能加重机械损伤而不利于恢复生长，必须予以避免。

3. 霜后遮阳防日晒　霜冻发生后，日晒温度上升快，会加重伤害，并不利于恢复生长。因而对于部分作物（例如蔬菜）发生霜冻后应采取遮阳措施（如覆盖遮阳网）。

4. 灾后应加强管理　作物发生霜冻后已大伤元气，应大力加强栽培管理，促进其尽快恢复生长。

（1）加强水分管理　霜冻后部分叶片脱水萎缩，应及时浇水促使受冻的细胞组织恢复膨压和生长。

（2）松土　霜冻后地温较低，应在浇水后及时松土，以提高地温和保墒，促进养分转化和根系生长。

（3）追肥　作物遭受霜冻之后，及时合理追肥对获得较好收成十分重要。追肥时应注意两点，一是肥料用量不宜过多，否则会导致烧苗或后期贪青；二是追肥与浇水相结合。

（4）分批收获　由于作物遭受霜冻程度不同，恢复生长有快有慢，因而作物遭受霜冻后成熟往往不整齐，最好成熟一片收获一片。

二、雹灾后的应变技术

（一）雹灾的危害

雹灾对作物的危害主要有以下 3 个方面。

1. 砸伤　冰雹从几千米的高空砸向作物，重者砸断茎秆，轻者造成叶片损伤。

2. 冻伤　由于温度极低的雹块积压在作物周围造成作物冻伤。

3. 地面板结　由于冰雹的重力打击，造成地面严重板结，土壤不透气带来间接危害。

另外，常伴随冰雹出现的暴风，也会造成作物茎叶折损，植株倒伏，从而加重危害。

（二）雹灾灾情的评估

作物遭受雹灾后，首先应调查其受灾时间、受灾状况以及受灾面积。其次，根据作物受灾状况划分为不同类别。根据以往经验，雹灾程度可分为以下 3 级。

1. 轻雹灾　一级，雹粒大小如豆粒，直径约 0.5 cm，降雹时有的点片几粒，有的也能盖满地面。作物茎叶的迎风面部分被击伤，有的叶片被打破成线条状，对产量影响不大。

2. 中雹灾　二级，冰雹大小如核桃，直径为 1～3 cm，降雹后冰雹盖满地面，有时平地积雹可达 12 cm，作物叶片破落，部分茎秆被折断，可减产 10%～30%。

3. 重雹灾　三级，雹块大小如鸡蛋，直径为 3～10 cm，平地积雹厚度可达 15 cm 左右，冰雹融化后，地面上雹坑累累，土壤板结，作物茎秆几乎全部被砸断，减产 50%以上。

最后，根据调查分析的结果，对雹灾作物的恢复能力和减产程度做出准确的评估，以便采取合理的补救措施。

（三）雹灾后的补救措施

1. 补种或重播　当雹灾发生早，作物受灾不太严重时，应及时补种。当雹灾发生早，作物受灾特别严重时，应及时重播。

2. 改种　雹灾发生晚，灾情严重，劳动力不足的地区，保留作物加强栽培管理措施虽能获得一定收成，但费工较多且延误下茬播种造成下茬减产。在这种情况下，应改种生育期短的作物或改种生育期稍长的下茬丰产品种。

3. 灾后要防止人为加重伤害 冰雹砸伤作物之后，要禁止割刈、耧耙残叶断茎，更不要放牧，否则会加重灾后作物的损伤，造成人为减产。

4. 灾后管理 通过对灾情的评估，如确认受雹灾作物有抢救的必要，则应加强栽培管理，促进作物尽快恢复生长发育。

(1) 突击中耕松土　降雹后，为了破除土壤板结及通气不良等，要及早突击中耕松土，先仔细将植株根际板结层松活起来，随后进行株间松土和行间中耕，通气散墒，松土增温，减少烂根，促使新根尽快长出，恢复生长。

(2) 及时浇灌　雹灾往往发生在春、夏、秋干旱高温季节，受灾作物往往因干旱而不易恢复生长。因而一旦发现受灾作物干旱缺水，就应及时浇灌。浇灌时，应注意每次浇灌的水量不宜太多，且不宜在炎热的中午进行。

(3) 适时追肥　为了改善雹灾作物的营养条件，促进其恢复生长，提高其产量，雹灾后应及时追肥。追肥时肥料用量不宜过多，且要与浇灌相结合，否则收效不大。

(4) 及时防治虫害　雹灾后作物恢复生长初期，叶小芽嫩，最怕虫害。灾后应及时调查虫情，严格掌握防治指标，采取有效防治措施，保证防治效果。例如棉花受雹灾后恢复生长初期，最怕棉蚜危害，新芽受棉蚜危害，不仅生长迟缓，甚至造成死芽死株。故灾后应及时防治棉蚜。棉花受雹灾后生育期推迟，晚发嫩旺，一般中后期棉铃虫等发生较重，应及时防治。

(5) 合理整枝　遭受雹灾的棉花、豆类、茄果类等作物，受害情况多种多样，即使同一块田内也常有几种受害类型，如果任其自由生长，必然发生徒长乱长现象，加重花蕾铃荚脱落，特别是受害断头的植株，恢复生长后，新芽丛生，枝叶旺盛，不利于生殖生长。因此应及时合理地整枝，选留适当部位和数量的叶枝，争取早长果枝和现蕾开花。

(6) 分批收获　雹灾后作物还残留部分原来的果穗，大部分是重新分蘖（分枝）形成的果穗，所以成熟期很不一致，农民形容为“老少三辈”。因此雹灾作物应分批收获，成熟一批收获一批，以减少损失。

三、涝灾后的应变技术

(一) 涝灾的危害

涝灾多发生在沿江、沿河两岸和湖泊洼地等处的作物田块，主要发生在雨季，雨水多，或遇台风暴雨强度大，造成江河上游洪水暴发，中下游又受潮汛影响，平原水网径流汇集，退水迟缓，淹浸作物，使作物呼吸作用受抑制而引起生理障碍。同时，由于洪水流速快，夹带泥沙，造成植株受泥沙所埋没、折断、压倒等直接机械伤害，以及器官损伤，诱导病菌侵染等。其中以淹没的影响最大，危害最重。

(二) 涝灾灾情的评估

作物遭受涝灾后，首先要调查是何种作物受涝。根据作物耐涝能力可将其分为 3 类：①抗涝作物，例如高粱、黑豆、水稻、莲藕、荸荠等；②一般耐涝作物，例如小麦、玉米等；③怕涝作物，例如棉花、甘薯、谷子、花生、芝麻等。其次，调查受灾面积、受灾时期、淹没程度及数量、倒伏程度、埋没程度和叶片受损程度等。最后，对调查的结果进行认真分析并做出合理的评估以决定去留，补种还是重种。

(三) 涝灾后的补救措施

1. 抢收 已经成熟的作物，应及时抢收。

2. 排水 作物受涝后应立即进行排水抢救。先排高田，争取苗尖及早露出水面，缩短受淹时间，减少损失。但在排水时要注意，在高温烈日期间，水田作物不能一次将水排干，必须保留适当水层，使作物逐渐恢复生机，否则如果一次排干，因水田作物长期生长在水中，生活力弱，茎叶柔软，遇晴天烈日容易枯萎，反会加重损失；但在阴雨天，可将水一次排干，有利于作物恢复生长。如果稻苗受淹后，披叶很少，植株生长尚健壮，田面浮泥较多，也可排干搁田，以防翻根倒伏。

3. 打捞漂浮物和洗苗、扶理 受涝作物在退水时，随退水捞去浮物，可减少作物压伤和叶片腐烂现象。同时在退水刚露苗尖时，要进行洗苗，可用竹竿来回振荡，洗去粘在茎叶上的泥沙，对作物恢复生机效果较好。至于涝后扶理问题各地反映不一致，一般在水质混浊、泥沙多的地区，易因积沙压伤作物，可随退水方向泼水洗苗扶理，结合清除烂叶、黄叶，有较好效果；但在平原地区或已进入孕穗中后期的稻苗，进行扶苗不仅效果不好，反而容易挫伤稻穗。

4. 补苗 苗期受涝后要进行检查，如发现缺株，要立即补齐。

5. 蓄留再生稻 在适合发展再生稻的区域，对基本绝收的稻田，割掉坏死幼穗和叶片，高留稻桩，蓄留洪水再生稻。对于受害较轻的稻田，要加强管理，保证头季稻和再生稻高产。

6. 加强管理 对涝灾作物进行以上几项抢救措施后，还应大力加强栽培管理，以促使其尽快恢复生长。

(1) 追肥 涝后根据植株生长情况，早施适量速效氮肥，可促进作物快速恢复生长。但氮肥用量不宜过多，否则会后期贪青，不利于开花结实且延误后茬种植。试验结果表明，水稻分蘖期间受涝灾后，应视受涝天数与受害程度采取相应的补救措施。一般稻株受涝 3～5 d，排水后，仍有绿叶存在，只要加强肥水管理，及时增施恢复肥（特别应加钾肥），促进早发快发分蘖成穗，仍可获得较高产量。雨涝 7～9 d 的稻株，排水后，几乎不见绿叶，此时需要对受涝稻苗进行外部形态诊断，如果叶鞘内部呈绿色，未腐烂，且有一定的硬度，说明尚有发叶或发生分蘖的可能，或者排水 2～3 d 后有心叶出生，需视苗情而定。分蘖前期受涝的稻苗，每穴有 1～2 茎（包括分蘖）成活，即需早施适量速效氮肥，并辅以磷钾肥；分蘖中后期受涝的稻苗，后生分蘖成穗时间短，每穴若有 2 茎以上的成活苗，只要加强栽培管理也可获得一定的产量。

(2) 看天、看苗科学管水 我国长江流域作物生长发育期间洪涝灾害的气候特点是，一般年份梅雨涝结束后都会出现高温晴热天气，这种天气对受涝作物的恢复非常不利。因此必须看天、看苗情进行科学管水，促使受涝苗尽快恢复生长。受涝害作物的植株抗逆性很差，特别是涝后新生嫩苗，更要防止高温、烈日暴晒。高温、晴天排涝时，应该在夜间进行，夜间脱水调气，促进作物根系发育和地上部生长。

(3) 防治病虫害 受涝作物恢复生长的过程中，新生的枝叶幼嫩，抵抗病虫害能力较弱。灾后应及时调查病虫情况，严格掌握防治标准，及时采取有效防治措施，确保防治效果。例如受涝稻苗恢复生长后，生出的心叶和新生分蘖都较幼嫩，极易遭受稻纵卷叶螟危害；受涝稻株生育期的延迟，可能增加后期三化螟和稻飞虱的危害概率；同时，受到涝害的稻株易感染白叶枯病和纹枯病。因此抓好受涝作物病虫害的防治，也是减轻作物涝害损失的重要措施之一。

第九节　收获技术

一、收获期的确定

作物的收获期（harvesting stage），应根据作物种类、品种特性、休眠期、落粒性、成熟度、天气状况等确定。一般掌握在作物产品器官养分储藏及主要成分达最大、经济产量最高、成熟度适合人们需要时为最适收获期。当作物达到适合收获期时，在外观上（例如色泽、形状等方面）会表现出一定的特征，因此可根据作物的表面特征判断收获适期（表 5－10）。

表 5－10　主要作物收获适期的形态特征

作　　物	产品器官（用途）	收获适期的形态特征
水稻	籽粒（食用）	茎叶带绿色，穗枝梗呈黄色，谷粒 90%变金黄色
小麦	籽粒（食用）	全株变黄，茎秆仍有弹性，籽粒黄色稍硬
玉米	籽粒（食用、饲用）	茎叶变黄，苞叶干枯，籽粒硬化有光泽，黑层形成
玉米	全株（饲用）	茎叶尚呈绿色，籽粒达正常大小，内含物开始呈糊状
大豆	种子（食用、油用）	叶片大部分已脱落，茎秆开始干枯，手摇植株荚中有响声
甘薯	块根（食用）	气温降至 15 ℃，茎叶生长和块根膨大停止
马铃薯	块茎（食用）	茎叶逐步枯黄，块茎易与匍匐茎分离，周皮变硬而厚
棉花	种子（纤维用）	铃壳干缩裂开，向外卷曲，籽棉松散，露出铃外
麻类	韧皮部（纤维用）	中部叶片变黄，下部叶脱落，易于剥制
花生	种子（油用）	上部叶片变黄，荚壳变硬，内膜呈黑褐色，种皮发红
油菜	种子（油用）	2/3 角果呈黄色，主花序基部角果变黄白色
甘蔗	茎（糖用）	蔗叶变黄，新叶数少，叶形狭小，直立
甜菜	块根（糖用）	气温降至 5 ℃，外围叶变黄枯萎，中层叶成黄绿色
烟草	叶（烟用）	叶色变淡，叶面茸毛脱落有光泽，主脉发亮变脆
牧草	全株（饲料、肥料）	豆科牧草在初花期，禾本科牧草在抽穗期

（一）种子、果实的收获期

禾谷类、豆类、花生、油菜、棉花等作物其生理成熟期（physiological maturity stage）即为产品成熟期。禾谷类作物穗子在植株上部，成熟期基本一致，可在蜡熟末至完熟期收获。棉花、油菜等由于棉铃或角果部位不同，成熟度不一。棉花在吐絮时收获，油菜以全田 70%～80%植株的角果呈黄绿色、分枝上部尚有部分角果呈绿色时为收获适期。花生、大豆以荚果饱满、中部及下部叶片枯落，上部叶片和茎秆转黄时为收获时期。

（二）块根、块茎的收获期

甘薯、马铃薯、甜菜的收获物为营养器官，地上部茎叶无显著成熟标志，一般以地上部茎叶停止生长，并逐渐变黄，地下部储藏器官基本停止膨大，干物质量达最大时为收获适期。同时，还应结合产品用途、气候条件确实收获适期。甘薯在温度较高条件下收获不易安全储藏；春马铃薯在高温时收获，芽眼易老化，晚疫病易蔓延；低于临界温度收获也会降低品质和储藏性。我国主要甜菜产区，工艺成熟期为10月上中旬，亦可将气温降至5℃以下时作为甜菜收获适期的气象指标。

（三）茎秆、叶片的收获期

甘蔗、烟草、麻类等作物的产品也为营养器官，其收获常常不是以生理成熟为标准，而是以工艺成熟为收获适期。甘蔗是在蔗糖含量最高，还原糖含量最低，蔗质最纯最佳，外观上蔗叶变黄时收获，同时应结合糖厂开榨时间，按品种特性分期砍收。烟叶是由下而上逐渐成熟的，其特征是叶色由深绿色变成黄绿色，厚叶起黄斑，叶片茸毛脱落，有光泽，茎叶角度加大，叶尖下垂，主脉乳白、发亮变脆等。麻类作物等以中部叶片变黄，下部叶片脱落，纤维产量高，品质好，易于剥制时为工艺成熟期，也是收获适期。青饲料作物收获期越早，产品适口性越好，营养价值越高，但产量却低，为兼顾产量与品质，三叶草、苜蓿、紫云英等作物，最适收获期在初开期至开花盛期。

二、收获方法

作物的收获方法因作物种类而异，目前主要有以下几种。

（一）刈割法

水稻、小麦、大豆、油菜、牧草等作物适宜采用刈割法（cutting）。国内大部分地区仍以人工用镰刀刈割。禾谷类作物刈割后，再进行脱粒。油菜要求早、晚收割运至晒场，堆放数天待后熟后再脱粒。机械化程度高的地区采用机械收割后脱粒或采用联合收获机收获。

（二）摘取法

棉花、绿豆等作物收获用摘取法（picking）。棉花植株不同部位棉铃吐絮期不一，分期分批人工采摘，也可在收获前喷施乙烯利，然后用机械统一收获。摘棉机从裂开的棉桃中摘取棉花，把没有裂开的棉桃和空棉桃留在秆上，机器上一个旋转的转头把纤维从棉桃中抓取出来。棉桃机械采摘机是把整个植物上裂开和未裂开的棉桃都摘下来。机械收获要求植株一定的行株距、生长一致，株高适宜，棉花吐絮期气候条件良好。绿豆收获根据果荚成熟度，分期分批采摘，集中脱粒。

（三）掘取法

掘取法（digging）主要用于甘薯、甜菜、马铃薯等地下块根、块茎等作物的收获。收获时一般先将地上部用镰刀割去，然后用锄头挖掘。大型薯类收获机可将割蔓和掘薯作业一次完成。甜菜收获可用机械起趟，并要做到随起、随捡、随切削（切去叶与青皮）、随埋藏保管，严防因晒干、冻伤造成减产和变质。

三、产后处理和储藏

（一）产后处理

作物产品收获后，应根据其用途及时进行处理，以便产品的保管和储藏。产后处理的方法有以下几种。

1. 种子干燥　干燥的目的是降低收获物内的水分，防止因水分含量过高而发芽、发霉、发热，造成损失。干燥的方法有自然干燥法和机械干燥法。自然干燥法是在阳光下干燥或通风干燥。依收获物的摆放方式分为平干法、立干法和架干法。平干法将作物收取后平铺晒干，扬净。禾谷类、油料作物均用此方法。立干法在作物收获后绑成适当大小之束，互相堆立，堆成屋脊状晒干，例如胡麻等作物用此法。架干法先用竹木造架，将作物绑成束，在架上干燥。自然干燥成本低，但受天气条件的限制，且易把灰尘和杂质混入收获物中。

机械干燥法利用鼓风和加温设备进行干燥处理。此法降水快，工作效率高，不受自然条件限制，但必须有配套机械，操作技术要求严格，使用不当种子容易丧失生活力。加热干燥应注意：切忌将种子与加热器接触，以免烤焦、灼伤种子；严格控制种温；种子在干燥过程中，一次降水不宜太多；经烘干后的种子，需冷却到常温才能入仓。粮食机械化干燥，能最大限度地减少粮食损失，确保丰产丰收；同时能提高粮食品质和收购等级，有效增加农民收入，具有显著的经济效益。但目前我国粮食干燥机械化水平仍较低，有待于发展粮食干燥机械化，加快推进粮食生产全程机械化。

2. 薯类保鲜　薯类作物主要以食用为主，民间习惯一般为鲜薯，因而薯类的保鲜极为重要。由于薯块体大皮薄，含水量高，组织柔软，极易在收、运、储的过程中损伤，感染病菌，遭受冷害，造成储藏期间的腐烂损失。薯类保鲜必须注意 3 个环节：①在收、运、储过程中要尽量避免损伤破皮；②在入窖前要严格选择，剔除病、虫、伤薯块；③加强储藏期间的管理，特别要注意调节温度、湿度和通风。

3. 产品初加工　甜菜、甘蔗、麻类、烟草等经济作物的产品，一般需加工后才能出售。甜菜收获后，块根根头、特别是着生叶片的青皮含糖量低、制糖价值小，必须切去。同时，切除干枯叶柄和不利于制糖的青顶和尾根，然后尽早向糖厂交售。甘蔗的蔗茎在收获前应先剥去蔗叶，收获后再切去根、梢，打捆装车抓紧销售。

麻类作物在收获后，应先进行剥制、脱胶等加工处理，然后晒干、分级整理，即可交售或保存。烟草因晒烟、烤烟等种类的不同，其处理方法也不同。晒烟在收获后，通过晒晾使鲜叶干燥、定色，有的还需发酵调制后，才可作为卷烟原料出售或直接吸用。烤烟则需通过烤房火管加热调制后，才可作为卷烟原料出售。

（二）储藏

1. 谷类作物的储藏　大量种子或商品粮用仓库储藏。仓库必须具有干燥、通风、隔湿等条件，构造要简单，能隔离鼠害，内窗能密闭，以便用药品熏杀害虫和消毒。谷物的水分含量与能否长久储存关系密切，水分含量高，呼吸加快，谷温升高，霉菌、害虫繁殖也快，助长粮堆发热而使粮食很快发霉变质。一般粮食（例如稻谷、玉米、高粱、大豆、小麦、大麦等）的安全储藏水分含量必须在 13%以下。

谷物的吸湿、散湿对储粮的稳定性有密切的关系，控制与降低吸湿是粮食储藏的基本要求。在一定温度和湿度条件下，谷物的吸湿量和散湿量相等，水分含量不再变动，此时的谷物水分称为平衡水分。一般而言，与相对湿度 75%相平衡的水分含量为短期储藏的安全水分最大限量值。高温会加速害虫、微生物和谷物的呼吸速率。昆虫和霉菌在 15 ℃以下生长停止，在 30 ℃以上生长繁殖加快。谷仓内谷温必须均匀一致，否则会造成谷物间隙的空气对流，使相对湿度变化，形成水分移动。新谷物入仓应与仓内原有谷物湿度相同，以免含水量变化，造成谷物的损坏。随着农业的发展，人为控制环境的能力大大提高。新型超低温储藏、超低湿储藏和气调储藏（增加惰性气体比例）正在研究应用中。

谷物入仓前要对仓库进行清洁消毒，彻底清除杂物和害虫。仓库内应有仓温测定设备，随时注意温度的变化，每天上午和下午各 1 次在固定时间记录仓温。在入仓前和储存期间定期测定水分，严格将谷物含水量控制在13%以下。注意进行适度通风，以降低谷物温度并使温度均匀，避免热量的产生，去除不良气味。谷温高于气温5℃以上且相对湿度不太高时，开动风机通风。注意防治仓库害虫和霉菌，密闭良好的仓库用熏蒸剂熏蒸。熏蒸、低水分含量和低温储存是控制害虫和霉病的有效方法。另外，还要消灭鼠害。

2. 薯类作物的储藏 鲜薯储藏可延长食用时间和种用价值，是薯类产后的一个重要环节。甘薯储藏期适宜温度为10～14℃，低于9℃会受冷害，引起烂薯；相对湿度维持在80%～90%最为适宜，相对湿度低于70%时，薯块失水皱缩、糠心或干腐，不能安全储藏。马铃薯种薯储藏的适宜温度应控制在1～5℃，最高不超过7℃；食用薯应保持在10℃以上，相对湿度控制在85%～95%。

储藏窖的形式多种多样，其基本要求是保温、通风换气性能好、结构坚实、不塌不漏、干燥不渗水以及便于管理和检验。入窖薯块要精选，凡是带病、破伤、虫蛀、受淹、受冷害的薯块均不能入窖，以确保储薯质量。在储藏初期、中期和后期，由于薯块生理变化不同，要求的温度和湿度不一样；外界温度和湿度的变化，也影响窖内温度和湿度。因此要采取相适应的管理措施。甘薯入窖初期管理，以通风、散热、散湿为主，窖温降至15℃以下后再行封窖。中期在入冬以后，气温明显下降，管理以保温防寒为主，要严密封闭窖门，堵塞漏洞，使窖温保持在10～14℃。严寒地区应在窖四周培土，窖顶及薯堆上盖草保温。后期在开春以后，气温回升，雨水增多，寒暖多变，管理以通风换气为主，稳定窖温，使窖温保持在10～14℃，还要防止雨水渗漏或窖内积水。

3. 其他作物的储藏 种用花生一般以荚果储藏，晒干后装袋入仓，水分含量控制在9%～10%，堆垛温度不超过25℃。食用或工业用花生一般以种仁（花生米）储藏，脱壳后的种仁水分含量在10%以下时可储藏过冬，水分含量在9%以下时能储藏到次年春末；如果要度过次年夏，水分含量必须降至8%以下，同时种温控制在25℃以下。

油菜种子吸湿性强，通气性差，容易发热，含油分多，易酸败。应严格控制入库水分和种温，一般应控制种子水分在9%～10%；储藏期间按季节控制种温，夏季不宜超过28～30℃，春秋季不宜超过13～15℃，冬季不宜超过5～8℃；无论散装还是袋装，均应合理堆放，以利散热。

大豆种子吸湿性强，导热性差，高温高湿易丧失生活力，蛋白质易变性，破损粒易生霉变质。经晾晒充分干燥后低温密闭储藏，安全储藏水分含量控制在12%以下，入库3～4周即应及时倒仓过风散湿，以防发热霉变。

第十节 各项技术措施的综合运用

一、各项技术措施间的关系

在作物栽培技术研究中，常常侧重于肥料、密度、栽插方式、灌溉等单项技术的研究，但单项措施研究由于涉及的技术单元有限，并不能完全反映栽培方案的优劣，栽培作物最终的产量、品质和效益并不取决于单项技术措施的先进与否，而在于各技术单元间组装配套时协同性运用的好坏。例如某种新型施肥方法能增产20%，合理密植能增产20%，合理灌溉能增产30%，但当把这些技术一起用于生产后，并不能累计增产70%，大大降低了各单项技术的效应。在作物栽培过程中，各项技术措施间存在相互影响，例如种植密度过高会造成田间郁闭，湿度加大，并为病害的发生提供条件，从而影响病虫害防治技术；同样，病害发生严重的区域种植密度要低些。

技术措施间总体上表现出了抑制、促进和协同配套的关系。栽培方案并不是让各单项技术措施处理最佳就可能达到最高产量，例如单项研究结果可能是高密度和高施氮量产量最高，但如果将高密度和高施氮量组装在一起，结果就是群体生长过旺，病虫害发生严重，倒伏风险增加，产量降低，品质变劣，这就是技术措施间的制约关系。同时，技术措施间也具有促进作用。例如水分可提高肥效，随着土壤水分增加，作物长势增强，吸收养分能力提高，因此在干旱年份，如果没有良好的灌溉条件，盲目施用化肥，势必降低肥效造成浪费；相反，在多雨年份，适当增施肥料，则有利于增产，提高肥料的经济效益。但也要防止由于土壤水分过多或肥料施用过多造成作物贪青晚熟减产和污染环境。另外，不同技术措施间有良好的协同配套关系，例如水稻小苗移栽、稀植、增施肥料和早晒田、重晒田等措施配套，则可能获得高产。因此通过综合试验或生产应用，将单项技术进行集成组装配套，在生产上可能发挥更大的作用。

二、各项技术措施综合运用的原则与方法

（一）各项技术措施综合运用的原则

1. 效益最大化 技术措施综合运用时，如果各项技术互惠互利，则产量和效益会大幅度高于各单项技术。相反，如果措施间互克互害，内耗增大，作物就会生长发育不良，产量和效益就会下降。因此在技术集成组装时，要以效益高低作为首要衡量标准。

2. 措施协调化 不同地区、不同栽培目的、不同作物和作物的不同生育时期，均有主要矛盾，也有次要矛盾。因此采用技术措施时，既要抓住主要矛盾，也不能忽略次要矛盾，要协调好不同技术措施，使之为栽培目的服务。例如在干旱缺水的地区，节水抗旱技术是关键，但在抓好节水技术的基础上，也不能忽略施肥、群体调控、病虫害防治等技术。围绕主要矛盾和次要矛盾，要将不同技术组装配套，发挥整体最大功效。

3. 阶段动态化 在考虑某阶段的技术组合时，除了满足作物本阶段的需要，还要照顾到以后各阶段的需要。同时，不同阶段的技术组合也不能一成不变，而要根据需要加以调整。各阶段技术组合均趋于合理，全程技术集成才会发挥作用。

（二）各项技术措施综合运用的方法

1. 技术组装 把一些单项栽培技术组合成具有一定目的的整组技术称为栽培技术组装。组装技术的目的是完成多种技术的综合功效。单项技术仅具有一二种功效，可以单独进行，完成一项作业。组装技术是把一些有关的单项技术组合在一起，发挥单项技术所起不到的作用，满足某一阶段或全生育期作物生长发育的需求。例如棉花冬耕冬灌冬施基肥三结合组装技术，先撒施肥料，再耕翻，然后大畦灌水；基肥在深耕时深施到土壤全层，耕后大畦灌水，土松灌水量大，满足棉花对水肥和土壤的要求，三结合组装技术共同为棉花种植和生长发育打下良好的基础。如果不进行组装，先灌水，后耕翻再施基肥，不仅灌水量少，灌水地湿延迟耕地时期，并且肥料不能深施。

2. 技术集成 为了一定栽培目的，将单项技术组合并优化成为一整套完整的栽培技术体系称为栽培技术集成。集成技术必须是一整套成熟的栽培技术体系，一些环节性的、试验性的、拼凑支离的技术都不算集成技术。集成技术有着明确的目的性，它要求整体技术协

调、高效，作物产品高产优质。集成技术的具体技术在物料种类、数量以及实施的时期都各不相同，这些技术具有不可替代性，即使简易的单项技术，如果机械地搬用也会造成不良的后果。集成技术应具有实用性，在一定的条件下，应用于一定的地区，取得一定的成效，达到最终目标。

技术组装与技术集成不同，它不一定是一个完整的技术体系，有时它还和单项技术共同包括在集成技术之中。几个单项技术组合为组装技术，而组装技术进一步组装配套才成为集成技术。单项技术和组装技术是部分，而集成技术为整体，部分包括在整体之中。

3. 作物栽培模式 所谓模式，就是供人们模仿操作的标准样式。从系统的观点看，作物栽培技术属于作物生产系统中的一个子系统。某个农业生态环境下的作物栽培技术系统可以通过作物栽培模式来表达。因此作物栽培模式就是在深入研究作物生长发育、产量品质形成、高产生理、生态条件、形态特征、栽培措施和高产经验的基础上，针对某区域内的农业生态条件，运用系统工程原理和分析方法，以高产、优质、高效为目的而建立的综合多项栽培技术措施的优化栽培技术体系。

4. 轻简栽培 作物轻简栽培（simple and easy crop cultivation）是指在常规栽培技术基础上，科学地简化某些栽培环节、作业程序和技术措施，以降低劳动强度，提高劳动生产效率，降低生产成本，提高经济效益的栽培技术。使用“高产、优质、高效、节本、省力”的轻简栽培技术，已是农民迫切的要求。技术简化必须符合作物高产优质的生长发育规律和满足群体的数量和质量要求，保证作物高产、优质、高效。不科学的过度简化所形成的粗放技术，不属于轻简栽培。目前，作物轻简栽培技术主要包括：作物少免耕技术、水稻抛秧技术、轻型高效直播技术、高效施肥技术、机械化栽培技术、化学除草技术、植物生长调节剂调控技术、作物精确定量栽培技术等。这些技术在生产上的广泛应用，收到了高产、优质、省工、节本、高效的综合效果。

复习思考题

1. 根据你所在市（县）气候条件、生产条件，制订一份全年粮食产量和经济效益高的作物布局方案。
2. 根据你所在市（县）的土壤条件，提出当地最适宜的土壤耕作措施和培肥技术。
3. 当低温和干旱限制作物的生长发育时，请你提出最佳的解决方法及其依据和具体措施。
4. 试述作物种子处理技术及其发展前景。
5. 以一种作物为例，根据你所在市（县）的土壤肥力条件谈谈其简化施肥的设想。
6. 根据你所在市（县）的水资源状况，提出相应的作物节水方案。
7. 根据作物常见的异常生长状况，提出对应的调控措施。
8. 作物遭受霜冻、雹灾和涝灾后，各应采取哪些主要对策？
9. 以当地作物为例，谈谈覆盖栽培的类型和管理技术要点。
10. 举例说明各项技术措施综合运用的方法。

附录 作物栽培学常用专业词汇汉英对照

《补农书》 Addendum to Shen's Treatise on Agriculture
《氾胜之书》 Fan Shengzhi's Works on Agriculture
《吕氏春秋》 Lüshi Chun Qiu
《农政全书》 Complete Treatise on Agriculture
《齐民要术》 Important Means of Subsistences for Governing the People
《沈氏农书》 Shen's Treatise on Agriculture
《四民月令》 Monthly Instructions for the Four-Peoples
《四时纂要》 Essential Farm Activities in All Four Seasons
安全播期 safe sowing date
氨基酸 amino acid
拔节期 jointing stage
耙地 harrowing
半冬性类型 semi-winter habit type
保护性耕作 conservation tillage
本土作物 indigenous crop
比叶面积 specific leaf area, *SLA*
必需氨基酸 essential amino acid
表层施肥 surface fertilization
表土耕作 surface tillage
播种量 sowing rate
播种期 sowing date
补偿效应 compensation effect
不完全叶 incomplete leaf
测土推荐施肥 soil testing and fertilizer recommendation
层次 level
长宽比 length/with
长日作物 long-day crop
产量对比法 yield contrast method
产量构成因素 yield component
常异花授粉作物 often cross-pollinated crop
《陈旉农书》 Agricultural Treatise of Chen Fu
成熟期 maturity stage
抽穗期 heading stage
抽雄期 tasseling stage
出苗率 emergence rate
出苗期 emergence stage
除草剂 herbicide
春播作物 spring-sown crop
春化 yarovization 或 vernalization
春性类型 spring habit type
雌蕊 pistil
雌蕊群 gynoecium
次生根 adventitious root
次生盐渍化 secondary salinization
打（割）叶 leaf trimming
大气干旱 atmospheric drought
大喇叭口期 ear developing stage
大田切片法 population slicing method
大田作物 field crop
大小 size
带状种植 strip cropping
单子叶植物 monocotyledon
蛋白质 protein
蛋白质含量 protein content
氮肥 nitrogen fertilizer
滴灌 dripping irrigation
地面灌溉 surface irrigation
地膜覆盖 film mulching
地形因素 topographic factor
点播 dill planting
点污染源 point pollution source
淀粉 starch
定日照作物（given-day crop）
冬播作物 winter-sown crop
冬性类型 winter habit type
冻害 freeze injury

豆类作物　legume crop
短日照作物　short-day crop
蹲苗　hardening of seedlings
盾片　scutellum
垩白度　chalkiness degree
垩白粒率　chalky grain rate
发芽率　germination rate
发育　development
发育研究法　development research method
方格育苗　seedling nurturing in square
分布　distribution
分化　differentiation
分类　classification
分蘖期　tillering stage
分叶间隔　plastochron
分枝期　branching stage
稃片　glume
复合肥　compound fertilizer
复合群体　composite population
复种　sequential cropping
复种指数表示　sequential cropping index
覆盖耕作　mulch tillage
改良盐碱土　saline-alkaline soil amelioration
感光性　photosensitivity
感温性　thermosensitivity
干旱　drought
干物质　dry matter
根　root
根外追肥　foliar fertilization
耕翻　tillage
耕作制度　farming system
工厂化育苗　factory seedling nurturing
沟灌　furrow irrigation
鼓粒期　seed filling stage
冠层　canopy
灌溉制度　irrigation system
灌水定额　irrigation quota
光饱和点　light saturation point
光补偿点　light compensation point
光合产物的分配利用　photosynthate partitioning
光合产物的消耗　photosynthate consumption
光合面积　photosynthetic area
光合能力　photosynthetic capacity
光合时间　photosynthetic duration
光合性能　photosynthetic performance
光合有效辐射　photosynthetic active radiation, PAR
光合作用　photosynthesis
光截获　sunlight interception
光能利用率　efficiency for solar energy utilization
光照度　light intensity
光周期现象　photoperiodism
光子　photon
果皮　pericarp
果实　fruit
旱育秧　seedling nurturing on dry nursery
禾谷类作物　cereal crop
糊化温度　gelatinization temperature
互补　complementation
花　flower
花萼　calyx
花粉　pollen
花梗　pedicel
花冠　corolla
花铃期　flowering and fruiting stage
花丝　filament
花托　receptacle
花药　anther
化感作用　allelopathy
环境　environment
混种　mixed intercropping
活动积温　active accumulated temperature
积温　accumulated temperature
基本耕作　primary tillage
基本营养生长性　basic vegetative growth
基肥　basal fertilizer
集中施肥　concentrated fertilization
加工品质　milling quality
钾肥　potassium fertilizer
间作　row intercropping
浆片　lodicule
胶稠度　gel consistency
秸秆覆盖　straw mulching
节　node
节间　internode

节水灌溉模式　water-saving irrigation model
结荚期　pod bearing stage
结实率　kernel setting rate
浸种催芽　seed soaking and priming
茎　stem
经济产量（economic yield）
经济系数　coefficient of economic yield
经济作物　cash crop 或 economic crop
精耕细作　intensive and meticulous farming
净同化率　net assimilation rate，NAR
掘取法　digging
菌肥　bio-fertilizer
开花　flowering or anthesis
开花期　flowering stage
可持续农业　sustainable agriculture
可持续农业与农村发展　sustainable agriculture and rural development
可塑性　plasticity
库　sink
涝害　waterlogging
耢地　land smoothing or rolling
冷害　chilling injury
理论生产力　theoretical productivity
立体种植　stereo cropping
粒长　grain length
连作　continuous cropping
粮食安全　food security
粮食作物　food crop
量子　quantum
磷肥　phosphorus fertilizer
流　flow
轮作　rotation
萌发　germination
密植作物　dense-planting crop
免耕　no-till or zero tillage
面污染源　nonpoint pollution source
灭生性除草剂　non-selective or sterilant herbicide
膜上灌　above-film irrigation
耐寒作物　cool-season crop
内果皮　endocarp
黏结性　cohesiveness
黏土类　clay soil
农业生态区划法　agro-ecological-zone，AEZ
耙地　harrowing
排水　drainage
胚　embryo
胚乳　endosperm
胚芽　gemmule
胚芽鞘　coleoptile
胚轴　plumular axis
胚珠　ovule
配置　allocation
喷灌　sprinkling irrigation
品质　quality
其他作物　miscellaneous crop
畦灌　border irrigation
起垄　ridging
起源中心　center of origin
气候因素　climatic factor
器官平衡　equilibrium of organs
千粒重　1000-grain weight
潜在生产力　potential productivity
清种　sole cropping
秋播作物　autumn-sown crop
趋肥性　chemotaxis
全层施肥　all-layer fertilization
群体　population
群体层次　population level
群体大小　population size
群体结构　population structure
群体分布　population distribution
群体性状　population characteristic
壤土类　loam soil
人工环境　artificial environment
人工控旺技术　artificial overgrowth control skill
人为因素　anthropic factor
日中性作物　day-neutral crop
撒播　broadcasting
砂石覆盖　sand-gravel mulching
砂土类　sandy soil
晒田　drying the paddy field
晒种　sunning seed
商品品质　commercial quality
少耕　less tillage
深松耕　subsoiling

深中耕　deep intertilling
渗漏　leakage
生理成熟期　physiological maturity stage
生物产量（biological yield）
生物多样性　biodiversity
生物观察法　biological observation method
生物因素　biotic factor
生育阶段　growing phase
生育期　growth period
生育时期　growing stage
生长　growth
生长分析法　growth analysis method
生殖生长　reproductive growth
生殖生长阶段　reproductive growth period
湿害　wet damage
湿润育秧　wet seedling nurturing
湿生性作物　hydrophytic crop
食用品质　eating quality
收获期　harvesting stage
收获指数　harvest index
受精　fertilization
受淹　submerging
授粉　pollination
熟制　cropping system
薯芋类作物　root and tuber crop
双子叶植物　dicotyledon
霜害　frost injury
水分利用效率　water utilization efficiency
水分胁迫　water stress
水体污染　water pollution
饲料和绿肥作物　forage and green manure crop
穗　spike
糖料作物　sugar crop
弹性　eleasticity
套作　relay intercropping
腾发　trans-evaporation
天人合一　harmony between the heaven and human
田间最大持水量　field capacity
条播　drilling
同伸器官　synchronous development organ
透明度　transparency
土壤肥力　soil fertility
土壤干旱　soil water deficit
土壤含水量　soil water content
土壤结构　soil structure
土壤孔隙度　soil porosity
土壤容重　soil apparent density
土壤因素　soil factor
土壤质地　soil texture
土壤-作物-大气连续体　soil plant atmosphere continuum，SPAC
吐丝期　silking stage
吐絮期　boll opening stage
托叶　stipule
外果皮　exocarp
完全叶　complete leaf
《王祯农书》　Agricultural Treatise of Wang Zhen
微量元素肥料　trace element fertilizer
微生物肥料　micro-organism fertilizer
温度三基点　cardinal temperatures
温周期　thermoperiod
无霜期　frost free period
物候期　phenophase
喜温作物　warm-season crop
夏播作物　summer-sown crop
无机肥　inorganic fertilizer
纤维素　cellulose
纤维作物　fibre crop
现蕾抽薹期　budding stage
现蕾期　squaring stage
现实生产力　actual productivity
相对生长率　relative growth rate，RGR
向水性　hydrotaxis
向氧性　oxygentaxis
小花　spikelet
性状　characteristic
雄蕊　stamen
雄蕊群　androecium
须根系　fibrous root system
需水临界期　critical stage of water requirement
旋耕　rotary tillage
选择性除草剂　selective herbicide
穴播　hill drop
驯化　domestication
淹灌　continuous flooding
延伸性　extensibility

阳畦育苗　seedling nurturing on sunny bed
阳性作物　heliophytic crop
叶　leaf
叶柄　petiole
叶耳　auricle
叶干质量比　leaf weight ratio，*LWR*
叶龄法　leaf age method
叶龄余数法　leaf age remainder method
叶龄指数法　leaf age index method
叶面积比率　leaf area ratio，*LAR*
叶面积持续时间　leaf area duration，*LAD*
叶面积指数（leaf area index，*LAI*）
叶片　blade
叶鞘　sheath
叶舌　ligule
一年二熟　double cropping
一年三熟　triple cropping
刈割法　cutting
异花授粉作物　cross-pollinated crop
阴性作物　sciophytic crop
引种　introduction
英国洛桑实验站　Rothamsted Research，UK
营养钵育苗　seedling nurturing in nutrition pot
营养品质　nutrition quality
营养生长　vegetative growth
营养生长阶段　vegetative growth period
油料作物　oil crop
有机肥　organic fertilizer
有机农业　organic agriculture
有纸质　organic matter
有效积温　effective or available accumulated temperature
育苗移栽　seedling nurturing and transplanting
源　source
孕穗期　booting stage
杂草　weed
摘取法　picking
摘心　pinching 或 topping
真叶　real leaf
镇压　pressing
蒸发　evaporation
蒸发系数　trans-evaporation
蒸腾　transpiration
蒸腾系数　transpiration coefficient
整地　land preparation
整枝　pruning
脂肪　fat
直播　direct seeding
直根系　taproot system
直链淀粉含量　amylose content
植物多样性　plant diversity
植物个体　plant individual
植物激素　plant hormone
植物生长调节剂　plant growth regulator
植物生长延缓剂　plant growth retardant
植物生长抑制剂　plant growth inhibitor
植物营养高效型　nutrient-efficient plant type
植物营养诊断　plant nutrition diagnosis
中耕　intertilling
中耕作物　intertilled crop
中果皮　mesocarp
中生性作物　mesophytic crop
中性作物　day-neutral crop
种肥　seed fertilizer
种皮　seed coat
种植方式　planting pattern
种植密度　sowing density
种植业“三元结构”　ternary structure of planting industry
种子　seed
种子包衣　seed coating
种子寿命　life-span of seed
种子休眠　seed dormancy
种子根　radicle
种子清选　seed selection
种子消毒　seed disinfection
柱头　stigma
追肥　dressing fertilizer
子房　ovary
子叶　cotyledon
自花授粉作物　self-pollinated crop
自然环境　natural environment
综合诊断施肥法　diagnostic and recommendation integrated system
最大效率期　maximum efficiency stage
最小养分律　law of minimum

作物布局　crop layout

作物产量（crop yield）

作物构成　crop composition

作物器官同伸关系　synchronous development of crop organs

作物轻简栽培　simple and easy crop cultivation

作物生理研究法　crop physiological research method

作物生长率　crop growth rate，*CGR*

作物需水量　crop water requirement

作物营养临界期　critical stage of crop nutrition

作物栽培学　principle of crop production

作物栽培制度　crop production system

主要参考文献

白书农，1997. 植物开花研究：从生理学到遗传学 [C]//李承森. 植物科学进展：第一卷. 北京：高等教育出版社.

白伟，孙占祥，郑家明，等，2014. 辽西地区不同种植模式对春玉米产量形成及其生长发育特性的影响 [J]. 作物学报，40 (1)：181-189.

白月明，王春乙，温民，1995. 不同二氧化碳浓度处理对棉花生长发育和产量形成的影响 [J]. 生态农业研究，3 (2)：20-25.

卜慕华，1981. 我国栽培作物来源的探讨 [J]. 中国农业科学，14 (4)：86-96.

曹敏建，2002. 耕作学 [M]. 北京：中国农业出版社.

曹卫星，罗卫红，2003. 作物系统模拟及智能管理 [M]. 北京：高等教育出版社.

曹卫星，2006. 作物生态学 [M]. 北京：中国农业出版社.

常江，李金才，1997. 渍害条件下小麦营养吸收特点 [J]. 安徽农业大学学报，24 (1)：24-29.

陈德春，杨文钰，任万军，2007. 秧苗平面分布对水稻群体动态和冠层透光率及穗部性状的影响 [J]. 应用生态学报，18 (2)：359-365.

陈根云，2003. 植物对开放式 CO_2 浓度增高（FACE）的响应与适应研究进展 [J]. 植物生理与分子生物学学报，29 (6)：479-486.

陈建民，黄荣裕，陈秉发，等，2001. 杂交早稻库源特征及其应用研究 [J]. 福建农业学报，16 (2)：16-19.

陈庆山，张忠臣，刘春燕，等，2007. 大豆主要农艺性状的 QTL 分析 [J]. 中国农业科学，40 (1)：41-47.

陈友订，张旭，2005. 水稻株型育种 [M]. 上海：上海科学技术出版社.

陈云坪，赵春江，王秀，等，2007. 基于知识模型与 WebGIS 的精准农业配方职能生成系统研究 [J]. 中国农业科学，40 (6)：1190-1197.

程方民，朱碧岩，1998. 气象生态因子对稻米品质影响的研究进展 [J]. 中国农业气象，19 (5)：39-45.

慈恩，高明. 2005. 环境因子对豆科共生固氮影响的研究进展 [J]. 西北植物学报，25 (6)：1269-1274.

董树亭，2003. 植物生产学 [M]. 北京：高等教育出版社.

董钻，1962. 农作物群落中不可忽视的生态因子 [J]. 中国农业科学，(5)：52-56.

董钻，1981. 大豆的器官平衡与产量 [J]. 辽宁农业科学，(3)：14-21.

董钻，1984. 试论我国古代的农学思想和农艺传统 [J]. 沈阳农业大学学报 (1)：23-28.

董钻，1996. 试论作物栽培学的过去、现在和未来 [J]. 高等农业教育 (5)：21-25.

董钻，沈秀瑛，王伯伦，2010. 作物栽培学总论 [M]. 2 版. 北京：中国农业出版社.

杜心田，2003. 作物群落栽培学 [M]. 郑州：郑州大学出版社.

高亮之，2004. 农业模型学基础 [M]. 香港：天马图书有限公司.

关连珠，2000. 土壤肥料学 [M]. 北京：中国农业出版社.

官春云，2005. 油菜的转基因育种 [J]. 中国油料作物学报，27 (1)：97-103.

郭天财，王晨阳，朱云集，等，1998. 后期高温对冬小麦根系及地上部衰老的影响 [J]. 作物学报，24 (6) 957-962.

郭文善，严六零，封超年，等，1995. 小麦源库协调栽培途径的研究 [J]. 江苏农业研究，16 (1)：33-37.

韩碧文，2003. 植物生长与分化 [M]. 北京：中国农业大学出版社.

韩发，贲桂英，1987. 青藏高原地区的光质对高原春小麦生长发育、光合速率和干物质含量影响的研究 [J]. 生态学报，7 (4)：307-312.
韩锦峰，董钻，1995. 作物生理化学 [M]. 北京：中国农业出版社.
韩天富，王金陵，杨庆凯，等，1997. 开花后光照长度对大豆化学品质的影响 [J]. 中国农业科学，30 (2)：47-53.
胡承霖，谢家琦，范荣喜，1994. 综合栽培技术对小麦籽粒品质的调控作用 [J]. 安徽农业大学学报，21 (2)：151-156.
胡蓉，陈山虎，2006. 玉米闽糯 0018 的高产群体结构 [J]. 亚热带农业研究，12 (4)：22-25.
胡文广，邱庆树，李正超，等，2002. 花生品质的影响因素研究Ⅱ：栽培因素 [J]. 花生学报，31 (4)：14-18.
贾大林，司徒淞，庞学宾，1992. 节水农业与区域治理 [M]. 北京：中国农业出版社.
贾士荣，2001. 转基因棉花 [M]. 北京：科学出版社.
康绍忠，蔡焕杰，冯绍元，2004. 现代农业与生态节水的技术创新与未来研究重点 [J]. 农业工程学报，20 (1)：1-6.
孔垂华，胡飞，2001. 植物化感（相生相克）作用及其应用 [M]. 北京：中国农业出版社.
冷石林，1998. 北方旱农地区自然降水生产潜力研究 [J]. 中国农业科学，31 (6)：1-5.
李必钦，盛德贤，黄光昱，等，2006. 施氮量和种植密度对“中油杂 12 号”产量等性状影响的研究 [J]. 安徽农学通报，12 (9)：83-85.
李春勃，范丙全，孟春香，等，1995. 麦秸覆盖旱地棉田少耕培肥效果 [J]. 生态农业研究，3 (3)：52-55.
李奇峰，陈阜，李玉义，等，2005. 东北地区粮食生产能力研究 [J]. 作物杂志，(4)：3-6.
李雁鸣，1997. 冬季低温条件下麦类作物光合性能的初步研究 [J]. 河北农业大学学报，20 (3)：33-36.
李永庚，蒋高明，杨景成. 2003. 温度对小麦碳氮代谢、产量及品质影响 [J]. 植物生态学报，27 (2)：164-169.
李永涛，吴启堂. 1997. 土壤污染治理方法研究 [J]. 农业环境保护，16 (3)：l18-122.
李振声，朱兆良，章申，等，2004. 挖掘生物高效利用土壤养分保持土壤环境良性循环 [M]. 北京：中国农业大学出版社.
梁家勉，1989. 中国农业科学技术史稿 [M]. 北京：农业出版社.
凌启鸿，2000. 作物群体质量 [M]. 上海：上海科学技术出版社.
凌启鸿，1994. 稻作新理论——水稻叶龄模式 [M]. 北京：科学出版社.
刘建中，李振声，李继云，1994. 利用植物自身潜力提高土壤中磷的生物有效性 [J]. 生态农业研究，2 (1)：16-22.
刘军，金铁桥，1998. 大穗型水稻超高产产量形成特点及物质生产分析 [J]. 湖南农业大学学报，24 (1)：1-7.
刘明钊，1994. 农作物减灾防灾对策 [M]. 重庆：重庆大学出版社.
刘万代，尹钧，王化岑，等，2006. 两个不同穗型小麦品种对剪叶的反应 [J]. 江西农业学报，18 (4)：24-27.
刘巽浩，1996. 粮食问题战略上要“防患于未然”[C]//卢良恕，2000 年中国粮食论坛. 北京：中国农业科技出版社.
刘巽浩，牟正国，邹超亚，等，1988. 中国耕作制度 [M]. 北京：农业出版社.
柳金来，宋继娟，周柏明，等，2005. 氮肥施用量与水稻品质的关系 [J]. 土壤肥料，(1)：16-19.
卢良恕，2003. 农业科技与发展 [M]. 石家庄：河北教育出版社.
满为群，杜维广，张桂茹，等，2002. 高光效大豆品种光合作用的日变化 [J]. 中国农业科学，35 (7)：860-862.

满为群，杜维广，张桂茹，等．2003. 高光效大豆几项光合生理指标的研究［J］. 作物学报，29（5）：697－700.
米国华，李文雄，1998. 小麦穗分化过程中的光温组合效应研究［J］. 作物学报，24（4）：470－474.
米国华，李文雄，1998. 转换光周期对春性小麦叶片数的影响［J］. 中国农业科学，31（2）：36－40.
牛文元，1981. 农业自然条件分析［M］. 北京：农业出版社．
农业部发展计划司，2005. 优势农产品区域布局规划汇编［G］. 北京：中国农业出版社．
戚昌瀚，1994. 水稻生产系统的模拟模型研究进展［C］//高佩文，谈松．水稻高产理论与实践．北京：中国农业出版社．
秦大河，张坤民，牛文元，2002. 中国人民资源环境与可持续发展［M］. 北京：新华出版社．
全国农业区划委员会，1991. 中国农业自然资源和农业区划［M］. 北京：农业出版社．
任万军，杨文钰，刘代银，等，2003. 水稻连免高桩抛秧技术［J］. 中国稻米（2）：22－23.
任志雄，2007. 棉花智能化滴灌控制系统的应用［J］. 中国棉花，34（8）：41－42.
邵庆勤，杨文钰，樊高琼，2006. 烯效唑对小麦籽粒中核酸代谢及小麦品质的影响［J］. 中国农学通报，22（5）：250－253.
佘小玲，董慧明，齐金平，2005. 延庆县马铃薯加工型品种不同栽培密度试验［J］. 中国马铃薯，19（3）：158－162.
沈秀瑛，戴俊英，胡安畅，等，1993. 玉米群体冠层特征与光截获及产量关系的研究［J］. 作物学报，19（3）：246－252.
沈秀瑛，1994. 应用作物生态学［M］. 沈阳：辽宁科学技术出版社．
石培礼，张宪洲，钟志明，2004. 西藏高原低大气压下冬小麦表观光合量子产额及其对温度和胞间 CO_2 浓度变化的响应［J］. 中国科学 D 辑（地球科学），34（增刊Ⅱ）：161－166.
石玉，于振文，2006. 施氮量及底追比例对小麦产量、土壤硝态氮含量和氮平衡的影响［J］. 生态学报，26（11）：3661－3669.
史宏志，韩锦峰，张国显，等，1998. 单色蓝光和红光对烟苗叶片生长和碳氮代谢的影响［J］. 河南农业大学学报，32（2）：258－262.
宋国菡，萧月芳，史衍玺，等．1998. 酸雨对环境的影响及防治对策［J］. 农业环境保护，17（3）：141－143.
隋娜，李萌，田纪春，等，2005. 超高产小麦品种（系）生育后期光合特性的研究［J］. 作物学报，31（6）：808－814.
孙慧敏，于振文，颜红，等，2002. 施磷量对小麦品质和产量及氮素利用的影响［J］. 麦类作物学报，31（4）：14－18.
孙群，王建华，孙宝启，2007. 种子活力的生理和遗传机理研究进展［J］. 中国农业科学，40（1）：48－53.
孙义，1991. 植物营养与肥料［M］. 北京：农业出版社．
孙占祥，刘武仁，来永才，2010. 东北农作制［M］. 北京：中国农业出版社．
孙中党，赵勇，张涛，1997. 大气氟污染对土壤及冬小麦生长发育的影响［J］. 河南农业大学学报，31（2）：141－144.
汤日圣，郑建初，张大栋，2006. 高温对不同水稻品种花粉活力及籽粒结实的影响［J］. 江苏农业学报，22（4）：369－373.
陶诗顺，马均，2001. 杂交水稻稀植优化栽培的理论与技术［M］. 成都：四川大学出版社．
汪沛洪，张国珍，文树基，1995. 植物生物化学［M］. 北京：中国农业出版社．
王菊思，1990. 中国的水污染与水短缺问题［J］. 生态学报，10（1）：71－99.
王凯荣，1997. 我国农田镉污染现状及其治理利用对策［J］. 农业环境保护，16（6）：274－278.
王术，黄瑞冬，王庆祥，等，2015. 大田作物栽培原理与实践——农学专业英语（Principles and Practices of Field Crop Cultivation A Textbook of Agronomy）［M］. 北京：中国农业出版社．

王荣栋，2012. 小麦滴灌栽培［M］. 北京：中国农业出版社 .
王树安，1997. 开发吨粮田大有可为［C］//国家科学技术委员会 . 中国农业科学技术政策背景资料 . 北京：中国农业出版社 .
王新，吴燕玉，1998. 不同作物对重金属复合污染物吸收特性的研究［J］. 农业环境保护，17（5）：193－196.
王修兰，徐师华，梁红，1998. CO_2 浓度增加对 C_3、C_4 作物生育和产量影响的实验研究［J］. 中国农业科学，31（1）：55－65.
王耀林，1997. 新编地膜覆盖栽培技术大全［M］. 北京：中国农业出版社 .
魏建军，刘建国，董志新，等，2004. 源库调节对大豆光合速率及同化产物运转分配影响的研究［J］. 新疆农业科学，41（2）：65－68.
吴景社，李英能，1998. 我国 21 世纪农业用水危机与节水农业［J］. 农业工程学报，14（3）：95－101.
伍时照，杨军，何秀英，等 . 1996. 华南地区部分优质和特种稻米氨基酸及矿质元素含量的研究［J］. 华南农业大学学报，17（3）：19－24.
谢方平，张喻，裴毅，2001. 中国农业机械化的现状与对策［J］. 世界农业，10：33－34.
邢大韦，1996. 西北地区灌溉的生态环境及对策研究［J］. 生态农业研究，4（3）：21－24.
徐如强，孙其信，张树榛，1998. 不同冬小麦品种对高温胁迫反应的研究［J］. 中国农业大学学报，3（1）：99－104.
徐一戎，邱丽莹 . 1996. 寒地水稻旱育稀植三化栽培技术图历［M］. 哈尔滨：黑龙江科学技术出版社 .
许轲，张洪程，戴其根，等，2002. 冬小麦不同生长类型群体超高产的中期栽培调控［J］. 作物学报，28（6）：760－766.
杨军，陈玉芬，胡飞，等，1996. 广州地区晚季稻田甲烷排放通量与施肥影响研究［J］. 华南农业大学学报，17（2）：17－22.
杨守仁，郑丕尧，1989. 作物栽培学概论［M］. 北京：农业出版社 .
杨文钰，樊高琼，2002. 植物生长调节剂在粮食作物上的应用［M］. 北京：化学工业出版社 .
杨文钰，樊高琼，任万军，等，2005. 烯效唑干拌种对小麦根叶生理功能的影响［J］. 中国农业科学，38（7）：1339－1345.
杨文钰，袁继超，罗琼，1997. 植物化控［M］. 成都：四川科学技术出版社 .
杨志敏，颜景义，郑有飞，1996. 紫外线辐射增加对大豆光合作用和生长的影响［J］. 生态学报，16（2）：254－258.
易秀，张洪生，郑泽群，1997. 二氧化硫对小麦玉米的急慢性伤害研究［J］. 西北农业大学学报，25（4）：46－49.
尹静，胡尚连，肖佳雷，等，2006. 不同形态氮肥对春小麦品种籽粒淀粉及其组分的调节效应［J］. 作物学报，32（9）：1294－1300.
应杰政，石勇烽，庄杰云，等，2007. 用微卫星标记评估中国水稻主栽品种的遗传多样性［J］. 中国农业科学，40（4）：649－654.
雍太文，任万军，杨文钰，等，2006. 旱地新 3 熟“麦/玉/豆”模式的内涵、特点及栽培技术［J］. 耕作与栽培（6）：48－50.
于建中，1995. 小凌河污灌区效益及农业生态环境污染解决途径［J］. 农业环境与发展（4）：23－25.
于振文，潘庆民，姜东，等，2003. 9 000 kg/公顷小麦施氮量与生理特性分析［J］. 作物学报，29（1）：37－43.
于振文，岳寿松，沈成果，等，1995. 不同密度对冬小麦开花后叶片衰老和粒重的影响［J］. 作物学报，21（4）：412－418.
于振文，张炜，岳寿松，等，1996. 钾营养对冬小麦光合作用和衰老的影响［J］. 作物学报，22（3）：305－312.

于振文，2006. 小麦产量与品质生理及栽培技术［M］. 北京：中国农业出版社 .
余德谦，朱旭彤，1992. 农作物器官建成［M］. 北京：农业出版社 .
余让才，潘瑞炽，1996. 蓝光对水稻幼苗光合作用的影响［J］. 华南农业大学学报，17（2）：88 - 92.
袁继超，王昌全，2001. 作物生产新理论与新技术［M］. 成都：四川大学出版社 .
张含彬，任万军，杨文钰，等，2007. 不同施氮量对套作大豆根系形态与生理特性的影响［J］. 作物学报，33（1）：107 - 112.
张建平，张立言，李雁鸣，1995. 河北省不同生态条件下冬小麦产量潜力及限制因素研究［J］. 河北农业大学学报，18（3）：36 - 41.
张美良，吴建富，郭成志，等，1998. 应用^{15}N 对稻田生态系中氮素淋失和去向的研究［J］. 江西农业大学学报，20（2）：153 - 156.
张乃明，张守萍，武丕武，等，1999. 污水灌溉的生态效应与损益分析［J］. 农业环境保护，18（4）：185 - 188.
张文绪，袁家荣，1998. 湖南道县玉蟾岩古栽培稻的初步研究［J］. 作物学报，24（4）：416 - 420.
张秀省，戴明勋，张复君，2002. 无公害农产品标准化生产［M］. 北京：中国农业科学技术出版社 .
赵聚宝，梅旭荣，薛军红，等 . 1996. 秸秆覆盖对旱地作物水分利用效率的影响［J］. 中国农业科学，29（2）：59 - 66.
赵明，2016. 作物“三协同”理论与高产高效技术［M］. 北京：中国农业出版社 .
赵荣华，黄明镜，李萍，1998. 旱地谷子休闲期地膜覆盖垄作效应研究［J］. 生态农业研究，6（3）：30 - 32.
浙江农业大学，1991. 植物营养与肥料［M］. 北京：农业出版社 .
郑广华，1984. 植物栽培生理［M］. 济南：山东科技出版社 .
郑泽荣，倪晋山，王天铎，等，1980. 棉花生理［M］. 北京：科学出版社 .
1994 年 3 月 25 日国务院第 16 次常务会议讨论通过，1994. 中国 21 世纪议程——中国 21 世纪人口、环境与发展白皮书［M］. 北京：中国环境科学出版社 .
中华人民共和国国家统计局，2005. 中国统计年鉴［M］. 北京：中国统计出版社 .
钟兆站，赵聚宝，梅旭荣，1998. 旱地春玉米草纤维膜覆盖的农田生态效应［J］. 生态农业研究，6（3）：25 - 29.
周广洽，徐孟亮，李训贞，1997. 温光对稻米蛋白质及氨基酸含量的影响［J］. 生态学报，17（50）：537 - 542.
周凌云，周刘宗，徐梦雄，1996. 农田秸秆覆盖节水效应研究［J］. 生态农业研究，4（3）：49 - 55.
周南华，2004. 化肥施用与农产品质量安全［J］. 西南农业学报，17（1）：126 - 130.
朱德峰，章秀福，许立，等，1998. 水稻主茎叶片出生与温度关系［J］. 生态学杂志，17（5）：71 - 73.
朱云集，马元喜，王晨阳，等，1994. 土壤水分逆境对冬小麦根系某些形态解剖结构及超微结构的影响［J］. 河南农业大学学报，28（3）：224 - 228.
邹晓芬，汤洁，戴兴临，等，2005. 甘蓝型双低杂交油菜“赣油杂 2 号”菜油两用栽培技术研究［J］. 江西农业学报 . 17（4）：32 - 35.
邹应斌，1999. 双季稻超高产栽培技术体系研究与应用［M］. 长沙：湖南科学技术出版社 .
祖伟，张智猛，1997. 作物栽培学原理［M］. 北京：中国农业科技出版社 .
Gardner F P，Pearce B B，Mitchell R L（1985），1993. 作物生理学［M］. 于振文，等译 . 北京：农业出版社 .
A C Leopold，P E Kridemann，1975. 植物的生长和发育 . 颜季琼，等译 . 北京：科学出版社 .
Fageria N K，Baligar V C，Clark R B，2006. Physiology of crop production. New York：Food Products Press.
Meisinger J J，Delgado J A，2002. Principles for managing nitrogen leaching［J］. Journal of Soil and water

conservation，57 (6)：485－498.

Tollener M，1989. Genetic improvement in grain yield of commercial maize hybrids grown in Ontario from 1959 to 1988 [J]. Crop Sci. 29：1365－1371.

Меявеяев С С，2004. Физиология растений，иэя. Петербургского университета.

Вавилов Н И，1935. Ботанико－географические основы селекции. Сельхозгиз.

Жуковский П М，1964. Культурные растения и их сородичи. Л. Колос.

图书在版编目（CIP）数据

作物栽培学总论 / 董钻，王术主编．—3 版．—北京：中国农业出版社，2018.8（2024.7 重印）

普通高等教育农业部“十三五”规划教材　全国高等农林院校“十三五”规划教材

ISBN 978-7-109-24139-8

Ⅰ.①作…　Ⅱ.①董…②王…　Ⅲ.①作物-栽培-高等学校-教材　Ⅳ.①S31

中国版本图书馆 CIP 数据核字（2018）第 105207 号

中国农业出版社出版

（北京市朝阳区麦子店街 18 号楼）

（邮政编码 100125）

责任编辑　李国忠　宋美仙

中农印务有限公司印刷　新华书店北京发行所发行

2000 年 12 月第 1 版　2018 年 8 月第 3 版

2024 年 7 月第 3 版北京第 5 次印刷

开本：787mm×1092mm　1/16　印张：14.25

字数：332 千字

定价：34.50 元